大数据管理与应用系列教材

U0162432

数据科学与
大数据技术导论

主编　王道平　沐嘉慧

机 械 工 业 出 版 社

本书系统地介绍了数据科学基础理论、大数据理论、大数据技术及应用的相关内容，具体内容包括数据科学概述、大数据概述、大数据与云计算、数据的采集与预处理、大数据的存储与处理、大数据分析方法、大数据分析工具、大数据可视化、大数据安全、大数据的应用等。

本书针对高等院校数据科学与大数据技术等专业开设的相关课程编写，既可作为高等院校的教材，也可供从事数据管理、数据分析和大数据系统架构等工作的读者阅读和参考。

为方便教师教学，本书配有电子课件，有需要的教师可登录机械工业出版社教育服务网（www.cmpedu.com）下载。

图书在版编目（CIP）数据

数据科学与大数据技术导论 / 王道平，沐嘉慧主编. —北京：机械工业出版社，2021.5（2025.1 重印）

大数据管理与应用系列教材

ISBN 978-7-111-67945-5

Ⅰ. ①数… Ⅱ. ①王… ②沐… Ⅲ. ①数据处理 – 教材 Ⅳ. ①TP274

中国版本图书馆 CIP 数据核字（2021）第 061530 号

机械工业出版社（北京市百万庄大街 22 号　邮政编码 100037）

策划编辑：易　敏　责任编辑：易　敏　孙司宇

责任校对：张玉静　封面设计：鞠　杨

责任印制：单爱军

北京虎彩文化传播有限公司印刷

2025 年 1 月第 1 版第 5 次印刷

185mm×260mm・16.5 印张・367 千字

标准书号：ISBN 978-7-111-67945-5

定价：48.00 元

电话服务　　　　　　　　　　　网络服务

客服电话：010-88361066　　　机 工 官 网：www.cmpbook.com

　　　　　010-88379833　　　机 工 官 博：weibo.com/cmp1952

　　　　　010-68326294　　　金 书 网：www.golden-book.com

封底无防伪标均为盗版　　　机工教育服务网：www.cmpedu.com

前言

信息化水平的不断提高，促进了数据科学、大数据、云计算和物联网等技术的诞生和快速发展。我国"十三五"规划正式将大数据上升为国家战略，在未来的若干年，社会对大数据专业人才的需求量将是巨大的。为此，我国许多高校开设了与数据科学或大数据相关的专业，旨在为社会培养大批的从事数据管理、大数据系统开发和数据分析等工作的复合型、应用型人才。基于这样的背景和需求，本书系统地介绍了培养具有数据科学素养和大数据基础知识的专业人才所需要的大数据相关知识。

本书共 10 章，内容包含数据科学与大数据的相关概念、从大数据采集到大数据可视化这一过程中所需的知识，并在此基础上介绍了大数据所面临的安全挑战和大数据技术在不同领域的应用，帮助读者掌握数据科学与大数据技术中的重要基本概念，理解其相关技术和方法的基本原理。本书在结构上可分为基础部分、技术部分和应用部分。

第 1 部分为基础部分（第 1~3 章），主要介绍数据科学的基础理论、大数据的基础知识以及大数据中云计算的相关知识。第 1 章从数据的概念、类型和数据模型，数据科学的概念、研究内容和发展等，到数据科学家的概念与应具备的能力等内容，全面介绍了数据科学的整个体系。第 2 章系统性地介绍了大数据的产生背景，发展情况和大数据的概念、特征与核心技术等内容。第 3 章从大数据的视角阐述了云计算的概念、特点、体系架构、核心技术以及在大数据中的作用等内容。

第 2 部分为技术部分（第 4~9 章），主要介绍大数据的采集、预处理、存储、处理、分析、可视化及安全保护的相关技术。第 4 章的内容包括系统日志采集和网络数据采集等大数据采集技术以及数据清洗、集成、变换和归约等预处理技术和联机分析处理的概念等。第 5 章介绍分布式文件系统、NoSQL 数据库和云存储三种大数据存储方法，数据仓库的概念、组成、数据模型等基础知识，以及大数据常用的两种处理框架（Hadoop 和 Spark）。第 6 章主要介绍大数据分析的类型和步骤，以及关联分析、分类和预测、聚类、时间序列分析和人工神经网络等大数据分析的常用方法。第 7 章详细介绍 Python、Tableau、SAS 和 R 这四种常用的大数据分析工具。第 8 章从大数据可视化的概念、发展历程、分类、可视化方法（基于文本的可视化方法和基于图形的可视化方法）、常用工具及可视化发展等方面介绍大数据可视化的内容。第 9 章介绍大数据安全的概念、大数据安全问题的成因以及分类、大数据隐私的相关问题、大数据安全和隐私保护的相关技术。

第 3 部分为应用部分（第 10 章），详细介绍大数据技术在物流、电子商务和医疗等行业中的具体应用。

北京科技大学王道平和沐嘉慧担任本书主编，负责设计全书结构、草拟写作提纲、组织编写工作以及统稿等工作，参加编写和资料整理的还有李明芳、梁思涵、尚天泽、胥子政、蔚婧文、刘淞、黄梦禧、杨帆、刘欣楠和丁婧一等。

本书获得北京科技大学"十三五"规划教材项目支持，在编写过程中参考了大量的文献资料，在此对各位编者表示真诚的感谢，同时衷心感谢机械工业出版社对本书出版的大力支持。由于编者水平有限，难免存在不妥和疏漏之处，欢迎广大读者批评指正。

编　者

目 录

第 1 章

数据科学概述

本章学习要点

知识要点	掌握程度	相关知识
数据的概念	熟悉	数据的定义，数据与数值、信息、知识之间的关系
数据的分类	掌握	数据按照结构、表现方式、加工类型、记录方式的分类
数据模型	熟悉	数据模型的概念，逻辑模型、物理模型、概念模型的概念及相互关系
数据科学的概念	掌握	数据科学的定义与研究过程
数据科学的研究内容	掌握	领域数据科学、数据资源的开发与利用、用科学研究数据、用数据研究科学
数据科学的体系架构	了解	数据科学基础层、应用层的涵盖内容
数据科学与其他学科的联系	了解	数据科学的基础学科和辅助支持学科
数据科学的发展	熟悉	数据科学的发展历程、研究方向与发展趋势
数据科学家概述	了解	数据科学家的定义以及数据科学家需要具备的能力

随着信息时代的不断发展，人们接触到的数据量开始呈现爆炸式增长。对于如此庞大的数据，为了利用它们并从中得到有价值的信息，一门新的学科逐渐形成，那就是数据科学。数据科学的发展必然和众多的研究者有着密不可分的联系，正是由于数据科学家们的努力，数据科学才能进步和蓬勃发展。本章将介绍数据和数据科学的基础知识、数据科学的发展以及数据科学家的相关知识等。

1.1 数据基础理论

数据是数据科学的研究对象，也是进行数据科学研究必须掌握的基础之一。本节将对数据的相关基础理论进行介绍，包括数据的概念、分类以及数据模型的相关内容。

1.1.1 数据的概念

数据指的是事实或经过观察的结果，是对客观事物的逻辑归纳，是用于表示客观事物的未经加工的原始素材。数据的表现形式有很多，包括符号、文字、数字、音频、图像及视频等。在这里要注意，数据与数值、信息和知识的概念是有区别的。

数值指的是用数目表示的一个量的多少。对于数据来说，数值只是数据的一种存在形式，数据的存在形式除了数值以外，还有音频、图像、视频和符号等很多其他表现形式。可以说，数据是包含数值的，而数值只是数据的一种体现形式。

信息是对客观世界中各种事物的运动状态和变化的反映，是客观事物之间相互联系和相互作用的表征，表现的是客观事物运动状态和变化的实质内容。对于信息来说，数据是信息的表现形式和载体；而信息是数据的内涵，是加载于数据之上的更宏观的概念，对数据做具有含义的解释。也可以说，数据是信息的表现形式，信息是数据有意义的表示。数据本身没有意义，数据只有对实体行为产生影响时才成为信息。

知识是人类在实践中认识客观世界（包括人类自身）的成果，它包括事实、信息的描述或在教育和实践中获得的技能。知识的价值判断标准在于其实用性，即能否让人类创造新物质，得到力量和权力等。而数据只是从客观世界中收集到的原始素材，并不一定有价值，但收集到的数据经过处理、挖掘，就可以从中提取出知识，供人们借鉴。它们之间的关系如图 1-1 所示。

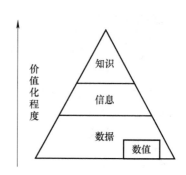

图 1-1　数据与数值、信息、知识的关系

1.1.2　数据的类型

数据的分类有助于人们更深刻、全面地理解数据。数据的分类方式有很多，比较常见的分类方式有按数据结构划分、按加工类型划分、按数据的表现形式划分以及按数据记录方式划分。

1. 按数据结构划分

按数据结构可将数据分为 3 类，即结构化数据、半结构化数据以及非结构化数据。

（1）结构化数据。结构化数据指的是具有数据结构描述信息的数据，即有预定义数据类型、格式和结构的数据。常见的结构化数据主要是通过传统关系型数据库获取、存储、计算和管理的数据以及联机分析处理的数据。当获取的数据与数据的结构不一致时，就需要对数据结构进行转换，以匹配关系型数据库的需求。

（2）半结构化数据。半结构化数据具有一定的结构性，但与具有严格理论模型的关系型数据库相比更加灵活。经过一定的转换处理，半结构化数据可以用数据库存储和管理。常见的半结构化数据有 HTML、XML 文件等。因为要了解数据的细节，所以不能将这类数据简单地组织成一个文件按照非结构化数据处理，又由于结构变化很大，也不能够简单地建立一个表和它对应。

比如，存储员工的简历就不像存储员工基本信息那样方便，因为每个员工的简历都有一定的差异，有的员工简历很简单，只包括教育情况，有的员工简历却很复杂，包括工作情况、婚姻情况、出入境情况、户口迁移情况、党籍情况及技术技能等，还有可能有一些没有预料的信息。因为公司不会希望系统中的表的结构在系统的运行期间进行变更，所以通常要完整地保存这些信息并不容易。

（3）非结构化数据。非结构化数据指的是没有固定结构的数据，它没有预定义的数据模型，且不方便用数据库的二维逻辑来表示。图像、音频、视频及 PDF 文档等都属于这种数据结构。非结构化数据的格式多样，标准也不尽相同，因此难以标准化。

表 1-1 是对这三种不同结构类型的数据的总结。

表 1-1　三种类型的数据

类型	含义	本质	例子
结构化数据	直接可以用传统关系数据库存储和管理的数据	先有结构、后有数据	关系型数据库中的数据
半结构化数据	经过一定转换处理后可以用传统关系数据库存储和管理的数据	先有数据、后有结构（或较容易发现其结构）	HTML、XML 文件等
非结构化数据	无法用传统关系数据库存储和管理的数据	没有（或难以发现）统一结构	语音、图像文件等

虽然表 1-1 列出的是三种不同类型的数据，但有时这些不同类型的数据是混合在一起的。例如，一个传统的关系数据库管理系统保存着一个呼叫中心的通话日志，其中包括典型的结构化数据，如日期/时间戳、机器类型、问题类型和操作系统等，这些都是通过界面菜单在线输入的。同时，日志中也包括非结构化数据或半结构化数据，如自由形式的通话日志信息，这些可能来自包含问题的电子邮件、技术问题和解决方案的实际通话描述、与结构化数据有关的实际通话的语音日志或者音频文件等。

2. 按加工类型划分

按加工类型可将数据分为零次数据、一次数据、二次数据和三次数据等。其中，零次数据又称原始数据，指的是零散的、未经加工整理的数据；一次数据又称干净数据，指的是经过预处理后可以开始进行研究的数据；二次数据又称增值数据，是指在一次数据基础上再经过处理和分析后得到的结果数据，其中蕴含着实际价值；三次数据又称洞见数据，是可直接用于决策分析的、处理好的数据。其相互关系如图 1-2 所示。

数据的加工程度对于数据科学中的流程设计和选择有着十分重要的意义，比如在进行数据科学的研究时，可通过对数据加工程度的判断来决定是否需要对所获数

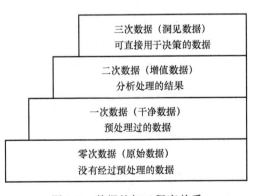

图 1-2　数据的加工程度关系

据进行预处理的操作。

3. 按数据的表现形式划分

按数据的表现形式可将数据分为数字数据和模拟数据。数字数据指的是数据在某个区间内是离散的值，常见的有符号、文字等。模拟数据由连续函数组成，是指在某个区间连续变化的物理量，常见的模拟数据有音频、图像等。

4. 按数据记录方式划分

从数据的记录方式来看，数据可分为文本数据、图像数据、音频数据和视频数据等。

（1）文本数据。文本数据是不能参与算术运算的字符，也称字符型数据，如英文字母、汉字、不作为数值使用的数字和其他可输入的字符。文本数据既不是完全非结构化的，也不是完全结构化的。例如，文本可能包含结构化字段，如标题、作者、出版日期、长度和分类等，也可能包含大量的非结构化数据，如摘要和内容。

（2）图像数据。图像数据是指用数值表示的各像素的灰度值的集合。真实世界的图像一般由图像上每一点光的强弱和频谱（颜色）来表示，把图像信息转换成数据信息时，须将图像分解为很多小区域，这些小区域称为像素，可以用一个数值来表示它的灰度，对于彩色图像常用红、绿、蓝三原色分量表示。顺序地抽取每一个像素的信息，就可以用一个离散的阵列来代表一幅连续的图像。对于图像数据的管理通常采用文件管理方式和数据库管理方式。基于文件的管理方式有着技术成熟、结构简单、维护成本低的优点，但是安全性差、不支持分布式管理、可靠性差、可扩展性差、元数据管理弱、图像内容查询功能有限，所以通常适用于日常办公的图像管理，而基于数据库的管理方式则主要应用于遥感图像数据存储和管理。

（3）音频数据。音频数据也称为数字化声音数据，以一定的频率对来自麦克风等设备的连续的模拟音频信号进行模数转换，可以得到音频数据。数字化声音的播放就是将音频数据进行数模转换变成模拟音频信号输出。在数字化声音时有两个重要的指标，即采样频率和采样大小。采样频率即单位时间内的采样次数，采样频率越大，采样点之间的间隔越小，数字化得到的声音就越逼真，但相应的数据量就会增大，占用更多的存储空间；采样大小即记录每次样本值大小的数值的位数，它决定采样的动态变化范围，位数越多，所能记录声音的变化程度就越细腻，所占的数据量也越大。计算一段音频所占用的存储空间可用以下公式来表示：

$$存储容量（MB）= [采样频率（Hz）×采样位数×声道数×时间（s）] /8 \qquad (1-1)$$

（4）视频数据。视频数据是指连续的图像序列，其实质是由一组组连续的、有先后顺序的图像构成的，它含有比其他媒体更为丰富的信息和内容。以视频的形式来传递信息，能够直观、生动、真实、高效地表达现实世界，其所传递的信息量远远大于文本或静态的图像，包含的数据量也是巨大的。视频数据对存储空间和传输信道的要求很高，即使是一小段的视频剪辑，也需要比一般字符型数据大得多的存储空间。在管理视频数据时通常都要对其进行压缩编码，但压缩后的视频数据量仍然很大。

1.1.3　数据模型

数据模型是对现实世界数据特征的抽象，用于描述一组数据的概念。数据模型按照不同的应用层次可分成三种类型：概念模型、逻辑模型和物理模型。这三种数据模型的层次关系如图 1-3 所示。

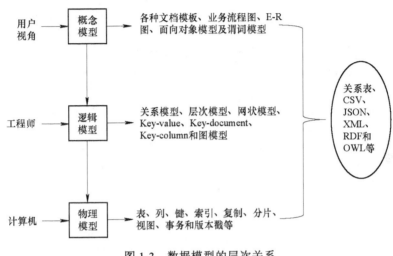

图 1-3　数据模型的层次关系

1. 概念模型

概念模型是一种面向用户、面向客观世界的模型，主要用来描述世界的概念化结构，它通常是数据库的设计人员在设计的初始阶段，摆脱具体技术问题，集中精力分析数据以及数据之间的联系等问题时建立的。当需要建立数据库管理系统（Database Management System，DBMS）时，需要把概念模型转换成逻辑模型，才能进行技术实现。概念模型用于信息世界的建模，一方面应该具有较强的语义表达能力，能够方便、直接地表达应用中的各种语义知识，另一方面它还应该简单、清晰、易于用户理解。概念模型中常用的有业务流程图、文档模板、实体—联系（Entity Relationship，E-R）模型、扩充的 E-R 模型、面向对象模型及谓词模型。图 1-4 所示的就是一个反映学校教学管理的 E-R 模型。方框内表示的是实体，椭圆形圈内的内容表现的是实体的属性，通过连线连接实体与属性和实体与实体，菱形框内显示的是实体与实体之间的关系，如学生与课程之间是选择的关系，教师与课程是教授的关系，这样就构成了一个学校的教学管理的 E-R 图。

2. 逻辑模型

数据的逻辑模型是一种面向数据库系统的模型，是在概念模型建立的基础之上，从数据科学家的视角对数据进行进一步抽象的模型，是具体的数据库管理系统所支持的数据模型，主要用于数据科学家之间的沟通，以及数据科学家与数据工程师之间的沟通，以完成数据库管理系统的实现。常见的逻辑模型有关系模型、网状数据模型、层次数据模型和图模型等。图 1-5 所示的就是一个有关旅游决策的层次数据模型图，其中的目标层描绘的是需要达成的目标是选择旅游景点；准则层表示的是旅游景点的评价标准，包括景色、费用、居住、饮食和旅途五个维度；方案层表示的是可供选择的旅行方案。

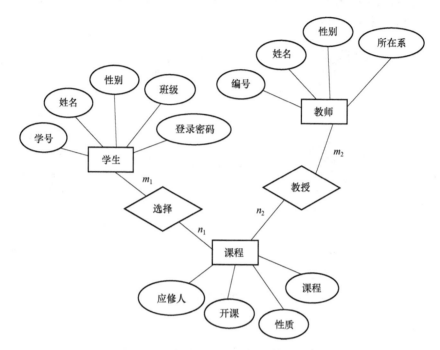

图 1-4 某学校教学管理的 E-R 模型

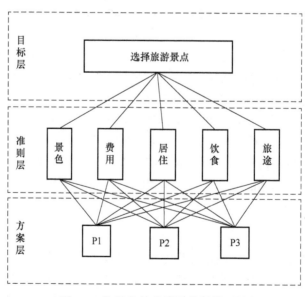

图 1-5 旅游决策的层次数据模型图

3．物理模型

数据的物理模型是在逻辑模型的基础之上，面向计算机物理表示的模型，用于描述数据在储存介质上的组织结构和访问机制，物理模型中的组成部分有表、列、键、索引、复制、分片、视图、事务和版本戳等。图 1-6 所示的就是用 Power Designer 建模工具构建的学生信息管理系统的物理模型，通过和数据库的链接可实现学生信息和班级信息数据在数据库中按照模型所示的结构进行存放。图中学生信息表和班级信息表中的最左列表示的分别是学生信息中和班级信息中的各个属性，第二列表示的是属性的存储类型，int 表示的是整数型，varchar 表示的是字符型，括号内的数字显示的是最大字符长度。第三列中的 <pk> 表示的是主键，指的是该行是作为区分该表和其他表的唯一标志，在这个模型中，学号就是区分每个学生的唯一标志，班级编号也同理。<fk> 表示的是外键，表示该属性是从其他表中引用过来的，用于表现该表与其他表之间的联系。箭头表示的是学生与班级之间的关系，即每个学生对应一个班级。

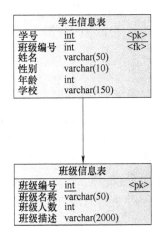

图 1-6　学生信息管理系统的物理模型

在数据科学的研究中，数据工作者在对数据的获取、处理、计算、可视化的过程中遇到的很多问题都源于数据的异构性，即多种数据模型或同一类数据模型有不同的结构。对于这个问题，数据工作者通常会采用跨平台（应用）性较强的通用数据格式，也就是利用与特定应用程序（及开发语言）无关的数据格式的方法实现不同应用程序之间数据的传递和共享。常用的通用数据格式有关系（二维表/矩阵）、CSV（Comma Separated Value）、JSON（JavaScript Object Notation）、XML（Extensible Markup Language）、RDF（Resource Description Framework）和 OWL（Web Ontology Language）等。

1.2　数据科学基础理论

数据科学（Data Science）是有关数据使用理论、方法和技术的集合，旨在研究数据之间存在的内在联系。在不断的发展中，数据科学逐渐形成了自己的理论体系，明确了数据科学的基础理论、研究内容以及与其他学科之间的联系等相关内容。

1.2.1　数据科学的概念

关于数据科学的概念，不同领域的学者给出的答案也不尽相同。著名计算机科学家 Peter Naur 认为，"数据科学是一门基于数据处理的科学"；美国 Lendup 公司的数据科学副总裁 Ofer 认为，"数据科学是通过科学的方法探索数据，以发现有价值的洞察，并在业务环境中运用这些有价值的洞察来构建软件系统"；我国最早系统阐述数据科学理论与实践的朝乐门教授认为，"数据科学是以数据为中心的科学，是一门将现实世界映射到数据世界之后，在数据层次上研究现实世界的问题，并根据数据世界的分析结果对现实世界进行预测、洞见、解释或决策的科学"。

尽管数据科学的定义有很多种，但总体表达的观点是类似的。目前，关于数据科学普遍的定义是：数据科学是关于数据的科学，是探索和发现数据中价值的理论、方法和技术，是对从数据中提取知识的研究。

在企业运营方面，数据科学的使用可以帮助企业获得更多的竞争优势，进而获取更多利润。例如：在线搜索引擎通过在搜索界面提供广告投放机会来盈利。这类公司会雇用数据科学团队来不断改进点击率预估算法，让更多的相关广告得到展示，从而获取更多的利润。

数据科学在政界也发挥了很大的作用，2012 年美国总统选举，奥巴马的竞选团队雇用了很多数据科学家收集选民的相关数据，通过数据挖掘识别出不同的选民，并有针对性地对潜在选民进行拉票活动，最后奥巴马在竞选中胜出，成功连任美国总统。

在人们的日常信息获取中，数据科学也可以帮助人们快速了解周围的动向，比如Twitter 通过数据科学方法对话题进行检测，利用情感分析的相关技术不断地为人们更新热点话题。

在研究数据科学的时候，人们一般会遵循如图 1-7 所示的步骤。

图 1-7　数据科学的研究步骤

（1）通过网站、社交媒体数据库等调研途径获得数据集。

（2）对获取的数据集进行预处理，把数据整理成适宜的形态，方便对数据价值的探索。

（3）对这部分数据通过统计学或机器学习等方法进行数据分析或者数据实验，得到数据中蕴藏的规律。

（4）对数据进行感知化的呈现，比如利用数据可视化的方法，将数据映射为可识别的图形、图像和视频等，便于人们的直观感知，并从中进一步获取知识，找到规律。

1.2.2　数据科学的研究内容

数据科学所研究的内容有很多，如数据科学的基础理论研究、技术研究、辅助工具的研究、应用的研究、数据科学学科体系建立的研究等，把这些广泛的研究内容概括起来，数据科学的研究内容可以被划分成以下四个方面：

1. 领域数据科学

由于数据科学在各个领域所运用的理论、方法和技术有一定的差异性，需要研究适合某一领域的、有针对性的数据科学，开发出适合该领域数据的方法、技术等，为该领域的数据研究提供便利。具体的领域数据科学有行为数据学、金融数据学、生物数据学、气象数据对象和地理数据学等。

2. 数据资源开发

数据资源如何开发是目前数据科学的一个重要研究内容。在目前数据爆发式增长的情况下，很多有价值的数据隐藏在庞大的数据之中，就像是人类赖以生存的资源，如石油、煤炭、矿产那样，需要人们去寻找和开采。研究这些数据资源的开发方法、技术，找到适合的方法来挖掘，才能找到数据资源。换句话说，找到数据资源的挖掘方法，是探寻数据中蕴藏价值的基础。

3. 用科学研究数据

用科学研究数据也就是如何用科学方法研究数据，这其中的数据可以有很多展现形式，如点集、表格、时间序列、图像、视频和网络数据等。科学的方法主要是观察法和逻辑推理，去研究数据推理的理论和方法，包括数据的存在性、时间、数据测度、数据代数、数据相似性与簇论和数据分类等。

4. 用数据研究科学

此类研究转变了研究的角度，不是针对数据的研究，而是通过数据进行科学探索，从数据中提取、抽象出模型，进而对数据自然界进行探索，通过数据的类型、状态和变化规律等揭示自然界或人类行为背后存在的规律，提出科学的假说或建立科学理论体系，这为自然科学和社会科学的研究提供了一种新的思路。

1.2.3　数据科学的体系架构

数据科学的体系架构由数据科学的基础层和应用层两部分组成，如图 1-8 所示。

（1）基础层包括三个方面：分别是数据获取、数据分析和数据感知。其中，在数据获取方面需要集合数据勘探、数据伪装、数据辨伪和数据整合的知识；在数据分析方面，数据实验、数据挖掘、数据百科全书和数据分类都是数据科学必须具备的基础知识；对于数据感知而言，数据可视化、可嗅化、可听化和可触化是它的重要组成部分。

（2）应用层建立在基础层之上，包含数据科学在不同领域中的应用。这些不同领域的应用包括宇宙数据学、生物数据学和行为数据学等，这样就形成了一个完整的数据科学体系。

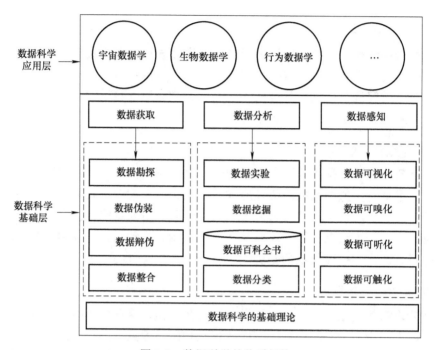

图 1-8 数据科学的体系架构

1.2.4 数据科学与其他学科的联系

数据科学涉及很多学科知识。数据科学的基础性学科有数学、统计学、计算机科学、机器学习、数据仓库和数据可视化等；除了数据科学的基础性学科，还有一部分学科为数据科学的应用领域提供了辅助支持，如经济学、社会学和法学等，它们之间的关系如图 1-9 所示。

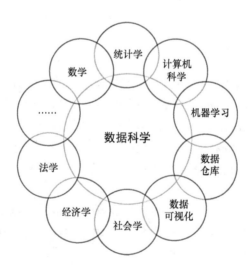

图 1-9 数据科学与其他学科间的关系

1. 数学

数学是研究数量、结构、变化、空间及信息等概念的一门学科，具体包括数论、代数学、几何学和拓扑学等内容。数学在人类历史发展和社会生活中，发挥着不可替代的作用，也是数据科学的学习和研究中必不可少的基本工具。

2. 统计学

统计学是指通过搜索、整理和分析数据等手段，以达到推断所测对象的本质，甚至对对象的未来进行预测的一门综合性科学。其中用到了大量的数学及其他学科的专业知识，它的应用范围几乎覆盖了社会科学和自然科学的各个领域，包括数据科学。

3. 计算机科学

计算机科学是研究计算机系统结构、程序系统（软件）、人工智能以及计算本身性质和问题的学科。计算机科学包含各种各样与计算和信息处理相关主题的系统学科，从抽象的算法分析、形式化语法等到更具体的主题，如编程语言、程序设计、软件和硬件等。计算机科学的知识为数据科学中的数据获取、数据分析、数据存放和数据安全方面提供了理论基础和相关技术。

4. 机器学习

机器学习是一门多领域交叉学科，涉及概率论、统计学、逼近论、凸分析和算法复杂度理论等多门学科。它专门研究计算机如何模拟或实现人类的学习行为，以获取新的知识或技能，重新组织已有的知识结构使之不断改善自身的性能。它是人工智能的核心，是使计算机具有智能的根本途径。在数据科学中，机器学习主要在数据分析部分起到了很大的作用，帮助提高了分析的效率以及分析结果的准确性。

5. 数据仓库

数据仓库（Data Warehouse，DW）指的是面向主题的、集成的、具有时变性以及非易失的数据集合。数据仓库是决策支持系统（Decision Support System，DSS）和联机分析处理（Online Analytical Processing，OLAP）的结构化数据环境，用以支持决策制定。数据仓库在数据科学领域主要用于解决海量数据的存储问题。

6. 数据可视化

数据可视化是指在获得数据并进行数据分析之后，利用计算机图形学和图像处理技术，把这些数据以图表、图像等形式展示出来，以便让人们更直观地看出数据中的规律，发现其中的内在联系。数据可视化的方式有很多，最简单的就是将数据转换成图表形式，还有依据数据的空间或地理分布的特性，把数据转换为地图的形式，以及结合使用时间线以展现数据的演变情况等。数据可视化为数据科学中的数据展示方面提供了理论和方法。

7. 经济学

经济学是研究人类经济活动的规律，即价值的创造、转化和实现的规律——经济发展规律的理论。目前在数据科学的研究中，经济学作为其中一个重要的拓展学科，为数据科学提供了重要的应用研究方向。例如,中国科学院于 2007 年特别组建了"中国科学院虚拟经济与数据科学研究中心",用于研究基于经济模型和数据技术的虚拟经济、绿色经济的特征与运行规律,以及从虚拟经济、知识经济和绿色经济现象中寻找数据科学论与智能知识管理的原理。

8. 社会学

社会学是一门从社会整体概念出发,通过社会关系和社会行为来研究社会的结构、功能、发生和发展规律的综合性学科,起源于 19 世纪末期。社会学是从社会哲学演化出来的现代学科,其研究范围广泛,包括了从微观层级的社会行动或人际互动,至宏观层级的社会系统或结构。在数据科学的研究中,社会学有着很重要的作用,因为数据科学所研究的数据大多反映的是人类的行为和习惯等,所以掌握这方面的知识可以更好地辅助数据科学研究的进行。

9. 法学

法学,又称法律学或法律科学,是以法律、法律现象及其规律性为研究内容的科学,它是研究与法相关问题的专门学问,是关于法律问题的知识和理论体系。在数据科学的专业研究中很容易涉及信息安全和隐私的问题,所以需要有相应的法律支持,如《电信和互联网用户个人信息保护规定》《全国人民代表大会常务委员会关于维护互联网安全的决定》《消费者权益保护法》等,要保证所进行的研究是符合法律规定的。

除了以上列举的这些学科知识,还有很多其他学科的知识与数据科学有相互作用。数据科学的研究和发展需要这些学科的知识作为支撑,这些学科为数据科学的研究提供了科学的理论和方法。

1.3 数据科学的发展

1.3.1 数据科学的发展历程

1974 年,著名计算机科学家、图灵奖获得者 Peter Naur 在他的著作《计算机方法的简明调查》中提出了数据科学的概念,数据科学一词被正式确立。1996 年,在日本召开的国际会议——"数据科学、分类和相关方法"将数据科学作为会议的主题词。

2001 年,美国统计学教授 William S. Cleveland 发表了《数据科学:拓展统计学的技术领域的行动计划》,首次把数据科学作为一门独立的学科,并把数据科学定义为统计学领域扩展到以数据作为研究对象、与信息和计算机科学技术相结合的学科,为数据科学奠定了理论的基础。随着数据量的爆炸式增长,数据科学发展迅速,越来越多的学者投入其中,关于数据科学的学术期刊和图书也相继问世。2010 年,Drew Conway 提出了第一张揭示数据科学的学科地位的维恩图——数据科学维恩图,如图 1-10 所示,首次明确解答了数据科学的学科定位问题。在他看来,数据科学处于数学与统计学知识、黑客技能和扎实的领域专业知识的交叉之处。后来,有其他学者在此基础上提出了一些修正或改进的版本，但后续版本对数据科学的贡献和影响远不及 Drew Conway 首次提出的数据科学维恩图。

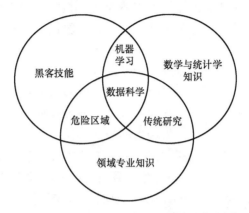

图 1-10　Drew Conwey 的数据科学维恩图

2012 年，世界著名出版公司 Springer 出版集团创办了期刊 "*EPJ Data Science*" 以不断展示数据科学领域的最新成果。2013 年，Mattmann CA 和 Dhar V 在《自然》和《美国计算机学会通讯》上分别发表了《计算——数据科学的愿景》和《数据科学与预测》两篇学术论文，从计算机科学与技术视角探究了数据科学的内涵，把数据科学纳入计算机科学与技术专业的研究范畴。

然而，数据科学被更多人关注是因为三个标志性事件：首先是 Patil DJ 和 Davenport TH 于 2012 年在《哈佛商业评论》上发表的题为《数据科学家——21 世纪最性感的职业》的文章；其次是 2012 年大数据思维首次应用于美国总统大选，使奥巴马成功击败罗姆尼，连任美国总统；最后是美国白宫于 2015 年首次设立数据科学家的岗位，并聘请 Patil DJ 作为白宫第一任首席数据科学家。

当前，数据科学的研究方向越来越广泛，其六个主要的研究方向分别为：

（1）基础理论。数据科学的基础理论主要包括数据科学中的理论、方法、技术、工具，以及数据科学的研究目的、理论基础、研究内容、基本流程和应用等。其中，要注意区分基础理论与理论基础，这是两个不同的概念。数据科学的基础理论在数据科学的研究边界之内，而其理论基础在数据科学的研究边界之外，是数据科学的理论依据和来源，如统计学、计算机科学和经济学等领域的知识。学者们对于数据科学基础理论的研究主要集中于数据科学特有的理念、理论、方法、技术、工具、典型应用的探讨和挖掘。

（2）数据预处理。数据预处理是数据科学中关注的新问题之一。为了提升数据质量、减少数据计算量、降低数据计算的复杂度并提升数据处理的精准度，数据科学家需要对获取的原始数据进行一定的预处理，包括数据审计、数据清洗、数据变换、数据集成、数据脱敏、数据归约和数据标注等步骤。与传统数据处理不同的是，数据科学中的数据预处理更加强调数据处理中的增值过程，即如何将创造性设计和批判性思考融入数据预处理的活动之中，使得在后续的数据分析中能够更高效地得到有趣的结论。

（3）数据计算。在数据计算中，人们所追求的目标是计算速度快、占用内存小。目前，数据计算的模式在学者的不断研究中发生了根本性的变化——从集中式计算、分布式计算、网格计算等传统计算模式过渡到云计算模式，极大提高了计算能力。这其中比较有代表性的是谷歌的三大云计算技术，即谷歌文件系统（GFS）、分布式处理模型（MapReduce）、分布式结构化表（BigTable）。

（4）数据管理。数据管理是指利用计算机硬件和软件技术对数据进行有效的收集、存储、处理和应用的过程。数据管理通常是在完成数据加工和数据计算之后进行的，目的是为了更好地进行数据分析、再利用和长久存储。随着计算机技术的发展，数据管理经历了人工管理、文件系统和数据库系统三个发展阶段。数据管理工具也在为应对海量数据的存储和处理问题不断更新，目前传统关系型数据库有 Oracle、DB2、MySQL、Microsoft SQL Server、Microsoft Access 等，新型可扩展、高性能的关系型数据库 NewSQL 数据库和非关系型数据存储工具的 NoSQL 数据库都在为不同种类的数据存储提供服务。未来，数据库技术通过不断完善和提高，会朝着支持更大规模、更快速度和更广泛的应用等方向发展。

（5）数据分析。数据分析是指利用统计学、数据挖掘等方法，对数据进行分析、处理操作，进而获取有价值知识的过程。在进行这个方向的研究时，需要掌握一些工具的使用方法。最为基础的就是编程工具，如 R、Python、Clojure、Haskell 和 Scala 等。目前，R 语言和 Python 语言已成为数据科学家较为普遍应用的数据分析工具。另外，在数据分析的过程中，还需要有很强的专业知识储备，比如统计学、机器学习、数据挖掘和数据仓库等。

（6）数据产品开发。数据产品是基于数据开发的产品的统称。数据产品开发是数据科学的主要研究使命之一，也是数据科学区别于其他科学的重要区别。与传统产品开发不同的是，数据产品开发具有以数据为中心、多样性、层次性和增值性等特征。数据产品开发能力也是数据科学家的主要竞争力之源。因此，数据科学的学习目的之一是提升自己的数据产品开发能力。

1.3.2　数据科学的发展趋势

数据科学现在正处于蓬勃发展期，还有很大的研究空间，未来数据科学的发展方向会呈现怎样的趋势，是值得探讨和研究的问题。从整体上来看，未来数据科学发展的趋势主要会集中在以下几个方面：

1. 提高数据科学的自动化程度

随着目前数据对于个人、企业乃至社会的重要性越来越强，社会对于数据科学家的需求量也在不断变大，但目前数据科学家是极为匮乏的。同时，为了提高数据获取、数据处理、数据挖掘和数据可视化的效率，自动化必然会成为发展的趋势。数据机器将帮助数据科学家完成一些简单的、重复性的劳动，并通过机器学习等方式，更好地辅助数据科学家对庞大体量的数据进行探索，发现其中蕴含的价值。

2. 增强数据语义分析的研究

数据语义分析是指对数据含义的分析。随着数据科学技术的发展，人们对数据的研究不仅仅针对数值型数据，文本、图像、音频等其他形式的数据也逐渐成为研究的重点，比如通过文本挖掘技术分析人们对某件事情的情感倾向，进而辅助解决社会科学中的问题。未来，在对数据科学的探索中，人们也会进一步地研究数据语义分析技术，以便更好地进行数据分析。

3. 更加关注数据的治理与安全问题

对于许多企业来说，对于数据的解决方案就是利用类似于开源的 Hadoop 等计算平台作为基础支持，创建数据湖（Data Lake），即创建整个企业的数据管理平台，用于存储企业的所有数据。数据湖将通过提供一个单一的数据存储库来消除信息孤岛效应，这将使得整个组织都可以使用该存储库来进行业务分析、数据挖掘等各种应用。当有了数据湖之后，人们会在这个公共的区域放入很多种类的数据，如点击流数据、物联网数据和日志数据等，而这些数据很难处理的问题却被忽略。有了储存数据的地方，但却难以处理它们并获得有价值的信息，这个问题引起了人们的注意。在人们方便地找到他们想要的数据的同时，管理好查询和使用权限又成为另一个棘手的问题。也就是说，如何在方便相关人员访问数据的同时防止数据泄露引发危险，亟待人们解决。

4. 转变数据研究的思维模式

数据研究思维模式的转变主要体现在数据范式的演变上。人类科学研究活动已经历过三种不同范式的演变过程：第一范式（原始社会的实验科学范式）、第二范式（以模型和归纳为特征的理论科学范式）、第三范式（以模拟仿真为特征的计算科学范式）。目前科学范式正在从第三范式向第四范式转变，也就是从计算科学范式转向数据密集型科学发现范式。数据密集型科学发现范式的主要特点是科学研究人员只需要从大数据中查找和挖掘所需要的信息和知识，无须直接面对所研究的物理对象，这样就改变了人们对世界的二元认识，进而，人们的研究重点将转变为通过对数据世界的研究认识和改造物理世界。数据范式的转变对数据科学研究的思维模式产生了深远的影响，将改变人们对数据的认识视角、开发动因和利用方式。

5. 聚焦数据研究方向于专业领域

在大数据时代，各专业领域面临的主要挑战在于如何解决新兴数据与传统知识之间的矛盾，即数据已经变了，但知识还没有更新，各学科中的传统知识无法解决大数据带来的新问题。因此，大数据时代的机遇与挑战即将成为各学科领域研究的新方向，也就是说，专业领域中的数据科学将成为相关研究的热点问题。专业领域中的数据科学从不同专业视角解读数据科学，存在研究兴趣点和研究发现（如理论、方法、技术、工具和典型实践等）的差异性，甚至可能出现相互重叠与冲突的现象。在这种背景下，如何将分散在不同学科领域中的共性问题及通用结论提炼成一门新的学科——"专业数据科学"，进而为各个学科领域的研究提供新的理论基础，是未来研究的难点所在。

6. 建设数据生态成为重要课题

数据生态系统的建设是终极问题。数据学科是一门实践性极强的学科，其研究和应用均不能脱离具体应用领域。数据科学的研究和应用将会超出技术范畴，涉及发展战略、基础设施、人力资源、政策、法律与文化环境等诸多因素。因此，数据科学需要完成的重要课题是将大数据放在一个完整的生态系统之中去认识与运用，从生态系统层次统筹和规划，避免片面认识数据问题，进而推动数据、能源和物质之间的相互转化。

1.4　数据科学家概述

随着"数据驱动"的价值越来越明显，越来越多的企业开始组建或扩大数据分析队伍，数据科学家这个职位也越来越受到社会的关注。他们的出现为企业提高了竞争优势，为政府部门制定决策提供了帮助，为人们的日常出行提供了便利。但目前我国的数据科学家人才十分缺乏，需要进行广泛培养。

1.4.1　数据科学家的概念

数据科学家的定义最早产生于 2005 年，美国国家科学委员会在出版的《长存的数码数据收集：使 21 世纪的研究与教育成为可能》报告中将数据科学家定义为"信息与计算机科学家，数据库与软件工程师与程序员"。2008 年，日本工业标准调查会把数据科学家定义为"进行创造性探寻与分析，掌握数据库技术，能通过数码数据开展工作的人士"。

之后很多业界人士也对数据科学家进行了定义，数据研究高级科学家 Rachel 将其定义为"计算机科学家、软件工程师和统计学家的混合体"；谷歌公司的软件工程师 Joel 认为数据科学家是"能够从混乱数据中剥离出洞见的人"；百度大数据首席架构师林仕鼎认为，从广义的角度讲，从事数据处理、加工、分析等工作的数据科学家、数据架构师和数据工程师都可以笼统地称为数据科学家，而从狭义的角度讲，那些具有数据分析能力、精通各类算法且能够直接处理数据的人员才可以称为数据科学家。

目前，对于数据科学家的定义还没有定论，本书认为数据科学家指的是：能使用科学的方法，运用数据挖掘工具对复杂的、大量的数字、符号、文字、网址、音频和视频等信息进行数字化重现与认识，并从中寻找新的数据洞察的工程师或专家。

世界各国大学从 2010 年起陆续开始了数据科学的人才培养工作，如美国哥伦比亚大学从 2011 年起开设"数据科学导论"课程，2013 年起开设"应用数据科学"课程及"数据科学专业成就认证"培训项目，并从 2014 年起设立硕士学位，2015 年起设立博士学位；美国加州大学伯克利分校从 2011 年起开设"数据科学导论"课程，并从

2012 年起开设"数据科学和分析"课程；英国邓迪大学从 2013 年起设立"数据科学"硕士学位。

相比较而言，我国数据科学家的培养也相对较早，2013 年，华东师范大学成立了数据科学与工程 911 研究院；复旦大学和北京航空航天大学于同年在研究生层面开设"数据科学"等课程，并逐步实施数据科学专业硕士学位培养；2014 年，清华大学成立了数据科学研究院；2016 年 2 月，北京大学、对外经济贸易大学和中南大学开设"数据科学与大数据技术"本科专业；2017 年 3 月，第二批 32 所高校获得教育部的批准，开始开设数据科学本科专业；从 2018 年开始，国内的"数据科学"专业开始大面积涌现出来，为我国培养大批的数据科学人才做出了极大的努力。

1.4.2　数据科学家应具备的能力

数据科学家的主要工作内容是制定组织机构的数据战略、提出值得研究的问题、定义和验证研究假设并完成对应实验设计机器学习算法和统计模型、进行数据探索型分析、完成数据预处理工作、实现数据洞见、研发数据产品以及可视化数据或数据的故事化描述。要胜任这些工作需要数据科学家具备一定的能力，如图 1-11 所示。

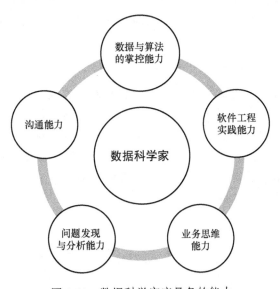

图 1-11　数据科学家应具备的能力

1. 数据与算法的掌控能力

数据与算法的掌控能力需要数据科学家在熟练掌握数据科学、数学、统计学和计算机科学等学科知识以及各类算法的原理、实现步骤之后，在实践时把所掌握的知识转化为经验和能力，在脑内形成一个"算法工具箱"，在面对数据研究的问题时可以游刃有余地运用合适的算法快速应对和解决问题。这种能力可以表现为良好的数据提取、整理能力以及数据的统计分析能力。

2. 软件工程实践能力

软件工程实践能力是指在学习计算机科学，特别是其中软件工程的相关知识后，熟练掌握软件的需求分析、软件设计、软件测试、软件维护以及软件项目管理等工作所需要的方法和技能，建立科学有效的数据科学工作流，以及运行数据科学模型的能力。这种能力可以具体表现为软件开发能力、网络编程能力和数据可视化的表达能力等。

3. 业务思维能力

业务思维能力也就是作为数据科学家，要对所研究的领域有深入的了解。在对数据所属的行业背景熟悉之后，找到针对此研究领域数据的解决方案，甚至是主动发现领域内存在的问题，并进行研究后提出有预见性的观点，这一点对于数据科学工作者来说十分重要。

4. 问题发现与分析能力

拥有问题发现与分析能力不仅需要充足的知识储备以及把大量散乱的数据变成结构化的可供分析的数据，找出丰富的数据源，整合其他可能不完整的数据源，并清理成结果数据集的能力，还需要对数据科学永远保持着一份好奇心。这种好奇心可以被定义为渴望获取更多的知识。数据科学家需要不断地学习和探索，以能够主动发现并提出问题。

5. 沟通能力

数据科学家的研究工作也需要良好的沟通能力，才能充分发挥数据研究的价值。这种沟通能力体现在整个数据科学的研究中，在数据研究初期，数据科学家需要与企业的经营管理层进行充分沟通，才能了解研究目的，并且有针对性地进行研究；在数据研究进行过程中，有效的沟通能让企业的经营管理层了解研究的进度并且把控研究的方向；在发现数据中蕴含的规律之后，把数据结果清晰地表达给业务部门员工和管理者也是沟通能力的重要体现。

本章小结

本章介绍了数据、数据科学以及数据科学家的相关理论概念。首先阐述了数据的概念、数据的类型以及数据模型相关的理论知识；其次介绍了数据科学的概念和研究步骤，然后详细地说明了数据科学的研究内容、数据科学的体系架构，以及数据科学与其他学科间的联系；之后分别从数据科学的发展历程和数据科学的发展趋势两部分对数据科学的发展进行了概述；最后详细介绍了数据科学家应有的职责以及应具备的能力。数据科学是伴随着数据时代的来临而产生和发展的，为人们解决数据问题提供了很多的理论、方法以及技术上的支持。

习　题

1. 名词解释

（1）数据；（2）数据模型；（3）数据科学；（4）数据仓库；（5）数据管理；（6）数据科学家

2. 单选题

（1）数据的结构类型包括（　　）。

A. 结构化数据　　　　　　　　B. 半结构化数据

C. 非结构化数据　　　　　　　D. 以上全部

（2）数据的表现形式包括（　　）。

A. 视频　　　　　　　　　　　B. 符号

C. 图像　　　　　　　　　　　D. 以上全部

（3）数据科学在哪一年开始被作为一门独立的学科（　　）。

A. 1974　　　　B. 1996　　　　C. 2001　　　　D. 2003

（4）数据科学的研究步骤不包括（　　）。

A. 数据业务化　　　　　　　　B. 获取数据集

C. 对数据进行预处理　　　　　D. 数据感知化呈现

（5）数据科学的基础理论不包括（　　）。

A. 数据获取　　　B. 数据应用　　　C. 数据分析　　　D. 数据感知

（6）以下（　　）不是数据科学的研究方向。

A. 数据分析　　　B. 数据私有化　　　C. 数据产品开发　　　D. 基础理论

（7）属于数据科学家应具备的能力是（　　）。

A. 数据与算法的掌控能力　　　B. 业务思维能力

C. 沟通能力　　　　　　　　　D. 以上都是

3. 填空题

（1）数据模型按照不同的应用层次可分为三种类型：_____、_____、_____。

（2）数据科学是关于_____的科学，是探索和发现数据中价值的_____、方法和_____，是对从数据中提取知识的研究。

（3）计算机科学是研究计算机系统结构、程序系统（软件）、_____以及_____和问题的学科。

（4）人们在数据计算中追求的目标是：_____和_____。

（5）数据科学的研究内容有_____、_____、用科学研究数据和用数据研究科学。

（6）写出数据科学的六个未来发展趋势：＿＿＿＿＿＿＿、＿＿＿＿＿＿＿、
＿＿＿＿＿＿＿、＿＿＿＿＿＿＿、＿＿＿＿＿＿＿、＿＿＿＿＿＿＿。

（7）数据科学家应具备的能力包括＿＿＿＿＿＿＿、＿＿＿＿＿＿＿、
＿＿＿＿＿＿＿、＿＿＿＿＿＿＿、＿＿＿＿＿＿＿。

4. 简答题

（1）简述数据与信息之间的关系。

（2）简述数据的逻辑模型的概念，并列举至少三个常见的逻辑模型。

（3）列出数据科学的研究步骤。

（4）简述数据科学的体系架构。

（5）数据科学的研究内容主要有哪些？

（6）简述数据科学与其他学科之间的联系。

（7）数据科学未来的发展趋势有哪些？

（8）简述数据科学家应具备的能力。

第 2 章

大数据概述

本章学习要点

知识要点	掌握程度	相关知识
大数据的产生背景	熟悉	三次信息化浪潮，云计算技术的成熟
大数据的发展历程	掌握	萌芽阶段、突破阶段、成熟阶段、应用阶段
大数据的应用与挑战	了解	大数据在物流、医药以及其他领域的应用、大数据面临的挑战
大数据的概念与特征	掌握	大数据的定义与大数据的 5V 特征
大数据的核心技术	熟悉	大数据采集技术、大数据预处理技术、大数据存储与管理技术、大数据分析与挖掘技术、大数据可视化技术、大数据安全保障技术
大数据的处理过程	熟悉	数据采集、数据预处理、数据存储、数据分析、数据可视化
大数据的价值	了解	发现规律、预测未来
大数据与相关领域的关系	了解	大数据与数据科学、物联网、区块链及人工智能之间的关系

信息技术为人类步入智能化社会开启了大门，带动了互联网、物联网、电子商务和金融等虚拟现代服务业的发展，也加快了物流的智慧化、制造业的个性化及教育行业的电子化进程。与此同时，各种业务数据也在呈爆炸式增长，传统的信息处理技术已难以满足其收集、存储、分析和应用的要求。大数据时代就是在这样的形势下悄然出现的。本章将首先介绍大数据的产生背景和发展，然后阐述大数据的概念、特征、结构类型、核心技术及蕴含的价值，最后介绍大数据与相关领域之间的联系。

2.1 大数据的产生和发展

如今，大数据正处于蓬勃发展时期。本节将从大数据的产生背景、发展历程到大数据的应用、挑战这几方面对大数据的整个发展过程进行系统性介绍。

2.1.1　大数据的产生背景

信息化的浪潮是不断更迭的，根据国际商业机器公司（IBM）前 CEO 郭士纳的观点，IT 领域每隔若干年就会迎来一次重大变革，每一次的信息化浪潮，都推动了信息技术的向前发展。截至目前，在 IT 领域相继掀起了三次信息化浪潮，如表 2-1 所示。

表 2-1　三次信息化浪潮

信息化浪潮	发生时间	标志	解决问题	代表企业
第一次浪潮	1980 年前后	个人计算机	信息处理	IBM、联想、苹果、戴尔、惠普等
第二次浪潮	1995 年前后	互联网	信息传输	雅虎、谷歌、百度、腾讯、中国移动、Facebook 等
第三次浪潮	2010 年前后	物联网、云计算、大数据	信息爆炸	华为、滴滴、金蝶、阿里巴巴等

信息化的第一次浪潮发生在 20 世纪 80 年代前后，个人计算机的普及解决了信息处理的问题，也极大地促进了信息化在各行业的发展。当时的主导企业有 IBM、联想、苹果、戴尔、惠普等，它们制造的硬件和软件为人们在信息处理的过程中提供了巨大的帮助。

随着互联网的普及，第二次信息化浪潮开始了。1995 年前后互联网的出现，使得人与人之间的交流有了新的渠道，雅虎公司率先推出的电子邮箱使人们的商务沟通变得更加有效率；腾讯公司的社交软件 QQ 也让社交变得更加容易，无论人们在哪里，只要有网络，就可以相互表达情感、碰撞观点。同时，人们获取信息的途径也有所改变，以百度、谷歌为代表的搜索引擎让人们可以畅游在知识的海洋之中。

在互联网逐渐走向成熟的同时，第三次信息化浪潮随之而来。在 2010 年之后，信息量呈现爆发式的增长，随之而来的就是云计算、大数据、物联网技术的出现，一大批公司比如华为、阿里巴巴等都在为解决信息爆炸的问题不断努力。

大数据是在信息化技术的不断发展下产生的，是信息技术的不断更新为大数据的出现提供了可能性。与此同时，云计算技术的成熟又为大数据的存储和处理奠定了技术的基础。云计算在处理数据时运用分布式处理、并行处理和网格计算的技术基础，使庞大的数据量可以在短时间内处理完。之前利用传统数据处理技术需要数小时甚至数天进行处理的数据量，运用云计算技术在数分钟甚至几十秒内就可以处理完成，极大地提高了数据处理的效率。在数据存储中，云计算通过集群应用、网格技术、分布式文件系统等方式使大数据可以被存储在云端，方便人们存取，为大数据的研究和利用提供了强大的技术支持。

2.1.2　大数据的发展、应用及挑战

大数据随着信息时代的发展而产生，为各行各业的发展带来了新的动力。世界各

国都在大力发展大数据产业，紧跟大数据的发展趋势，不断利用大数据技术去解决各行各业的实际问题。本小节将从大数据的发展历程、应用以及面临的挑战详细介绍大数据的发展。

1. 大数据的发展历程

大数据最早起源于 20 世纪 90 年代，继个人计算机普及之后，互联网的出现使数据量呈现爆炸式的增长，大数据因此而诞生，开始被学者们研究。直至今日，大数据仍然处于蓬勃发展的阶段，还有一些问题亟待研究者们去解决。整个大数据发展历程可分为以下四个阶段，如图 2-1 所示。

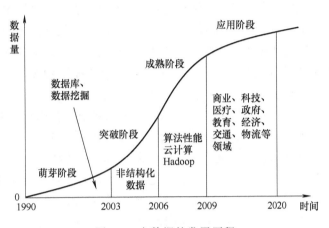

图 2-1 大数据的发展历程

（1）萌芽阶段（20 世纪 90 年代—21 世纪初）

萌芽阶段也称数据挖掘阶段。那时的数据库技术和数据挖掘的理论已经成熟，数据的结构类型只有结构化数据，人们把数据存储在数据仓库和数据库里，在需要操作时大多采用离线处理方式，对生成的数据需要集中分析处理。存储数据通常使用物理工具，例如纸张、胶卷、光盘（CD 与 DVD）和磁盘等。

（2）突破阶段（2003—2006 年）

突破阶段也称非结构化数据阶段，该阶段由于非结构化的数据大量出现，使得传统的数据库处理系统难以应对如此庞大的数据量。学者们开始针对大数据的计算处理技术以及不同结构类型数据的存储工具进行研究，以加快大数据的处理速度，增加大数据的存储空间和存储工具的适用性。

（3）成熟阶段（2006—2009 年）

在大数据的成熟阶段，谷歌公开发表的两篇论文《谷歌文件系统》和《基于集群的简单数据处理：MapReduce》，其核心的技术包括分布式文件系统（Distributed File System，DFS）、分布式计算系统框架 MapReduce 等，引发了研究者的关注。在此期间，大数据研究的焦点主要是算法的性能、云计算、大规模的数据集并行运算算法，以及开源分布式架构（Hadoop）等。数据的存储方式也由以物理存储方式占主导地位变为由数字化存储方式占主导地位。

（4）应用阶段（2009 年至今）

大数据基础技术逐渐成熟，学术界及企业界纷纷开始从对大数据技术的研究转向对应用的研究。大数据研究在 2012—2013 年间达到鼎盛时期，自 2013 年开始，大数据技术开始向商业、科技、医疗、政府、教育、经济、交通、物流及社会的各个领域渗透，为各个领域的发展提供了技术上的支持。

2. 大数据的应用

大数据作为一种重要的资源，越来越受到人们的重视。很多企业运用大数据技术改善现有的运营模式或是创新运营模式以提高自身的竞争优势，更好地为人们服务。

在物流领域，大数据技术使物流变得更具"智慧"了，省去了很多机械的人力工作，大大提升了物流系统的效率和效益。在物流企业，大数据的出现使得物品的供需更加匹配，资源的优化和配置更有效率；在汽车行业，"无人汽车"和车联网保险精准定价的出现，让车主可以获得更加贴心的服务；在公共安全领域，借助大数据可以更好、更快地应对突发事件，以保证社会和谐稳定。例如：大数据技术使菜鸟物流在 2014 年"双十一"淘宝的 571 亿销售额中，发挥了巨大的物流支撑作用。通过大数据协同，订单数据预测能力准确率从 83% 提升至 90% 以上。通过将大数据用于事前、事中和事后三个环节，利用事前预测、物流雷达预警、电子面单、智能分仓、四级地址库等功能，保证了在"双十一"之后的 10 天之内完成了"双十一"的全部订单。

大数据在医疗领域也得到了广泛的应用。在研发阶段，大数据的参与可以缩短药品的研发时间，使得对症的药品可以更快投入使用；在疾病的诊断上，大数据给予病历库充分的数据支持，使病人被误诊的概率大大降低，减少了医疗风险；在日常的健康检测中，大数据技术可以实时监控人体的健康状况，并实时给人们健康反馈，让人们可以预防一些慢性病的发生。例如，Asthmapolis 医疗服务公司开发了一种跟踪系统，通过记录哮喘患者使用空气过滤器的情况，确定个人、群体和人口的趋势。这些信息被转移到一个集中的数据库中，然后与哮喘催化剂的信息合并，用于帮助医生为哮喘患者提供个性化的护理和治疗。

相对于传统的小数据商业模式来说，海量的数据已经成为当今电子商务中非常具有商业价值的资源。电子商务企业记录着所有注册用户的历史浏览信息、消费订单记录、用户对商品的评价和商家的信用信息。换句话说，大数据贯穿了电子商务的整个生命周期，成了一个企业能否提高其竞争力的很重要的影响因素。

除此之外，还有很多领域都应用了大数据的理论和相关技术，如教育、金融、政府、制造业等。大数据在各行各业的应用，对个人的生活方式、企业的运营模式乃至社会的运行都产生了巨大的影响，推动着社会的发展。

3. 大数据应用面临的挑战

随着信息技术的不断发展，大数据的收集、储存、分析和应用能力不断提高。与此同时，大数据应用也面临着以下挑战。

（1）数据的开放共享程度低。大数据是非常有价值的数字资源，在很多情况下可对多源数据进行综合融合和深度分析，从而获得从不同角度观察、认知事物的差异化结果。对于单一组织机构而言，靠自身的积累难以聚集足够多的高质量数据来进行研究。因此，数据的共享开放十分必要。但目前的数据开放水平总体较低，可用的数据开放平台较少。在开放的数据资源中也存在着一些问题，如：数据资源质量参差不齐，很多数据资源无法正常读取；数据更新迟滞；数据资源的内容和形式缺乏多样性；数据开放的范围有限等。这些问题都亟待国家和政府通过制度约束、监管等方式去解决。

（2）数据的安全问题严峻。大数据的安全问题是目前制约大数据发展的一个重要原因，但目前信息安全和数据管理体系仍然不够健全，无法兼顾大数据的安全与发展，导致在线用户资料等被盗、个人隐私信息泄露事件的发生，甚至使一些不法分子利用泄露的个人信息进行诈骗的现象出现，让人们对互联网的使用产生担忧。因此，建立完善的制度监督体制及相关的法律体系来管理大数据就显得尤为重要。

（3）制度建设落后。随着大数据的蓬勃发展，大数据在隐私保护和数据安全方面存在着一定的风险，需要对大数据的使用进行制度和法律的规范和限制。欧盟鉴于互联网公司频发的、由于对个人数据的不正当使用而导致的隐私安全问题，制定了数据安全管理法规《通用数据保护条例》（GDPR）；在美国加利福尼亚州，《加利福尼亚消费者隐私法案》（CCPA）于 2020 年 1 月 1 日也正式生效。我国在个人信息保护方面也制定了《电信和互联网用户个人信息保护规定》《全国人民代表大会常务委员会关于维护互联网安全的决定》和《中华人民共和国消费者权益保护法》等相关法律文件。特别是在 2019 年，中央网信办发布了《数据安全管理办法（征求意见稿）》，向社会公开征求意见，以进一步明确个人信息和重要数据的收集、处理、使用和安全监督管理的相关标准和规范。不过，全世界在大数据的制度建设上都还存在上升空间。

（4）大数据专业人才缺乏。虽然目前大数据处于蓬勃发展的阶段，但专业人才的缺乏仍然是大数据产业面临的重要问题。据统计，我国大数据市场未来将面临 1400 万的人才缺口。除此之外，我国大数据人才资源存在着结构不平衡的问题，主要体现在以下两个方面。一是岗位供需的不均衡。根据国家信息中心统计的数据，在招聘过程中，大数据分析等技术类岗位在行业中的总占比为 51.62%，但求职者仅占行业的 37.76%，存在着供过于求的现象。二是岗位在不同地域的供需不均衡。在北京、上海、广州、深圳等大城市，人才供给过多，岗位竞争压力较大；而在同样需要大数据专业人才的中小城市中，则出现了供应不足的现象。

【相关案例 2-1】

中国人寿：大数据服务平台

案例背景

中国人寿紧密围绕"科技国寿"战略和"四个一"的信息化建设总目标，不断探索各类大数据底层技术和应用框架，并建设了一批业务类型丰富、价值密度较高的数据密集型信息系统，在基础技术和数据资源两方面具备了进一步开展大数据应用的必要条件。

在大数据技术探索方面，中国人寿统一客户平台和中国人寿信用信息平台均引入了目前业界主流的 Cloudera CDH 作为大数据基础平台，特别是对管理集群、主控集群、工作集群、数据流集群、接入集群五大功能子集群和十余项组件进行了深入研究和小范围试用，相应员工基本掌握其核心技术原理并具备应用能力。

在大数据资源积累方面，随着近年来各类应用系统的成功上线，集团公司掌握的大数据资源日益丰富。例如，中国人寿统一客户平台汇集寿险、财险、养老险客户信息和关键保单信息，包含客户记录，有效建立全集团统一客户视图。平台历经多年建设，数据资源持续扩充，数据质量不断提升。中国人寿信用信息平台基于客户平台数据，为每名客户计算价值评分、信用评分、流失预测评分、灰名单预测评分和出险预测评分，为客户的科学量化管理提供了数据支撑。中国人寿资产负债管理系统涵盖了资产负债模型所需的各种财务数据，为集团各成员单位开展资产负债管理、偿付能力与资本管理、战略资产配置、全面风险管理等工作提供了数据基础。全集团统一投资管理系统深入整合全集团投资类数据，实现了对各成员单位投资基础数据的汇集和共享，能够实时形成全集团投资全景视图并进行深入分析。集团统一风险管理系统整合了全集团风险合规数据，实现了对风险数据实时化、自动化、动态化、移动化的管控，通过系统二期建设进一步加强了对偿二代风险数据及关联交易数据的管理。

面临的挑战及解决方案

通过技术探索和系统建设，集团公司已经全面掌握了全集团范围内客户、信用、资产负债、投资、风险合规等多个领域丰富的大数据资源，并在面向各成员单位提供大数据服务方面做了大量基础性工作和进行了一系列的有益尝试，但仍存在以下三方面问题有待改善：

（1）缺少统一的技术出口。例如，资产负债管理系统、投资管理系统、风险管理系统均对外提供所在专业领域的数据查询服务，但存在数据接口不统一、数据分散不集中的情况，如能在集团层面提供统一的技术出口，则能避免相同功能的重复开发，降低数据对接的复杂程度。

（2）缺少成熟的服务模式。例如，统一客户平台已经先后为老业务满期转保、电商业务发展、财险脱落客户支持等提供多次数据支持服务，但仍主要采用一事一议和传统的数据批量下发方式，如能将类似服务提升为集团层面的标准服务模式，则能大幅提高数据服务的效率和质量。

（3）缺少外部大数据支撑。例如，统一客户平台和信用信息平台都需要引入外部大数据资源，以进一步提高客户视图及信用模型的全面性、准确性和权威性。同样，各业务条线特别是电商公司在开展销售工作时，也急需外部数据进行存量数据的校验和补全，并为精准营销、批量获客、存量挖潜等领域提供有力支撑。

为从根本上解决以上问题，中国人寿建设了集中管理、统一运营的大数据服务平台，以提供统一的技术出口、高效的服务模式、全面的内外部大数据支撑。基于该平台面向各成员单位提供统一化、标准化的大数据服务，可以进一步服务客户，为客户提供更加个性化、人性化的服务；可以进一步服务一线，增加保费、留住客户、促进互动；可以进一步服务决策，为公司制定发展战略、宏观决策提供科学的数据依据，促进中国人寿稳健经营，实现可持续发展。

中国人寿大数据服务平台（以下简称"服务平台"）汇集集团公司内外部所有大数据资源的服务调用接口，成为集团大数据资源的统一出口，面向全集团提供共享服务。各成员单位按照集团下发的技术标准，通过接口调用的方式访问服务平台，逐条或批量获得大数据资源。

服务平台由集团公司牵头建设并负责运维，平台投入使用后，对于内部大数据的使用需获得数据属主的许可，对于外部大数据采用"谁使用、谁付费"的方式分摊费用。服务平台的建设特别是外部大数据资源的引入，是一个不断试错、不断验真的过程，只有在使用推广中持续优化完善，才能在反复迭代中发挥大数据的真实价值，最终迅速提升公司在风控与征信、客户管理与营销、运营与研发等方面的大数据应用水平。

案例应用实践及效果

服务平台投入运行后，首先开展了以下典型应用的对接工作，快速形成亮点，取得了全面突破。

（1）集团统一信用信息平台。信用信息平台主要基于中国人寿统一客户数据平台构建集团信用体系及信用评估模型，外部数据的引入可以进一步提高信用体系的全面性、准确性和权威性，并能对信用评估模型进行有效性验证，不断优化、提升模型的可用性。

（2）保银联合客户大数据信用评级体系建设。项目主要基于中国人寿—广发银行内部客户大数据构建中国人寿客户信用评级体系。对接服务平台后，进一步细化客户价值评级、精准定位客户，强力助推保银互动、客户迁徙及增值服务，提升客户黏性。

（3）互联网大数据联合营销获客。该课题是典型的开发内外部大数据资源的营销类项目。外部大数据资源与内部资源整合后，可以有效开展存量挖潜、批量获客、精准营销（场景触发、事件营销、社交营销、互联网广告 DSP）等场景创新，同步探索新获客线上未成交转线下渠道跟进开发的模式，实现线上线下融合。相较成员单位单独引入外部资源，对接服务平台可以缩短商务谈判时间、扩大潜客范围、降低获客成本、提升成交效率。

通过对接以上典型应用，发挥引领示范作用、营造数据应用氛围，由点及面、全面开花，在全集团范围内迅速推广服务平台，为中国人寿大数据应用创新提供有力支持。

方案前景

未来，中国人寿将进一步加强与外部数据公司的合作，不断丰富数据源，并重点开展以下应用场景的推广落地。

（1）风控与征信。基于大数据公司提供的数据及服务，可以在用户身份信息核验、核保核赔反欺诈、信用卡防盗刷、银行信贷风控等方面开展合作。

（2）客户管理与营销。具体可以开展存量维系（用户画像、存量挖潜、孤儿单再分配）、批量获客（赠险获客）、精准营销（圈定潜客、场景触发、事件营销、社交营销、互联网广告 DSP、平台对接）等领域的合作。

（3）运营与研发。在 APP 运营优化方面，可以根据业内 APP 的下载、使用或流量排名，及用户在 APP 内的具体使用习惯和情况，为公司 APP 运营及设计研发提供参考和指导；在技术研发合作方面，可以与大数据公司成立联合实验室，双方共同提供脱敏数据，共同进行数据挖掘，共享数据成果。

（资料来源：http://www.fintechinchina.com/plat/caseview.aspx?id=290）

2.2 大数据基础理论

大数据所包含的数据量是庞大的，但大数据不仅仅是大量的数据，还是有一定价值的数据，它为企业提高了竞争力，为社会创造了价值。本节将围绕大数据的概念与特征、大数据的核心技术及大数据的价值来介绍大数据的基础理论。

2.2.1 大数据的概念与特征

1. 大数据的概念

大数据是数量极大并且附有一定价值的。关于大数据的概念，目前没有统一的定义。在维克托·迈尔·舍恩伯格及肯尼斯·库克耶编写的《大数据时代》中给出的大数据定义为：不用随机分析法（抽样调查）这样的捷径，而是对所有数据进行分析处理。

美国国家科学基金委员会将大数据定义为：由科学仪器、传感器、网上交易、电子邮件、视频、点击流和/或所有其他可用的数字源产生的大规模、多样的、复杂的、纵向的和/或分布式的数据集。

麦肯锡全球研究所对大数据的定义为：一种规模大到在获取、存储、管理、分析方面大大超出了传统数据库软件工具能力范围的数据集合，具有海量的数据规模、快速的数据流转、多样的数据类型和价值密度低四大特征。

本书对大数据的定义为：无法在一定时间范围内用常规软件工具进行捕捉、管理和处理的数据集合，是需要新处理模式才能具有更强的决策力、洞察发现力和流程优化能力的海量、高增长率和多样化的信息资产。

2. 大数据的特征

大数据的特征通常被概括为 5 个"V"，即数据量（Volume）大、数据类型繁多（Variety）、处理速度（Velocity）快、价值（Value）密度低和真实性（Veracity）强。

（1）数据量大。数据量大是大数据的首要特征，表 2-2 所示的存储单位换算关系可形象地表现出大数据庞大的数据量。通常认为，处于吉字节（GB）级别的数据就可称为超大规模数据，太字节（TB）级别的数据为海量级数据，而大数据的数据量通常在拍字节（PB）级及以上，可想而知，大数据的体量非常庞大。用一个更形象的例子来展现大数据的数据量就是，2012 年 IDC 和 EMC 联合发布的《数据宇宙》报告显示，2011 年全球数据总量已经达到 1.87ZB，如果把这样的数据量用光盘来存储，并把这些存储好的光盘并排排列好，其长度可达 $8×10^5$km，大约可绕地球 20 圈。而且这样的数据量并不是缓慢增长的。据报道，从 1986 年到 2010 年仅 20 多年的时间中，全球的数据量已增长了 100 倍，而且数据增长的速度会越来越快。数据量庞大并且在呈几何式爆发增长的大数据，特别需要进行认真的管理及研究。

表 2-2　数据存储单位及换算关系

单位	换算关系
B（Byte，字节）	1B=8bit
KB（Kilobyte，千字节）	1KB=1024B
MB（Megabyte，兆字节）	1MB=1024KB
GB（Gigabyte，吉字节）	1GB=1024MB
TB（Trillionbyte，太字节）	1TB=1024GB
PB（Petabyte，拍字节）	1PB=1024TB
EB（Exabyte，艾字节）	1EB=1024PB
ZB（Zettabyte，兆字节）	1ZB=1024EB

（2）数据类型繁多。在进入大数据时代之后，数据类型也变得多样化了。数据的结构类型从传统单一的结构化数据，变成了以非结构化数据和半结构化数据为主的结构类型，如网络日志、图片、社交网络信息和地理位置信息等，这使大数据的存储和处理变得更具挑战性。除了数据结构类型的丰富，数据所在的领域也变得更加丰富，很多传统的领域由于互联网技术的发展，数据量也明显增加，像物流、医疗、电信、金融等行业的大数据都呈现出"爆炸式"的增长。这样的大数据量和结构类型的多样化，也为数据库和数据仓库及相关的数据处理技术的革新创造了动力。

（3）处理速度快。大数据的产生速度很快，变化的速度也很快。比如 Facebook 每天会产生 25 亿以上的数据条目，每日数据新增量超过 500TB。在如此高速的数据量产生的同时，由于大数据的技术逐渐成熟，数据处理的速度也很快，各种数据在线上可以被实时处理、传输和存储，以便全面反映当下的情况，并从中获取有价值的信息。谷歌的 Dremel 就是一种可扩展的、交互式的数据实时查询系统，用于嵌套数据的分析。它通过结合多级树状执行过程和列式数据结构，可以在短短几秒内完成对亿万张表的聚合查询，也能扩展到成千上万的中央处理器（Central Processing Unit，CPU）上，满足用户操作 PB 级别的数据要求。

（4）价值密度低。虽然大数据在数量上十分庞大，但其实有价值的数据量相对比较低。在通过对大数据的获取、存储、抽取、清洗、集成、挖掘等一系列操作之后，能保留下来的有效数据不足 20%。以监控摄像拍摄下来的视频为例，一天的视频记录中有价值的记录可能只有短暂的几秒或是几分钟，但为了安全保障工作的顺利开展，需要投入大量的资金购买设备,消耗电能和存储空间以保证相关的区域 24 小时都在监控的状态下。因此，对很多行业来说，如何能够在低价值密度的大数据中更快、更节省成本地提取到有价值的数据是关注的焦点之一。

（5）真实性强。大数据中的内容与真实世界中发生的事件是息息相关的，反映了很多真实的、客观的信息，因此大数据拥有真实性强的特征。但大数据中也存在着一定的数据偏差和错误，要保证在数据的采集和清洗中留下来的数据是准确和可信赖的，才能在大数据的研究中从庞大的网络数据中提取出能够解释和预测现实的事件，分析出其中蕴含的规律，从而预测未来的发展动向。

2.2.2　大数据的核心技术

大数据的核心技术一般包括大数据采集技术、大数据预处理技术、大数据存储与管理技术、大数据分析与挖掘技术、大数据可视化技术与大数据安全保障技术。

1. 大数据采集技术

数据采集技术是指通过射频识别（Radio-frequency Identification，RFID）技术、传感器、社交网络交互及移动互联网等方式获得结构化、半结构化和非结构化的海量数据的技术。采集技术是大数据知识服务模型的根本。大数据采集架构一般分为智能感知层和基础支撑层，其中智能感知层主要包括数据传感体系、网络通信体系、传感适配体系、智能识别体系及软硬件资源接入系统，以实现对海量数据的智能化识别、定位、跟踪、接入、传输、信号转换、监控、初步处理和管理等；而基础支撑层则是提供大数据服务平台所需的虚拟服务器、数据库及物联网资源等基础性的支撑环境。

2. 大数据预处理技术

大数据预处理主要是指对已获得数据进行抽取和清洗等。对数据进行抽取操作是由于获取的数据可能具有多种结构和类型，需要将这些复杂的数据转化为单一的或者便于处理的构型，以达到快速分析、处理的目的。进行清洗操作主要是由于在海量数据中，数据并不全是有价值的，比如有些数据与所需内容无关或是有错误等，这类数据就需要进行"去噪"处理，从而提取出有效数据。

3. 大数据存储与管理技术

大数据存储与管理就是利用存储器把采集到的数据存储起来，并建立相应的数据库来进行管理和调用。大数据存储与管理技术的重点是解决复杂结构化数据的管理与处理，主要解决大数据的存储、表示、处理、可靠性和有效传输等关键问题。

通过开发可靠的分布式文件系统（Distributed File System，DFS）、优化存储、计算融入存储、发掘高效低成本的大数据存储技术，突破分布式非关系型大数据管理与处理技术、异构数据的数据融合技术和数据组织技术，研究大数据建模技术、大数据索引技术和大数据移动、备份、复制等技术，开发大数据可视化技术和新型数据库技术等方式可解决这些问题。

目前的新型数据库技术将数据库分为关系型数据库和非关系型数据库，已经基本解决了大数据存储与管理的问题。其中，关系型数据库包含了传统关系型数据库及NewSQL 数据库；非关系型数据库主要指 NoSQL，其中包括键值数据库、列存数据库、图存数据库及文档数据库等。

4．大数据分析与挖掘技术

大数据分析与挖掘技术包括改进的数据挖掘、机器学习、开发数据网络挖掘、特异群组挖掘和图挖掘等新型数据挖掘技术，其中重点研究的是基于对象的数据连接、相似性连接等的大数据融合技术和用户兴趣分析、网络行为分析、情感语义分析等面向领域的大数据挖掘技术。

数据挖掘是从大量的、不完全的、有噪声的、模糊的和随机的实际数据中提取出隐含在其中的、人们事先不知道但又有可能有用的信息和知识的过程。数据挖掘涉及的技术很多，可以从很多角度对其进行分类。

（1）根据挖掘任务，可把数据挖掘技术分为分类或预测模型发现、数据总结、聚类、关联规则发现、序列模式发现、依赖关系或依赖模型发现、异常和趋势发现等技术。

（2）根据挖掘对象，可以把数据挖掘技术分为针对关系数据库、面向对象数据库、空间数据库、时态数据库、文本数据库、多媒体数据库、异质数据库、遗产数据库等的技术。

（3）根据挖掘方法，可把数据挖掘技术分为机器学习方法、统计方法、神经网络方法和数据库方法等技术。

5．大数据可视化技术

大数据可视化技术能够将隐藏于海量数据中的信息和知识挖掘出来，为人类的社会经济活动提供依据，从而提高各个领域的运行效率，提升整个社会经济的集约化程度。数据可视化技术可分为基于文本的可视化技术和基于图形的可视化技术。其中，基于文本的可视化技术又包括基于云标签的文本可视化、基于关联的文本可视化等；基于图形的可视化技术包括桑基图、饼图、折线图等非常丰富的图形展现形式。

6．大数据安全保障技术

从企业和政府层面，大数据安全保障技术主要是应对黑客的网络攻击、防止数据泄露的问题发生；从个人层面，大数据安全保障技术主要是为了保护个人的隐私安全。安全保障技术具体包括改进数据销毁、透明加解密、分布式访问控制和数据审计等技术，对隐私保护和推理控制、数据真伪识别和取证、数据持有完整性验证等技术进行突破。

2.2.3　大数据的价值

现在人们所处的是一个高速发展的信息化时代，科技发达、信息流通。大数据作为这个时代下的产物，为个人、企业乃至整个社会产生了很多价值。这些价值是人们通过处理大数据中的信息，对其进行分析而得到的。大数据的处理过程如图 2-2 所示。

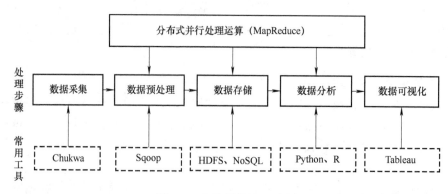

图 2-2　大数据的处理过程

大数据处理中，首先，研究人员通过数据采集获取数据；然后对数据进行清洗，剔除其中的无效数据；再把清洗好的数据按照数据的结构类型、时间顺序或是项目类别等集成存储起来；在此基础上再利用统计学、数据挖掘等方法对数据进行分析；最后在得到有价值的规律或知识之后，将数据结果通过数据可视化的方式清晰地展现出来。

大数据的价值伴随着数据的处理过程而产生，并在社会的方方面面中体现着它的价值。概括起来，大数据的价值主要体现在以下两个方面：

1. 发现规律

从大数据中可以挖掘出不同要素之间的相关关系。这些关系体现的就是大数据中蕴含的规律。找到这些规律，有助于认清事物的本质，进而更好地为人类服务。例如，医院可以更快地发现疾病，研制出相应的药品，挽救更多人的生命；企业可以更好地了解不同顾客的需求，从而有针对性地为客户推荐商品，减少顾客选购商品的时间等。

2. 预测未来

大数据以庞大的数据样本量和先进的算法技术大幅度提高了预测的准确率，为企业扩大了竞争优势，也为人们的衣食住行提供了很大的便利。比如，银行可以借助大数据预测潜在的风险，从而预防潜在的金融危机；气象局可以更精准地预测未来的天气，方便人们的出行等。

2.3　大数据与相关领域的联系

大数据的发展也与其他相关领域的出现和发展有着密不可分的联系：数据科学是大数据研究的基础理论，物联网为大数据的数据采集提供了新的数据来源，区块链技术保障了大数据存储的安全性，而人工智能则提供了大数据分析的新的研究方法。它们相辅相成，共同促进着大数据的发展，它们之间的关系如图 2-3 所示。

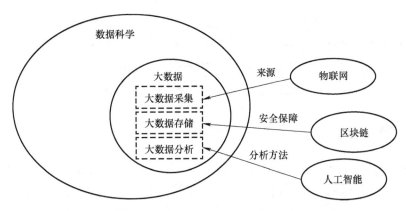

图 2-3　大数据与相关领域的关系

2.3.1　大数据与数据科学

大数据是存储在不同地方的大量非聚合的原始数据，其大小至少为 PB 级。随着时间的推移，会有越来越多的数据从各种来源生成，而且这些数据不是标准形式的，而是以各种形式产生的。事实上，目前生成的数据中有 80%是非结构化的，仅使用传统技术很难有效处理。

数据科学是针对数据进行研究的科学，研究所有与结构化和非结构化数据相关的内容。它结合了数学、统计学、计算机科学等多门相关学科知识，致力于研究数据基础理论、数据处理及分析、数据产品开发等。

因此可以说，大数据是数据科学领域中的一个重要且热门的研究点。高效地解决大数据存储与处理的问题一直以来也是数据科学所追求的目标。也可以说，数据科学的研究是包含着大数据的，大数据研究的推进也有助于数据科学的发展。

2.3.2　大数据与物联网

物联网（The Internet of Things，IOT）是指通过信息传感器、射频识别技术、全球定位系统、红外感应器、激光扫描器等多种装置与技术，实时采集任何需要监控、连接、互动的物体或过程，采集其声、光、热、电、力学、化学、生物、位置等信息，通过多种可能的网络接入，实现物与物、物与人的泛在连接，实现对物品和过程的智能化感知、识别和管理。简单来说，物联网即"万物相连的互联网"，是在互联网的基础上延伸和扩展出来的网络，是将各种信息传感设备与互联网结合起来形成的一个巨大网络，实现在任何时间、任何地点人、机、物的互联互通。

对于大数据而言，物联网是大数据的一个重要来源。大数据的数据来源主要有三个方面，分别是物联网、Web 系统和传统信息系统，其中物联网是大数据的主要数据来源，占到了整个数据来源的 90%以上，所以说没有物联网也就没有大数据。

对于物联网来说，大数据又是物联网体系的重要组成部分。物联网的体系结构分成六个部分，分别是设备、网络、平台、数据分析、应用和安全，其中大数据分析就是物联网数据分析部分的主要研究内容，而且物联网将事物和信息联系起来，使数据和实物之间有了关联性，能产生更大的价值。在这里举一个简单的例子：一辆车的位置数据没有多大价值，但如果能够知道上万辆汽车的位置数据，人们就可以了解到在什么路段车流量比较大，什么路段车流量相对较小，从而做出更好的道路选择。

2.3.3 大数据与区块链

区块链（Blockchain）是用分布式数据库识别、传播和记载信息的智能化对等网络，也称为价值互联网，是利用分布式数据存储、点对点传输、共识机制、加密算法等计算机技术形成的新型应用模式。区块链一词最早是作为比特币的底层技术之一出现的，它本质上是一个去中心化的数据库。从科技层面来看，区块链涉及数学、密码学、互联网和计算机编程等很多科学技术问题。从应用视角来看，区块链是一个分布式的共享账本和数据库，具有去中心化、不可篡改、全程留痕、可以追溯、集体维护、公开透明等特点。这些特点保证了区块链的"诚实"与"透明"，为区块链创造信任奠定了基础。而区块链丰富的应用场景，基本上都基于区块链能够解决信息不对称问题，实现多个主体之间的协作信任与一致行动。

在大数据中，区块链技术保障了大数据的安全，使得大数据在存储和使用时的安全问题得到了极大的解决。其工作原理就是把所有数据拆分成较小的部分并使其分布在整个计算机网络上，而不是把数据上传到云服务器上，或者把数据存储在一个地方，这样就有效地排除了中间人处理数据的传输和交易。此外，区块链上发生的所有事情都是加密的，并且可以证明数据没有被更改，保障了数据的安全性。

区块链强大的保密性使得其在金融、医疗保健、智能城市等多个领域得到了广泛的应用。比如在金融领域的货币交易阶段，区块链可以有效保证交易过程的安全性，防止交易犯罪的发生；在企业的运作方面，区块链可以防止数据泄露、身份盗窃及网络攻击的发生，使企业的核心数据得到保护。可以说，区块链对于大数据安全来说是至关重要的，但目前很多产业缺乏完善的区块链技术系统，因此区块链在大数据上的应用前景广阔。

2.3.4 大数据与人工智能

人工智能（Artificial Intelligence，AI）是研究、开发用于模拟、延伸和扩展人的智能的理论、方法、技术及应用系统的一门新的技术科学。人工智能是计算机科学的一个分支，它企图了解智能的实质，并生产出一种新的能以人类智能相似的方式做出反应的智能机器。该领域的研究包括机器人、语言识别、图像识别、自然语言处理和专家系统等。人工智能可以对人的意识、思维的信息过程进行模拟。人工智能不是人的智能，但其能按照人类的思维模式进行相应操作。例如：AlphaGo 是一款能够与人类进行对战的智能机器人，它能够根据围棋对战的实际情况分析对手的棋路，并在对手落子之后的较短时间内计算出不同应对方式的成功概率，从而选择最佳的落子位置。人工智能在现代科学技术发展方面有着重大的积极意义，是人类文明发展的里程碑。

　　大数据是人工智能的基石，目前人工智能的深度学习主要还是建立在大数据的基础之上，即对大数据进行训练，并从中归纳出可以被计算机运用在类似数据上的知识或规律。人工智能与大数据的不同之处在于：大数据是基于海量数据进行分析从而发现一些隐藏的规律、现象、原理等，而人工智能在大数据的基础上更进一步，会分析数据，然后根据分析结果来行动。例如无人驾驶、自动医学诊断等。总的来说，人工智能是大数据的研究方法之一，也是大数据的延伸方向。

本章小结

　　本章首先介绍了大数据的产生背景，即信息化的三次浪潮与云计算技术的成熟；接着又介绍了大数据的发展，其中包括了大数据的发展历程、应用及面临的挑战，并引入了相关案例介绍大数据在企业中的应用；在此基础上详细阐述了大数据的基础理论，包括大数据的概念、特征、核心技术与价值；最后描述了大数据与数据科学、物联网、区块链和人工智能这些相关领域的联系，大数据的发展与这些相关领域的发展密不可分，这些领域的发展共同推进着大数据技术的进步。

习　　题

1. 名词解释

（1）大数据；（2）价值密度低；（3）数据挖掘；（4）大数据存储与管理；（5）区块链；（6）人工智能

2. 单选题

（1）大数据的第三次浪潮发生在（　　）年前后。

A. 1980　　　　　　　B. 1990　　　　　　　C. 2003　　　　　　　D. 2010

（2）我国大数据发展面临的挑战不包括（　　）。

A. 数据的开放共享程度低　　　　　B. 专业人才过多

C. 制度建设落后　　　　　　　　　D. 数据的安全问题严峻

（3）以下（　　）不是大数据的特征。

A. 数据量大　　　　　　　　　　　B. 价值密度高

C. 数据种类繁多　　　　　　　　　D. 处理速度快

（4）下列数据存储单位换算关系不正确的是（　　）。

A. 1ZB=1024PB　　　　　　　　　B. 1KB=1024B

C. 1TB=1024GB　　　　　　　　　D. 1PB=1024TB

（5）区块链的特点不包括（　　　）。

A. 中心化　　　　　B. 可追溯　　　　C. 不可篡改　　　　　D. 公开透明

（6）人工智能的研究领域包括（　　　）。

A. 语言识别　　　　　　　　　B. 图像识别

C. 专家系统　　　　　　　　　D. 以上全部

3. 填空题

（1）大数据发展的四阶段分别为：萌芽阶段、_____、_____、_____。

（2）列举四个大数据的应用领域：_____、_____、_____、_____。

（3）大数据的五个特征是：_____、_____、_____、_____、
_____。

（4）大数据的价值体现在_____和_____两个方面。

（5）区块链是利用_____、点对点传输、共识机制、_____等计算机技术
形成的新型应用模式。

4. 简答题

（1）简述大数据的产生背景。

（2）列出大数据的六个核心技术。

（3）大数据面临的挑战有哪些？

（4）简述大数据与数据科学的关系。

（5）列举区块链的特点。

（6）简述大数据与人工智能的关系。

第3章

大数据与云计算

本章学习要点

知识要点	掌握程度	相关知识
云计算的概念	掌握	云计算的思想、定义和优势
云计算的特点	熟悉	超大规模、虚拟化、高可靠性、通用性、高可扩展性、按需服务、低成本等特征
云计算的体系架构	了解	核心服务层、服务管理层和用户访问接口层
云计算的分类	熟悉	公有云、私有云、混合云，基础设施即服务、平台即服务和软件即服务
云计算的核心技术	掌握	编程模型、分布式技术、虚拟化技术和云平台技术
云计算与大数据的联系	了解	云计算与大数据相辅相成、云计算与大数据技术的异同点、云计算在大数据中的应用

　　随着科技的进步和社会的发展，人类由工业时代步入信息时代，近几年互联网与物联网的快速发展使人们正逐渐向人工智能时代迈进。以往简单的数据处理技术和计算技术已无法满足爆炸式的数据增长和快速响应的需求，因而需要新的数据科学技术来解决这些问题，以满足各行各业的需求，云计算技术正是在这种背景下产生的。

3.1　云计算概述

　　在计算机技术发展的早期，计算模式为单处理机模式，即在任意时刻，一台计算机只能为一个用户服务，且用户在该系统上执行应用程序时不能访问其他计算机。随着人们对数据、资源的请求越来越频繁，数据处理量越来越大，这种计算模式无法满足快速响应用户请求和处理庞大数据量的需求，因此出现了多用户单处理机模式。在该处理模式下，多个用户可通过分时技术共享单处理机的资源，这种计算方式也称为集中式计算。但是，多个用户的访问加重了大型处理机的负载，请求延迟和得不到及时响应的事情时有发生。在这种情况下，分布式计算应运而生。分布式计算是通过网络互联的多台计算机的并行计算来完成用户的复杂任务，每台计算机都有自己的处理器和资源，用户可通过工作站实现对资源的请求和对数据的计算处理等。图 3-1 为随着计算机技术的不断发展，计算模式的演变过程。

图 3-1　计算模式的演变过程

　　20 世纪 80 年代，互联网开始快速发展。1984 年，SUN 公司率先提出了网络即计算机的概念，网络是由计算机相互连接形成的。2003 年，Platform 公司提出网格计算池的概念，这种计算模式将不同地理位置的计算机通过网络互联成一个虚拟的超级计算机，以满足更复杂的计算、数据处理等请求。2006 年，谷歌公司首次提出了云计算的概念，大量的数据处理功能将由云中心的超级计算机进行，推动了第三次互联网革命的发展，人类也因此步入了云计算时代，如图 3-2 所示。

图 3-2　云计算的发展演变

　　目前，我国的云计算正处于快速成长阶段，以 BAT（百度、阿里巴巴、腾讯）为代表的互联网企业已成为现阶段我国云计算服务发展的主导力量，在积极向国外云计算优秀企业学习的同时，它们也不断加以创新，努力挖掘国内市场大量的差异化需求，提供了搜索引擎、电子商务等服务，并不断提高云计算能力，完善所提供的相关服务。例如百度公司的云平台，在提供云存储、云计算等服务的同时，进一步为开发者开放了其核心结构技术等；阿里巴巴的云服务平台为全球 200 多个国家和地区提供安全可靠的云计算、数据处理等服务；腾讯公司的云平台致力于为广大企业和开发者提供云计算、云数据、云运营等一体化云端服务，针对不同领域的不同需求推出了一系列的行业解决方案，如移动应用解决方案、视频解决方案等。

3.1.1　云计算的概念

1. 云计算的思想

　　互联网的普及使得不少企业开始开发、建立企业自己的系统，建立系统需要的成本往往较高，包括硬件等基础设施的花费、软件相关许可证的支出以及相关的维护费用等。随着企业规模的不断扩大，系统软硬件升级和维护的费用也随之增加，加重了企业的负担；对于个人而言，当因学习、工作等需要使用收费软件时，费用通常较高，对学生群体及使用该软件频率较低的用户来说并不划算。人们希望有这样一类服务提供商，能为用户提供软件租赁服务，用户只需花费较少的资金即可享受云计算服务。

其实在生活中已有这种服务模式，比如平日所用的水和电，它们分别是由自来水厂和电厂集中提供，用户只需根据自己所用的量缴纳一定的费用。这种模式在方便了人们生活的同时，极大地节约了资源。将这种思想拓展至计算机网络的应用，便产生了云计算。通过云计算，用户自身的计算机可以变得十分简单，无须庞大的内存和硬件等设备，只需通过浏览器给云端发送请求和接收数据，便能得到服务，根据服务的不同按需付费。

2. 云计算的定义

云计算是一种新型的商业计算模式，由分布式计算、并行处理、网格计算等技术发展而来。可从狭义、广义、使用对象、客户端、服务器端等不同角度来理解云计算。

（1）狭义的云计算可理解为服务提供商通过分布式计算和虚拟化技术建立数据中心或超级计算机，为用户提供数据存储、科学计算等服务。例如 Amazon 出租数据仓库的服务。

（2）广义的云计算可理解为服务提供商通过建立网络服务器集群，向不同类型的客户提供在线软件使用、数据存储、硬件借租等不同的服务，如图 3-3 所示。相较于狭义云计算，广义云计算包含的服务厂商和服务类型更加广泛，例如谷歌发布的应用程序套装等。

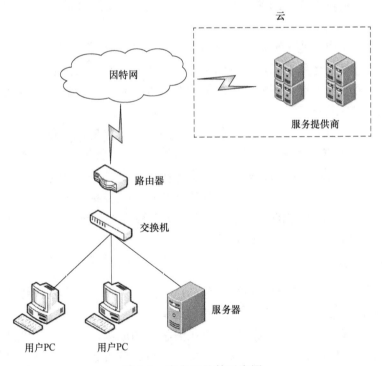

图 3-3　广义云计算示意图

（3）从使用对象角度可以把用户分为普通用户和专业人员。对于普通用户，云计算是指通过网络获取所需的服务，按需付费。例如将文档、照片、视频等资源上传至云平台进行保存；对于专业人员，云计算是指将存储在移动设备、个人计算机等设备上的信息资源集合在一起，在强大的服务器端协同工作。它是一种新兴的共享资源的方法，将多个系统相互连接，提供各种计算等服务，如图 3-4 所示。

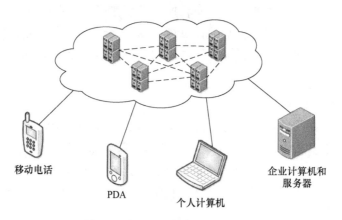

图 3-4　专业人员的云计算示意图

（4）从客户端来看，云计算可理解为用户按需获取网络上的资源，按需进行付费，无须自己建立基础系统，从而可以更加专注于自己的业务。

（5）从服务器端来看，云计算实现了资源的规模化和集中化，能够实现软硬件基础资源的兼容，实现了资源的动态流转和共享，可更好地利用资源，并降低基础供应商的成本。

综合来说，云计算是一种融合了分布式计算、并行计算、网格计算、虚拟化、网络存储等技术的新型计算模式，通过网络将庞大的计算处理程序自动拆分成无数个较小的子程序，再交由多部服务器所组成的系统，经过搜寻、计算、分析之后将处理结果返还给用户。

云计算中的"云"实际上是指互联网中的服务器集群资源，包括硬件资源（存储器、服务器、CPU 等）和软件资源（集成开发环境、应用软件等），本地的计算机通过互联网发送需求信息，远端会有许多计算机提供资源，进行计算，并将结果返回至本地计算机。由于这种计算方式不受地理位置约束，只要拥有计算机和网络就能享受到服务，就像天空中所漂浮的云，随处可见，所以称为"云计算"。云计算服务十分常见，如可应用于搜索引擎、网络邮箱等。

3. 云计算的优势

云计算作为一种新型的商业和服务模式，主要优势在于规模效应降低了信息化成本、提供了有弹性的服务、提高了资源的利用率。

对于企业而言，云计算大大削减了企业信息化的成本投入，包括可见的硬件和软件的采购成本、系统的维护成本，以及机房、人员配置等成本。云计算服务的按需付费降低了信息化的投资，使企业的重心转向业务，提高了员工的工作效率和企业的利润。对于个人而言，尤其对于使用云服务频率低的用户来说，成本的节约也就更加明显，性价比也就更高。

传统的互联网数据服务一般会根据访问量配置服务器和网络资源，若预测到访问量较大,则需要提前按最大访问量所需的资源进行配置,这样就会造成资源的浪费。而云计算平台根据每个用户的需要动态分配和释放资源,提供弹性服务,不需要为每个用户预留峰值资源。同时云计算平台对资源进行了集群,大大提高了资源的利用率,支持的服务多样,即使多用户同时使用也能平稳负载。

3.1.2　云计算的特点

云计算作为信息行业的一项变革,为企业和个人提供了便捷、高效的服务,具有一定的价值和意义,它的特点体现在 10 个方面,如图 3-5 所示。

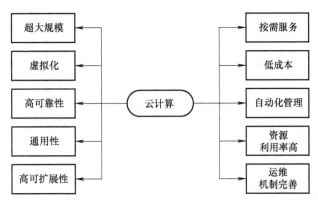

图 3-5　云计算的特点

1. 超大规模

云计算中心的规模一般都很大,例如谷歌公司的云计算中心拥有一百多万台服务器,IBM、Amazon、微软等著名企业云计算中心拥有几十万台服务器,企业私有云也都拥有着成百上千台服务器,这些服务器可提供庞大的存储空间和较强的计算能力来满足多用户的不同需求。

2. 虚拟化

用户可在任意位置使用终端通过互联网获取相应的服务,用户所请求的资源和对数据资源的运算都来自"云",而不是固定的有形实体。用户不需要担心也无须了解这些服务器所处的位置,只需给"云"发送请求,便能接收到返回的数据和计算结果。

3. 高可靠性

云计算中心在软硬件层采取了许多措施来保障服务的高可靠性,例如采取了数据多副本容错、计算节点同构可互换等技术,还在设施层面上进行了冗余设计进一步保证服务的可靠性,减小错误率。相对来说,使用云计算比使用本地计算机更加可靠。

4. 通用性

云计算并不只是为特定的应用提供服务,而是可以为业界大多数的应用提供服务,服务类型多样,面对的对象也是多样的,如企业、专业人士、个人用户等。而且同一个"云"可同时支持用户的多种需求,如存储、计算等需求,这些需求的服务质量也有所保障。

5. 高可扩展性

云计算中心可根据用户需求的不同合理地安排资源,云计算的规模可以进行动态伸缩调整,通过动态调整和调用整合资源,在高效响应用户请求的同时,可以满足用户大规模增长的需要,尤其是应对突发、热点事件时平稳负载,具有较强的可扩展性。

6. 按需服务

像使用自来水、电、天然气一样,云计算按需服务并根据用户的使用量进行收费,用户无须进行前期软硬件设备的投入,即可满足使用计算机资源的需求。

7. 低成本

云计算的成本开销很低,可为服务提供商和用户节省大量资金。对于服务提供商来说,建设云计算平台的成本与提供服务所获得的利润相比较低,保证了服务提供商的盈利。对于用户来说,云计算节约了软硬件的建设和维护、管理的成本,可使用户更加专注自身业务。

8. 自动化管理

云计算平台的管理主要是通过自动化的方式进行的,例如软硬件的管理、资源服务的部署等,降低了云计算中心的管理成本。此外,镜像部署更使得以往较难处理的、异构程序的操作简单化,更加容易处理。特殊的容错机制在一定程度上也加强了云平台的自动化管理。

9. 资源利用率高

云计算将许多分散在低效率服务器上的工作整合到云中,利用高效率和高计算能力的计算机进行计算处理,而且提供弹性的服务,根据需求的不同动态分配和调整资源,高效响应,提高了资源的利用率,减少了资源的冗余和浪费。

10. 运维机制完善

在云计算的服务器端,有较为完善的运维机制,有专业的团队帮助用户管理信息,有强大的数据中心帮用户存储数据,有能力较强的计算机能快速高效地进行计算和数据的处理,同时响应多用户的不同请求,还有严格的权限管理条例来保证数据的安全和用户的隐私。

3.1.3 云计算的体系架构

云计算能够高速响应用户的需求,提供用户所需的服务,其体系架构可分为三层,即核心服务层、服务管理层和用户访问接口层,如图 3-6 所示。核心服务层包括了存储设备与服务器等 IT 基础设施、开放应用软件的基础平台及应用软件服务,这些服务具有动态可伸缩、可处理海量信息、可靠性高等特点,以满足用户的多种需求。服务管理层负责云计算的资源管理、任务管理、用户管理和安全管理等工作，保障服务的安全可靠性。用户访问接口层主要实现用户端到云端的访问。

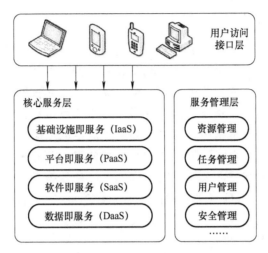

图 3-6　云计算的体系架构

1. 核心服务层

云计算服务通过对大量用网络连接的计算资源进行统一管理和调度，构建成一个计算资源池向用户按需服务，用户可通过网络以按需、易扩展的方式获得所需资源和服务，按需付费。除了按需自助服务，云计算服务还具备可随时随地用任何网络设备访问、可多人共享资源池、可监控、可减少用户终端的处理负担等特征。云计算产品包括云主机、云空间、云开发、云测试和综合类产品等。

2. 服务管理层

服务管理层主要负责对云计算的资源、任务、用户、安全等的管理，对众多任务进行合理调度，提高资源的利用率，为给用户提供高效、安全、可靠的服务提供保障。

资源管理负责监视统计资源的使用情况，对云资源节点进行检测和故障的修复，使云资源节点被均衡地使用。任务管理即对用户或应用程序所提交的任务进行管理，例如任务执行、任务调度、对任务的生命周期进行管理等。用户管理是服务管理层不可或缺的一部分，包括了为用户提供交互接口、用户身份的识别和管理、创建用户程序的执行环境、对用户的使用计算相应的费用等。安全管理包括身份认证、访问授权、安全审计、用户的隐私保护等，不仅对用户的信息安全起到了保障作用，还保障了云计算整体设施的安全。

3. 用户访问接口层

用户通过访问接口获得所需的服务，用户接口包括 Web 服务、Web 门户、命令行等。Web 服务和命令行的方式促进了终端设备应用程序接口的开发，Web 门户的接入方式可以使用户通过浏览器实现对数据及程序的访问，提高工作效率。

3.1.4 云计算的分类

1. 按所属关系分类

云计算强大的数据存储和计算等能力为用户提供了高效、快速的服务，但不可避免的是，在数据安全问题、用户的数据隐私和服务的可靠性等方面，云计算面临着许多挑战。为了提高云计算的服务能力和安全可靠性，将其按服务提供者与使用者的所属关系分为公有云、私有云和混合云三种类型，用户可根据自身的实际情况来选择。

（1）公有云。公有云是指由云提供商为用户提供的云服务，能够提供资源的网络在用户的防火墙之外，公有云一般可通过互联网使用，可能是免费的或成本低廉的，其核心属性是共享资源服务。公有云的提供者可以是传统电信运营商（如中国移动、中国电信、中国联通）、政府（如各地区相关的云项目）、互联网企业（如百度网盘、腾讯微云）和部分互联网数据中心运营商（世纪互联）。

公有云的特点如下：

1）快速获取 IT 资源。用户可直接通过互联网获取所需的存储和计算等资源，无须自建较为复杂的系统，节约了时间和一定的计算机资源自建成本。

2）弹性伸缩。在访问量短时间激增时，系统可以动态地增加相应的资源，以保证业务的顺利进行；当访问量在一段时间后回落时，系统释放相应的资源，以避免不必要的浪费。

3）安全可靠。公有云的服务提供商通过多个区域和可用区的架构设计，保证了系统的整体稳健和安全。用户数据有多个副本和严格的访问控制，保障了数据的安全性。

（2）私有云。不同于公有云，私有云建立在用户自有设施的基础之上，能够提供资源的网络部署在防火墙之内，其核心属性是专有资源。私有云为一个客户单独使用而构建，因而能够保障数据的安全性和服务的质量。目前可以提供私有云的平台有 IBM 的 Cloud Private 和 Oracle 私有云等。

私有云的特点如下：

1）安全可控。私有云一般会在网络出口位置部署防火墙、入侵检测系统、Web 应用防护系统等，以保障私有云网络的安全，所有的用户操作行为都将被记录，业务数据在私有云内部可以得到严密的安全保障，因此私有云中的数据安全保密性极高，用户可放心使用。

2）服务质量得到保证。私有云中的网络部署在企业内部，一般不直接连接外部网络，所以在进行计算、存储等其他云服务时不会受到网络不稳定、黑客攻击等影响，能够提供高速、稳定的服务，从而满足用户的不同需求。

3）兼容性良好。部分企业的系统由于架构和性能的要求，不一定适合部署在公有云上，但是在私有云的环境中能够兼容原有系统，实现对计算机资源的统一管理。

（3）混合云。混合云融合了公有云和私有云，是近年来云计算的主要模式和发展方向。混合云的资源网络等基础设施一般由企业创建，管理由企业和公有云提供商共同负责。混合云在公共空间和私有空间中同时提供云服务，企业可根据自己的需求在公有云或者私有云中获取服务。虽然混合云在一定程度上能够完善服务流程，提高服务质量，但存在一定的管理难度。

混合云的特点如下：

1）扩展安全性能。公有云的安全性不及私有云，但是公有云的大数据资源又是私有云不能相比的。混合云综合了两者各自的特点，将内部重要数据保存在私有云中，同时也可以使用公有云的大数据资源，能够更加高效地提供服务。

2）控制成本。私有云一般会根据企业自身的业务进行容量的配置，通常不会预留较多的额外资源，当出现访问高峰时，可能会出现资源不足的情况。为了短暂的访问高峰而购买较多的资源较为不划算，私有云就可以解决这个难题。当访问量激增时，可以将访问引导至公有云，从而缓解私有云上的访问压力。

3）引入新技术。公有云的产品和服务种类多于私有云，而私有云的整体安全性和稳健性又高于公有云。混合云突破了私有云的限制，可以让用户快速地体验新的产品和服务，在引入私有云之前进行充分测试，降低企业引入新服务的成本。

公有云和私有云都能为用户提供云服务，但是二者存在一定的差异，如表 3-1 所示。

表 3-1　公有云与私有云的比较

差异点	公有云	私有云
合同形式	租用制（产品化程度不明显）	项目制（产品化程度高）
标准化程度	高，自服务，定制少	低，定制化服务
建设模式	投入成本设计并建设机房，提供客户租用	利用客户资金或客户自建
盈利模式	后续收取租用费用（单笔订单收费较低）	项目只收取一次性费用+后续管理费用（单笔订单收费高）
周期	5～10 年后规模效应盈利	一项一结，盈利周期短
云服务商成本费用	高昂（需建设机房）	低廉
运营模式	规模化服务、长期运营回收成本，后续运营成本较少，后期维护以开发和集成工作为主	定制化服务，无法形成规模效益
用户关注点	价格敏感，使用便捷	可控性强，安全性好
客户群体	中小型传统企业、互联网企业及个人	政企大客户
宣传途径	线上宣传	线下宣传

2. 按服务类型分类

云计算可为用户提供不同类型的服务，以满足用户多样的需求。根据服务类型的不同，可将云计算分为 IaaS、PaaS、SaaS 和 DaaS 四种类型。

（1）IaaS。IaaS 是指服务提供商将完善的计算机基础设施资源作为服务提供给用户，用户可通过互联网获得服务，例如操作系统、磁盘存储、服务器、数据库等。用户可以部署和运行任意软件，包括应用程序与操作系统，虽然用户不能控制或管理这些基础设施，但是可以选择操作系统、存储空间等。用户可将这些基础设施整合在一个平台中进行部署，实现应用程序的运行和系统的搭建，并根据用户对资源的使用量进行收费。

如图 3-7 所示，IaaS 具有以下特点：①使用门槛低，用户通过低成本的租用即获取高质量的服务，无须购买额外的硬软件设施；②可扩展性强，用户可根据自己的实际需要动态增减所需资源，无须担心资源是否够用等问题；③管理方便，设施资源可通过互联网进行有效管理，无须进行实地管理，降低了管理的成本；④使用灵活，用

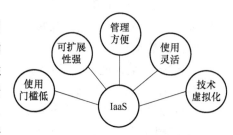

图 3-7　IaaS 的特点

户可获得独立的服务器且拥有管理员权限，操作可不受权限约束；⑤技术虚拟化，服务商所提供的为虚拟服务器，共享计算机的所有资源，提高了资源的利用率。

IaaS 主要提供计算资源、数据存储和通信设施三种类型的云服务。计算资源主要通过提供虚拟机来实现。对于数据的存储，用户可在远程的"云"端硬盘上存储数据，在任意时刻用户都能对数据进行访问，且对数据进行了一定的备份，保障了数据的安全性。IaaS 还能为用户提供通信服务，但其对网络质量的要求较高。国内外主要 IaaS 产品如表 3-2 所示。

表 3-2　国内外主要 IaaS 产品

公司名称	主要产品	功能
Amazon	Elastic Compute Cloud	提供计算、存储等服务，出租存储服务器、CPU 等资源
IBM	Blue Cloud	用户可在全球通过互联网获得所需的服务
微软	Azure 蓝天	开发可运行在云服务器、Web 和 PC 端上的应用程序
华胜天成	IaaS 管理平台	提供客户化定制、用户自服务功能，支持多种虚拟化技术

（2）PaaS。PaaS 是指将软件开发平台作为服务，用户可根据自己实际的需要开发应用程序，这种服务模式支持了不同行业、不同企业、不同业务的多种需求。PaaS 提供了一个完整的开发运行平台，包括应用设计、应用开发、应用测试等环节。用户利用 PaaS 可以建立一些实用的应用程序，再利用互联网传播给其他用户。

如图 3-8 所示，PaaS 具有以下特点：①提供的平台较为基础，而并非某种应用，用户可自行设计并创立应用程序；②为平台运营商提供技术支持，提供了应用系统优化、开发等服务，保证系统长期稳定运行，有利于平台的运营；③为第三方开发者提供有价值的资源平台，第三方开发者通过互联网资源的服务可以获得大量的可编程元素，提高了开发效率。

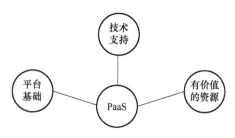

图 3-8　PaaS 的特点

PaaS 主要提供基于硬件基础设施上的软件、中间件和应用开发的工具，不同的 PaaS 提供不同的服务，例如提供给源代码管理和版本控制过程的管理等。部分 PaaS 还会根据用户的需求提供相关的服务组合，满足多样化的用户需求。国内外部分 PaaS 产品如表 3-3 所示。

表 3-3　国内外部分 PaaS 产品

公司名称	主要产品	功能
谷歌	Google App Engine	提供一体化主机服务器，应用可自动在线升级
VMware	Cloud Foundry	首个开放式平台，简化了开发、部署等功能
八百客	800 APP	无须安装辅助软件，支持的业务类型全面
云荷素科技	云鹤平台	可通过在线配置实现数据库应用系统的开发

（3）SaaS。SaaS 是指服务商将在线服务软件提供给用户，包括应用程序和实用工具等。应用软件部署在服务提供商的服务器上，用户通过互联网向提供商购买应用软件服务，同时提供商也会提供离线操作和本地数据存储使用户随时随地都能使用应用软件。SaaS 实现了多职能部门在同一平台进行工作，达到了信息的高度共享，提高了办公效率。

如图 3-9 所示，SaaS 具有以下特点：①部署简单。用户最初只需要简单注册，不需要额外另购设备。②成本低。用户只要拥有基本的硬件设施就能进行简单的部署，降低了硬件和配置成本；③免费试用。多数 SaaS 服务商都会提供免费试用功能，让用户先进行体验。若用户产品体验感觉良好，认为能满足自己的需求，再购买服务，解锁更多、更全面的功能。

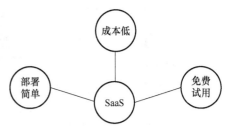

图 3-9　SaaS 的特点

SaaS 企业管理软件分为灵活型和非灵活型。灵活型的 SaaS 具有自定制的功能，提供商将赋予用户管理软件的权限，用户可根据自己的需求对应用软件进行管理。而非灵活型的 SaaS 只提供固定的模块和功能，不能实现灵活的应用。国内外部分 SaaS 产品如表 3-4 所示。

表 3-4　国内外部分 SaaS 产品

公司名称	主要产品	功能
谷歌	Google Docs	提供一套在线办公软件，包括在线文档、表格和演示文档
谷歌	Google Apps	可实现企业消息传输、协作和安全
百会	在线办公、项目管理平台	系统灵活地办公、在线完成项目的进度跟进和管理

（4）DaaS。DaaS 是指服务提供商能够提供公共数据的访问服务，还可以发现数据中潜在的价值。一个 DaaS 平台包括数据采集、数据治理与标准化、数据聚合和数据服务，数据通过云计算平台进行集中整合和处理，再由数据挖掘产生价值，经过定制化和模块化后提供给不同的系统和用户，为业务管理、项目运营和企业决策所服务。

如图 3-10 所示，DaaS 具有以下特点：①敏捷高效，数据通过平台进行高效整合，用户无须考虑底层的数据来源。如果用户的需求有微调，例如需要不同的数据结构或者调用特定位置的数据，那么 DaaS 可通过最少的变更快速满足用户的需求。②数据来源广，DaaS 的数据不仅来源于互联网企业，还可以来源于通信运营商、移动终端和传感器采集的数据等，从而通过大数据来挖掘数据中潜在的价值。③数据资源利用率高，在 DaaS 挖掘大数据中的价值过程中，需要用到企业、原有数据库等的数据，一些看似用处不大的数据有时也能提供较大的价值，这提高了数据资源的利用率。

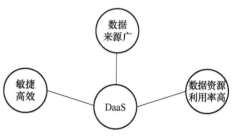

图 3-10　DaaS 的特点

DaaS 主要提供数据的访问服务和数据价值的挖掘服务。用户可随时访问所需数据，并且这些数据是灵活、多角度和全方位的。通过数据挖掘，可以发现大数据中的价值，有利于业务的推进和决策的制定。部分 DaaS 产品如表 3-5 所示。

表 3-5　国内部分 DaaS 产品

公司名称	主要服务
GrowingIO	提升用户转化率、优化网站/APP，实现用户快速增长和变现
华坤道威	为用户提供各类商业场景大数据营销服务，用于房产、金融、家居、汽车、医疗、教育、母婴、移民服务等行业
听云	为企业提供从移动客户端到服务器端、再到网络层面的全方位解决方案，帮助企业实时监控定位从崩溃报错、慢交互到网络环境出错等多维度复杂的性能问题

3.2　云计算的核心技术

云计算技术是由计算机技术和网络通信技术发展而来的，其核心技术主要包括编程模型、分布式技术、虚拟化技术和云平台技术。

3.2.1　编程模型

云计算以互联网服务和应用为中心，其背后是大规模集群和大数据，需要编程模型来对数据进行快速的分析和处理。目前较为通用的编程模型是 MapReduce。MapReduce 是一种简化的分布式编程模型，由谷歌开发且成为谷歌核心的计算模型，支持 Python、Java、C++语言，能实现高效的任务调度，用于规模较大的数据集（大于 1TB）的并行运算。MapReduce 的思想是将要解决的问题分解成 Map（映射）和 Reduce（化简）的方式，先通过 Map 程序将输入的数据集切分成许多独立不相关的数据块，分配调度给大量的计算机进行并行运算、处理，再由 Reduce 程序汇总输出结果。

在云计算的数据处理过程中，数据的输入和输出通常存储在文件系统中，MapReduce 的整个框架负责任务的调度和监控，重新执行失败的任务。MapReduce 的框架和文件系统运行在一组相同的节点上，由于计算节点和存储节点在一起，使得在已经存储数据的节点上可实现高效的调度，高效利用了整个集群的网络带宽。对于 MapReduce 编程模型的编写，程序员只需要负责 Map 函数和 Reduce 函数的主要编码

工作，其他较为复杂的问题，如工作调度、容错处理、负载均衡等，可由 MapReduce
框架（如 Hadoop）代为处理。

　　MapReduce 模型和核心是 Map 和 Reduce 函数，这两个函数的实现需要通过用户
输入的键值对经过一定的映射转变为另一个或一组键值对。以计算某文本中每个单词
出现的次数为例，Map 和 Reduce 的函数说明如表 3-6 所示。

表 3-6　Map 和 Reduce 的函数说明

函数	输入	输出	说明
Map	<a1/b1>	List(a2/b2)	<a1/b1>表示<行在文本中所处的位置/文本中的一行> List(a2/b2)表示某单词(a2)及在该行的出现次数(b2)列表
Reduce	<a2/List(b2)>	<a3/b3>	<a2/List(b2)>为<某单词/某行出现的次数> <a3/b3>表示<某单词/出现的总次数>

　　MapReduce 模型的工作流程如图 3-11 所示。实际上，MapReduce 是分治算法的一
种。分治算法即分而治之，将大的问题不断分解成与原问题相同的子问题，直到不能
再分，对最小的子问题进行求解，然后不断向上合并，最终得到大问题的解。MapReduce
在面对大数据集时，会先将其利用 Map 函数分解成成百上千甚至更多相互独立的小数
据集，每个小数据集分别由集群中的一个节点（通常是指一台普通的计算机）进行计
算处理，生成中间结果。这些中间结果又由大量的节点利用 Reduce 函数进行汇总合并，
形成最终结果并输出。

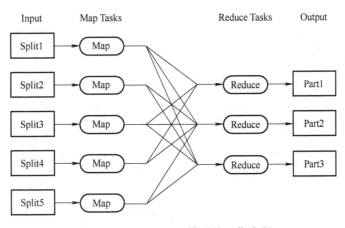

图 3-11　MapReduce 模型的工作流程

3.2.2　分布式技术

　　随着网络基础设施与服务器性能的不断提升，分布式技术的优势逐渐凸显，越来
越受到人们的关注和重视，成为云计算系统的核心技术之一。

1. 分布式计算
　　分布式计算是指将分布在不同地理位置的计算机资源，通过互联网组成共享资源

的集群，能够提供高效快速计算、管理等服务，使稀有资源可以共享，各计算机的计算负载能力得到平衡。分布式计算的思想是把大的任务分割成若干较小的任务单元，通过互联网分配给不同的计算机进行计算处理，并将计算结果返回，最终汇总整合计算结果。分布式计算的特点如图3-12所示。

（1）模块结构化。分布式计算的资源单位通常是相对独立的模块，通过互联网连接成一个系统。结构化的模块利于系统的调用，不会影响系统的整体性，同时扩充较为容易，维护方便，灵活性强。

（2）资源分散。计算机资源实际的地理位置较为分散，但通过互联网可以将位于不同地理位置分散的资源进行整合，实现资源的共享和高效利用。

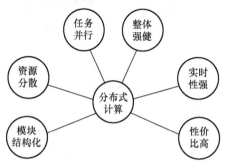

图3-12　分布式计算的特点

（3）任务并行。当计算机同时处理多个任务时，处于不同地理位置的计算机间可以相互协作，共同完成任务，并行处理可为每个任务分配相同的资源、处理时间等。

（4）整体强健。对系统资源的操作是高度自治的，系统的局部性破坏不影响整体，即使局部受到破坏，系统也能正常工作，系统具有良好的容错性和可靠性。

（5）实时性强。通过资源的高度共享和任务的细化再整合，提高了计算速度，能够快速响应用户的需求。

（6）性价比高。分布式计算只需较少的投资即可实现昂贵处理机所能完成的任务，性能甚至还会更优，维护难度相对较小，具有较高的性价比。

2. 分布式存储

分布式存储的体系架构有两种形式：中心化体系架构和去中心化体系架构。

（1）中心化体系架构是以系统中的一个节点作为中心节点，其余节点直接与中心节点相连接所构成的网络。所有的分布式请求及处理结果的返回都要经过中心节点，因此中心节点的负载较重，一般都会设置副中心节点。当中心节点出现故障无法正常工作时，副中心节点将会接替中心节点的工作。分布式存储的中心化体系架构如图3-13所示。

（2）去中心化体系架构不存在中心节点，每个节点的功能和作用几乎都是一样的，相较于中心化体系架构均衡了负载。通常来说，系统中的一个节点一般只与自己的邻居相交互，而不可能知道系统中的所有节点信息，需要思考的是如何将这些节点组织到一个网络中，以提高各节点的信息处理能力。分布式存储的去中心化体系架构如图3-14所示。

分布式存储的体系架构的两种形式各有各的特点。中心化体系架构管理方便，可对节点直接进行查询，但对中心节点的频繁访问加重了中心节点的负担，且中心节点的故障可能会影响整个系统；去中心化体系架构均衡了每个节点的负载，但管理存在一定的难度，不能对节点进行直接查询，系统高度依赖节点之间的通信，通信设备发生故障会对系统有一定的影响。两种体系架构的性能比较如表 3-7 所示。

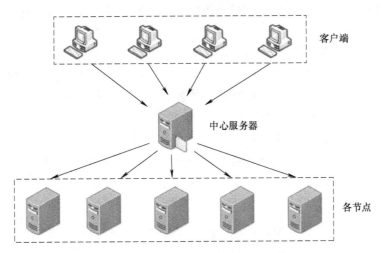

图 3-13　分布式存储的中心化体系架构

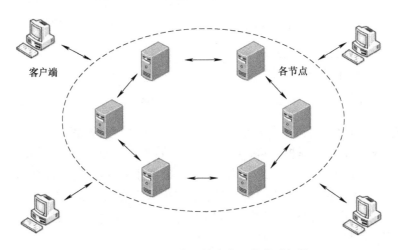

图 3-14　分布式存储的去中心化体系架构

表 3-7　两种体系架构的性能比较

性能	中心化	去中心化
可扩展性	低	高
可维护性	高	低
执行效率	高	低
动态一致性	低	高
节点查询效率	高	低

3.2.3　虚拟化技术

虚拟化技术是云计算中的关键技术之一，它是指将真实环境中的计算机系统运行在虚拟的环境中。计算机系统的层次包括硬件、接口、应用软件，虚拟化技术可应用在不同的层次，实现了物理资源的抽象表示，用户可在虚拟的环境中实现在真实环境中的部分或全部功能，且虚拟化后的逻辑资源对用户隐藏了不必要的细节，提高了资源的利用率。

虚拟化技术的优势表现在许多方面，它可以提供高效的应用执行环境，简化计算机资源的复杂程度，降低资源的使用者与具体实现的耦合程度。高效的执行环境之一表现在当底层资源实现方式发生改变或系统管理员对计算机资源进行维护时，不会影响用户对资源的使用。同时，虚拟化技术还能根据用户不同的需求实现对 CPU、存储、网络等资源的动态分配，减少对资源的浪费。

计算机的各种资源都可以进行虚拟化，根据虚拟资源在计算机系统中所处的层次，虚拟化分为基础设施虚拟化、系统虚拟化和软件虚拟化三种类型。

1. 基础设施虚拟化

基础设施是计算机网络的根基，它的虚拟化可以分为硬件虚拟化、网络虚拟化、存储虚拟化和文件虚拟化，如图 3-15 所示。

图 3-15　基础设施虚拟化的分类

（1）硬件虚拟化也就是用软件虚拟出一台计算机的硬件配置，包括 CPU、内存、硬盘、显卡、光驱等，即虚拟裸机，能够在裸机安装操作系统，例如 VMware、Virtual Box 等。硬件虚拟化不占用系统资源，如 CPU 虚拟化技术是将单 CPU 模拟成多个 CPU 并行，一个平台允许多个操作系统同时运行，应用程序可以独立运行在各操作系统中，互不影响。但硬件虚拟化的操作较为复杂，如内存的虚拟化，要保证非特权域可以访问同一个内存范围。

（2）网络虚拟化是指将网络的硬软件资源相整合，可为用户提供网络连接的虚拟化技术，该网络的实现方式是透明的。目前较为成熟的技术有虚拟局域网（Virtual LAN，VLAN）、虚拟专用网（Virtual Private Network，VPN）、虚拟 IP（Virtual IP，VIP）等。VLAN 是一种在共享物理网络中建立独立逻辑网络的方法；VPN 是用于在公共网络上进行保密通信的网络；VIP 是一种不用连接到特定计算机或计算机接口上的 IP 地址。

（3）存储虚拟化是对存储设备进行统一的抽象管理，为物理存储设备提供统一的逻辑接口，用户通过这些逻辑接口实现资源的访问和存取，即对下层管理具体的存储设备，对上层提供统一的运行环境和资源使用方式。存储虚拟化分为基于存储设备虚拟化和基于存储网络虚拟化两大类，基于存储设备虚拟化的技术有磁盘阵列技术（Redundant Arrays of Independent Disks，RAID）等，基于存储网络虚拟化的技术有存储区域网（Storage Area Network，SAN）等。

（4）文件虚拟化是指把物理上分散存储的文件整合成统一的逻辑接口，用户可对存储在不同设备、不同区域上的文件进行访问和管理。用户通过互联网就能实现访问，无须知道文件的真实存储位置，提高了文件资源的利用率和管理效率。

2. 系统虚拟化

系统虚拟化技术可将物理计算机与操作系统分离，从而实现一台物理计算机可以运行多个虚拟的操作系统。对于操作系统上的应用程序来说，与安装在物理计算机上没有显著差异，节约了计算机的资源。系统虚拟化的过程如图 3-16 所示，系统虚拟化的技术和虚拟机的运行环境可以不相同，但所有的虚拟运行环境都需要为虚拟机提供一套虚拟的硬件环境，包括虚拟的处理器、内存、设备与 I/O、网络接口等。

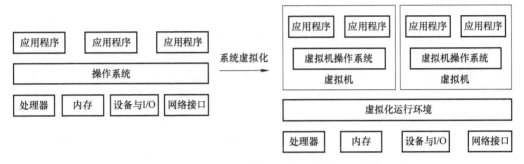

图 3-16　系统虚拟化的过程

系统虚拟化的应用十分广泛，例如某用户使用的操作系统是 Windows，但是由于工作的需要，需使用的应用软件只能在 Linux 系统下运行。该用户只需在原计算机上创建一台虚拟机，在虚拟机上安装 Linux 系统，就可以使用该应用软件。

系统虚拟化的技术还可以用于服务器的虚拟化和桌面虚拟化。服务器的虚拟化可以使同一台服务器运行不同的服务，可提高服务器的利用率，从而减少服务器的数量，节约资金。桌面虚拟化将云计算中的托管服务与服务器虚拟技术相结合，桌面虚拟化后的桌面环境存储在远程的服务器上，而不是本地计算机的硬盘上，当用户使用虚拟桌面工作时，数据和程序的运行将保存在远程服务器上，使桌面使用更安全和灵活。

3. 软件虚拟化

随着虚拟化技术的不断发展，软件虚拟化成为软件管理的新方式。软件虚拟化技术通过虚拟软件包放置应用程序和数据，不需要传统的安装流程，软件包只运行在自己的虚拟环境中，可以瞬间被激活，也可以瞬间失效，以及恢复默认设置。

软件虚拟化的优势如下：①减小了应用程序冲突，应用程序运行在虚拟环境中，不会干扰其他应用程序，也不会修改操作系统；②减少了应用程序的导入时间，可提前创建打包好的应用程序，在本地或通过互联网远程进行部署；③可运行同一个应用程序的多个版本，而不会发生冲突，提高了应用程序的升级方式和版本测试。

目前软件虚拟化的主要应用产品如下：

（1）Java 虚拟机。所编写的 Java 源程序通过 Java 语言的软件开发工具包（Java

Development Kit，JDK）提供的编译器进行编译，输入 Java 虚拟机，Java 虚拟机将编译结果转换为在特定平台可执行的二进制代码，实现了"一次编译，处处执行"。

（2）APP-V。APP-V（Application Virtualization）主要用于企业内部的软件分发，提高了对企业桌面的配置和管理效率。APP-V 能够支持同时使用同一应用程序的不同版本，并且可以边使用边下载，但是安装部署较为复杂。

（3）VMware Thin Appa。VMware Thin Appa 应用于软件分发，不需要第三方平台，能够直接将软件打包成单文件，支持同时使用一个软件的多个版本，不足之处是和系统的结合不够紧密，例如文件无法很好地关联等。

（4）Sandbox IE。Sandbox IE 又称沙盘，用于软件测试和安全领域。将软件安装其中，软件的行为不会影响整个系统，如果软件携带病毒或被感染，那么 Sandbox IE 可清除所有软件。

（5）Softcloud。Softcloud 面向个人，解决软件使用过程中的诸多问题，实现了应用软件的无须安装，即点即用。重装系统后只需要安装云端，就可恢复使用过的软件，不用重新安装配置。此外，还可以对软件实行一键删除，删除使用频率低或无用软件，清理干净无残留。

（6）SVS。SVS（Software Virtualization Solution）是 Symantec 公司旗下的产品，主要用于企业软件的分发。它的虚拟软件包和虚拟引擎是相互分离的，能够做到对程序的完美支持，包括封装环境包的支持（Java 环境、.NET 框架）、封装服务的支持等。其不足之处是它无法同时运行同一个软件的不同版本。

3.2.4　云平台技术

云计算系统的服务器数量众多而且分布在不同的地点，根据用户的各种需求，服务器同时提供着大量的服务，因此服务器整体的规模非常大。云平台的架构以及如何有效地进行管理，成为云平台技术的重点。合理的架构能够使云计算更加高效，提升计算的速度和准确性，在一定程度上能节约计算机及网络资源。而对云平台进行有效的管理有利于快速发现和恢复系统故障，更好地进行云服务。不同的公司有着不同的云平台技术和云服务。

1. Amazon 云平台

Amazon 公司凭借多年的积累，已经有了完善的基础设施、先进的分布式计算技术和庞大的用户群体，在云计算技术方面一直处于领先地位。Amazon 公司的云计算服务平台称为 Amazon Web Services，简称 AWS，它为用户提供计算、存储、数据库、应用程序等服务。具体来说，AWS 提供弹性计算云服务（Elastic Compute Cloud，EC2）、简单存储服务（Simple Storage Services，S3）、简单数据库服务（Simple DataBase，SDB）、弹性 MapReduce 服务等，用户可根据需求选择不同的服务或服务的组合。AWS 云平台体系架构如图 3-17 所示。

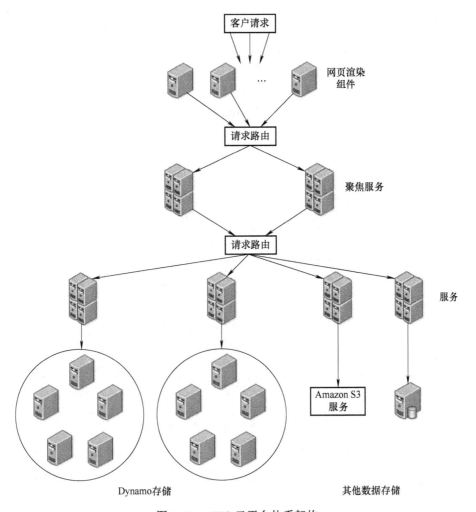

图 3-17　AWS 云平台体系架构

　　AWS 云平台的整体架构采用去中心化的分布式架构，存储采用了 Dynamo 架构。Dynamo 是一种去中心化的分布式架构，以键值对的方式、位（bit）的形式存储数据，不对数据的具体内容进行解析，不支持复杂的查询。对于 Amazon 公司来说，购物车、推荐列表等服务数据的存储需求只是简单的存取和写入，键值对形式的存储正好满足其存储需求，用传统的关系型数据库存储反而降低了存储的效率。Dynamo 也不识别任何数据结构，这使得它可以处理所有数据结构，提高了存储效率。

2. 谷歌云平台

　　谷歌公司不仅拥有强大的搜索引擎，还提供 Google Map、Gmail、YouTube 等服务，海量的数据处理和存储使谷歌公司需要不断完善和发展其云计算技术和云平台的搭建管理，以提供更高效、性价比更高的服务。谷歌公司的云平台体系架构如图 3-18 所示。

　　谷歌云平台主要由网络系统、硬件系统、软件系统和应用服务组成。

　　（1）网络系统：包括内部网络与外部网络。内部网络是指连接谷歌自建数据中心的网络系统；外部网络是指用于不同地域、不同应用间的数据交换网络。

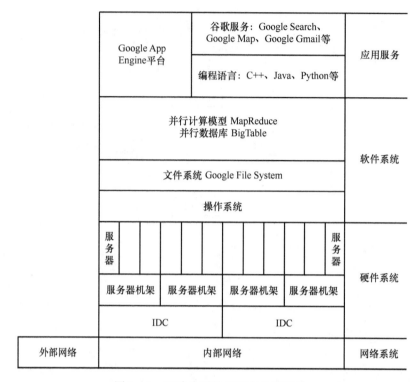

图 3-18　谷歌公司的云平台体系架构

（2）硬件系统：包括服务器、整合服务器的服务器机架和连接服务器机架的数据中心（Internet Data Center，IDC）。服务器机架节省了空间，满足了服务器的密集部署需求。

（3）软件系统：包括每个服务器的单机操作系统和底层软件系统。底层软件系统有文件系统（Google File System，GFS）、并行计算模型 MapReduce、并行数据库 BigTable 等。

（4）应用服务：主要包括内部使用的软件开发工具、PaaS 平台服务和 SaaS 服务。软件开发工具有 C++、Java、Python 等。PaaS 平台服务的主要代表是 Google App Engine。SaaS 服务有 Google Search、Google Map、Google Gmail 等。

3.3　云计算与大数据的联系

互联网的普及和城市的数字化建设使全球数据量爆炸式增长，云计算能为这些大数据提供存储、处理等服务，掀起了继计算机、互联网后的第三次信息技术浪潮。云计算与大数据的联系十分紧密：云计算能对大数据进行处理和分析，发现大数据中的价值；大数据为云计算提供了数据资源，使云计算得到了很好的应用，并且能够不断拓展云服务。正是因为云计算能有效解决大数据的存储、处理等问题，所以被广泛地应用于各行各业。

3.3.1　云计算与大数据的关系

从整体上看，云计算与大数据之间相辅相成，联系紧密。大数据通过云计算强大的计算能力实现了对海量数据的快速、高效处理，及时响应了用户的需求。云计算通过业务需求产生的大数据，能够充分挖掘大数据中有价值的信息，并根据业务的不同扩展云计算的应用领域。云计算与大数据的结合改变了计算机资源的部署和计算方式等，不断为各行业创造价值。

云计算与大数据技术在提供服务和技术运用方面有着相同之处，二者都为数据存储和处理提供服务，都是其中的重要环节之一；云计算与大数据都需占用大量的存储和计算资源；二者相同的技术包括海量数据存储技术、MapReduce 并行处理技术、海量数据管理技术等。同时，二者也存在着一些差异，如表 3-8 所示。

表 3-8　云计算与大数据技术的比较

差异点	云计算	大数据技术
背景	现有数据处理技术无法满足爆炸式增长的数据和大量有价值的异构数据	互联网服务形式的多样和需求的频繁
目的	通过互联网能够更好地调用、扩展和管理计算机资源以及存储、计算的能力	充分挖掘海量数据中有价值的信息
对象	计算机资源、能力和应用	数据
技术	海量数据存储技术、MapReduce 并行处理技术、海量数据管理技术、虚拟化技术、云平台管理技术	海量数据存储技术、MapReduce 并行处理技术、海量数据管理技术
推动力量	生产存储、计算设备的厂商，拥有计算、存储资源的企业	从事数据存储与处理的软件厂商有海量数据的企业
价值	节约计算机资源的部署成本	发现海量数据中的价值

云计算和大数据技术最本质的差异在于二者的侧重点不同。云计算侧重于计算，将重点放在了数据处理能力上，关注计算机的基础架构、解决方案等；而大数据技术更侧重于数据，更关心实际的业务，包括数据采集、数据分析、数据挖掘以及数据存储等。

3.3.2　云计算在大数据中的应用

云计算具有硬件和软件成本低、运维成本低、可廉价获取高性能服务等特点，广泛应用于各行业的发展，发挥着重要的作用，如城市交通、传媒、教育、医疗、旅游等。云计算使这些行业变得更加"智慧"，从而为用户提供便捷、高效的服务，满足用户的不同需求。

1. 云计算在城市交通中的应用

随着经济的发展和科技的进步，地铁在交通运输体系中发挥的作用越来越重要，我国也已步入了地铁发展的黄金时期。在地铁建设的初期，信息系统缺少整体的统筹规划，系统相对独立，计算机资源的利用率和大数据的处理效率不高。云计算等新型技术的兴起能够提升对大数据的处理效率，涉及地铁的建设、运营、安全、服务等各个领域，不断推进地铁的信息化发展战略。自动化、信息化和智能化已成为地铁发展的必然趋势。

地铁自动化系统主要是对不同设备进行监控，如信号系统、综合监控系统、自动售检票系统等。随着地铁规模的增大、计算机设备的增多，所需处理的数据量激增，增加了系统运行和管理的负担。通过云计算中的分布式、虚拟化等技术对大数据进行分析和处理，可以提高系统的集成程度和工程建设的水平、扩大信息共享的范围、提高软硬件资源的利用率、降低工程造价等。例如，一台 2 路服务器可同时为约 20 个虚拟桌面提供服务，一台 4 路高性能服务器可同时为约 15 个综合监控系统的车站服务器提供服务，确保其正常运行。如果地铁的各业务系统都能按照云计算的标准统一进行开发部署，那么会大大提高计算机资源和大数据资源的利用率，使从大数据中挖掘到的信息更加有价值，不仅会便于对业务的统一化、标准化管理，在一定程度上还能降低管理和运行成本，进行更好的决策。

2. 云计算在传媒行业中的应用

在传媒行业中，随着用户数量的日益增多，传播速度和范围日益增大，数据量呈爆炸式增长，传统的数据处理技术已很难支持广播电视行业的发展。云计算技术的出现和应用打破了原有技术的局限，提高了数据的保密性，促进了广播电视行业的发展。

在原有的广电监测系统中，当增加新业务时，需要有针对性地对原有系统进行升级才能处理较大的数据量，不仅要投入大量的资金，还影响了系统的稳定性，浪费了计算机资源。采用云计算技术对大数据进行高效处理、分析，可有效解决上述问题，降低投入的总成本。利用对大数据的分析结果，还能拓宽监测系统所服务的对象范围，提高潜在用户的有效覆盖率，并对原有系统进行更好的拓展，提供更丰富的服务。

面对海量的数据，可利用云计算进行信息的自动识别。例如，采用关键词搜索的方式在较短时间内对数据进行挖掘和分析，提高信息的查找效率。原有的广电监测系统存在信息闭塞、不对称的情况，由于人员间缺乏有效沟通，监测效率有所下降，而云计算技术扩大了信息的共享范围，提高了监测效率，同时还可以对监测的数据信息进行及时备份，以提高数据的安全性，还能对播出内容的大数据进行监控分析，删除内容冗余的部分，不断优化流程，实时收集广告播放的观看人数和收视率等，提高广告评估能力。

3. 云计算在教育行业中的应用

智慧教育是一种新型的教育模式，以"大数据技术"和"教育云平台"为载体，以云计算、物联网技术等新兴技术为支撑，依据大数据的分析结果因材施教。智慧教育为各高校的课堂教学、发展评估、资源调控等工作提供了一定的指导，为培养高素质人才奠定了良好的基础，是教育信息化的未来发展趋势。

对于课堂教学，基于云计算架构的大数据技术以及教育云平台可以为计算机类相关专业提供完整的实验平台，优化学习过程，以大数据思维提升现有教学流程，帮助学生更好地学习课程内容。高校教师可通过云平台中学生的数据，确定课堂教学中的重难点及合适的教学方式。

对于学校发展评估，可以采用云平台大数据技术，如回归分析计算、关联规则挖掘等计算方法，从数据海洋中预测高校学生毕业、社会经济发展及高等教育的未来发展趋势等，及时调整高校发展战略，促进高校人才培养模式的改革。

对于资源调控，借助大数据技术，可完成大数据信息资源的整合与分析工作，从而筛选出有价值的信息，并以之为参考设计出有效、科学的教学方案。教育云平台可以方便学生使用手机等便携设备完成教学资源的学习，学校通过教育云平台可以获得学生访问记录以及学习时间、频率等重要信息，作为后续课程开发与改进的重要参考依据。

【相关案例 3-1】

Amazon 的弹性计算云

Amazon 是互联网上最大的在线零售商之一，同时也为独立开发人员及开发商提供云计算服务平台。Amazon 将其云计算平台称为弹性计算云（Elastic Compute Cloud，EC2），它是最早提供远程云计算平台服务的公司之一。

开放的服务

与谷歌提供的云计算服务不同，谷歌仅为自己在互联网上的应用提供云计算平台，独立开发商或者开发人员无法在这个平台上工作，因此只能转而通过开源的 Hadoop 软件支持来开发云计算应用。Amazon 的弹性计算云服务也和 IBM 的云计算服务平台不一样，Amazon 不销售物理的云计算服务平台，没有类似于蓝云一样的计算平台。Amazon 将自己的弹性计算云建立在公司内部的大规模集群计算的平台之上，而用户可以通过弹性计算云的网络界面去操作在云计算平台上运行的各个实例（Instance），而付费方式则由用户的使用状况决定，即用户仅需要为自己所使用的计算平台实例付费，运行结束后计费也随之结束。

弹性计算云从沿革上来看，并不是 Amazon 公司推出的第一项云服务，它由名为 Amazon 网络服务的现有平台发展而来。早在 2006 年 3 月，Amazon 就发布了简单存储服务（Simple Storage Service，S3），这种存储服务按照每个月类似租金的形式进行服务付费，同时用户还需要为相应的网络流量付费。Amazon 网络服务平台使用 REST（Representational State Transfer）和简单对象访问协议（SOAP）等标准接口，用户可以通过这些接口访问到相应的存储服务。

2007 年 7 月，Amazon 公司推出了简单队列服务（Simple Queue Service，SQS），这项服务使托管主机可以存储计算机之间发送的消息。利用这一项服务，应用程序编写人员可以在分布式程序之间进行数据传递，而无须考虑消息丢失的问题。这种服务方式下，即使消息的接收方还没有模块启动也没有关系，服务内部会缓存相应的消息，而一旦有消息接收组件被启动运行，队列服务就会将消息提交给相应的运行模块进行处理。用户必须为这种消息传递服务付费，计费的规则与存储计费规则类似，依据的是消息的个数以及大小。

在 Amazon 提供上述服务的时候，并没有从头开始开发相应的网络服务组件，而是对公司已有的平台进行优化和改造，一方面满足了本身网络零售购物应用程序的需求，另一方面也供外部开发人员使用。

在开放了上述的服务接口之后，Amazon 公司进一步在此基础上开发了 EC2 系统，并且开放给外部开发人员使用。

灵活的工作模式

Amazon 的云计算模式沿袭了简单易用的传统，并且建立在 Amazon 公司现有的云计算基础平台之上。弹性计算云用户使用客户端通过 SOA Pover HTTPS 协议来实现与 Amazon 弹性计算云内部实例的交互。使用 HTTPS 协议的目的是保证远端连接的安全，避免用户数据在传输的过程中被泄露。因此，从使用模式上来说，弹性计算云平台为用户或者开发人员提供了一个虚拟的集群环境，使得用户的应用具有充分的灵活性，同时也减轻了云计算平台拥有者（Amazon 公司）的管理负担。

而弹性计算云中的实例是一些正在运行中的虚拟机服务器。每一个实例代表一个运行中的虚拟机。对于提供给某一个用户的虚拟机，该用户具有完整的访问权限，包括针对此虚拟机的管理员用户权限。虚拟服务器的收费也是根据虚拟机的能力来计算的，因此，实际上用户租用的是虚拟的计算能力，简化了计算方式。在弹性计算云中，提供了三种不同能力的虚拟机实例，有不同的收费价格。

由于用户在部署网络程序的时候，一般会使用超过一个运行实例，需要很多个实例共同工作。弹性计算云的内部也架设了实例之间的内部网络，使得用户的应用程序在不同的实例之间可以通信。理性计算云中的每一个计算实例都具有一个内部的 IP 地址，用户程序可以使用内部 IP 地址进行数据通信，以获得数据通信的最好性能。每一个实例也具有外部的地址，用户可以将分配给自己的弹性 IP 地址分配给自己的运行实例，使得建立在弹性计算云上的服务系统能够为外部提供服务。当然，Amazon 公司也对网络上的服务流量计费，计费规则也按照内部传输和外部传输分开。

总而言之，Amazon 通过提供弹性计算云，减少了小规模软件开发人员对于集群系统的维护，并且收费方式相对简单明了，用户使用了多少资源，只需要为这一部分资源付费即可。这种付费方式与传统的主机托管模式不同，传统的主机托管模式让用户将主机放入托管公司，用户一般需要根据最大或者计划的容量付费，而不是根据使用情况付费。如果还需要保证服务的可靠性、可用性等，付出的费用更多，而很多时候，服务并没有满额资源使用。而根据 Amazon 的模式，用户只需要按实际使用情况付费即可。

在用户使用模式上，Amazon 的弹性计算云要求用户要创建基于 Amazon 规格的服务器映像，即 Amazon 机器映像（Amazon Machine Image，AMI）。弹性计算云的目标是服务器映像能够拥有用户想要的任何一种操作系统、应用程序、配置、登录和安全机制，但是在当前情况下，它只支持 Linux 内核。通过创建自己的 AMI，或者使用 Amazon 预先为用户提供的 AMI，用户在完成这一步骤后将 AMI 上传到弹性计算云平台，然后调用 Amazon 的应用编程接口（API）对 AMI 进行使用与管理。AMI 实际上就是虚拟机的映像，用户可以使用它们来完成任何工作，如运行数据库服务器，构建快速网络下载的平台提供外部搜索服务，甚至可以出租自己具有特色的 AMI 而获得收益。用户所拥有的多个 AMI 可以通过通信而彼此合作，就像当前的集群计算服务平台一样。

　　Amazon 认为除了它所依赖的网络零售业务之外，云计算也是 Amazon 公司的核心价值所在。可以预见，在将来的发展过程中，Amazon 必然会在弹性计算云的平台上添加更多的网络服务组件模块，为用户构建云计算应用提供方便。

　　（资料来源：https://wenku.baidu.com/view/6930061df605cc1755270722192e453611665b92.html）

本章小结

　　本章主要对云计算进行了概述，首先介绍了云计算的概念、特点、体系架构和分类；其次详细介绍了云计算的四种核心技术：编程模型、分布式技术、虚拟化技术和云平台技术；最后对云计算和大数据的联系进行了简单阐述，包括云计算与大数据的关系和云计算与大数据技术的异同，列举了云计算在部分行业中的应用。云计算与大数据之间的联系紧密，云计算为大数据提供了高效的计算方法，能够使海量的数据更迅速且高质量地被计算、处理；而通过处理大数据的业务需求，又扩展了云计算的应用范围。总之，云计算与大数据相结合，不仅改变了计算机的运行方式，还为各行各业创造了价值。

习　题

1. 名词解释

　　（1）云计算；（2）私有云；（3）基础设施即服务；（4）MapReduce；（5）分布式技术；（6）虚拟化技术

2. 单选题

　　（1）云计算是对（　　）技术的发展和运用。

　　A. 分布式计算　　B. 并行计算　　　C. 网格计算　　　　D. 以上选项都是

　　（2）以下不属于云计算特点的是（　　）。

　　A. 紧耦合计算　　B. 支持虚拟机　　C. 可扩展性强　　　D. 资源高度共享

　　（3）Google Mail 属于云服务的哪一类？（　　）

　　A. IaaS　　　　　B. PaaS　　　　　C. SaaS　　　　　　D. 以上选项都不是

（4）以下不属于网络虚拟化的是（　　　）。

A. VPN　　　　　　B. VLAN　　　　　　C. VIP　　　　　　D. VMware

（5）Windows 中安装 Linux 虚拟机属于（　　　）。

A. 内存虚拟化　　B. 系统虚拟化　　C. 网络虚拟化　　D. 存储虚拟化

（6）下列关于云存储的描述不正确的是（　　　）。

A. 需要通过集群应用、网格技术或分布式文件系统等技术实现

B. 可以将网络中大量各种不同类型的存储设备通过应用软件集合起来协同工作

C. "云存储对用户是透明的"，也就是说用户清楚存储设备的品牌、型号等具体细节

D. 云存储通过服务的形式提供给用户使用

（7）下列关于云管理平台描述正确的是（　　　）。

A. 云管理平台为业务系统提供灵活的部署、运行与管理环境

B. 屏蔽底层硬件、操作系统的差异

C. 为应用提供安全、高性能、可扩展、可管理、可靠和可伸缩的全面保障

D. 云管理不涉及虚拟资源的管理

3. 填空题

（1）任意列出云计算的四个特点：＿＿＿＿、＿＿＿＿、＿＿＿＿、＿＿＿＿。

（2）云计算的三层体系架构包括＿＿＿＿、＿＿＿＿、＿＿＿＿。

（3）根据服务类型，云计算可分为＿＿＿＿、＿＿＿＿、＿＿＿＿、＿＿＿＿。

（4）云计算的核心技术有＿＿＿＿、＿＿＿＿、＿＿＿＿、＿＿＿＿。

（5）MapReduce 模型的核心是＿＿＿＿和＿＿＿＿函数。

（6）请说出分布式计算的三个特点：＿＿＿＿、＿＿＿＿、＿＿＿＿。

（7）虚拟化技术包括＿＿＿＿、＿＿＿＿、＿＿＿＿。

4. 简答题

（1）云计算的优势有哪些？

（2）简述云计算的体系架构。

（3）谈谈你对基于服务的云计算的理解。

（4）简述云计算的核心技术。

（5）介绍一个你所熟知的云平台，包括其架构及服务内容。

（6）举例说明云计算在大数据中的应用。

第 4 章

数据的采集与预处理

本章学习要点

知识要点	掌握程度	相关知识
大数据采集的概念	熟悉	大数据采集定义、传统的数据采集与大数据采集的对比
大数据采集的来源	掌握	商业数据、互联网数据、物联网数据
大数据采集的方法	掌握	系统日志采集方法、网络数据采集方法
大数据采集的质量评估	熟悉	完整性、一致性、准确性、时效性
大数据的预处理	掌握	数据清洗、数据集成、数据变换和数据归约
联机分析处理	掌握	概念、特点、体系结构、多维分析操作
联机分析处理的常用工具	了解	Cognos、FineBI 等

大数据环境下，数据的种类非常多，存储和处理的难度增大，对大数据采集提出了很高的要求。为此，必须在数据的源头把好关，其中数据源的选择和原始数据的采集方法是大数据采集的关键。在对采集到的原始数据进行分析挖掘之前，需要先对其进行清洗、集成、变换、归约等预处理操作，才能更好地分析处理。

4.1 大数据采集

大数据采集是大数据技术体系中至关重要的一项技术，涉及不同的来源、方法和质量评估。互联网数据是数据采集的主要来源之一，通常使用网络数据采集方法进行采集。大数据采集方法的选择取决于数据本身的结构和数据量，合理选择采集方法可以在很大程度上提高数据采集的效率和质量。大数据采集的质量依赖于数据的应用需求，直接决定了大数据预处理的难度和工作量，所以，质量评估是大数据采集的最后一道防线。

4.1.1 大数据采集的概念

大数据采集是指通过射频识别（Radio Frequency Identification，RFID）、传感器、社交网络、移动互联网等方式获得结构化、半结构化和非结构化的海量数据。

在实际应用中，大数据可能是企业内部的经营交易信息，如联机交易数据、联机分析数据等；也可能是源于各种网络和社交媒体的半结构化和非结构化数据，如Web 文本、手机呼叫详细记录、地理定位映射数据、图像文件、评价数据等；还可能是源于各类传感器的海量数据，如摄像头、可穿戴设备、智能家电工业设备等收集的数据。面对如此复杂、海量的数据，制定适合大数据的采集策略或者方法是值得深入研究的。

大数据采集的特点是成千上万的用户同时进行访问和操作而引起的高并发数，所以在采集端需要部署大量数据库才能对其支撑，在这些数据库之间进行负载均衡和分片是需要深入思考和设计的。例如，12306 火车票售票网在 2018 年春运火车票售卖时日均页面访问量（Page View，PV）达到 556.7 亿次，最高峰时段日均 PV 达到 813.4 亿次，1 小时最高点击量超过 59.3 亿次，平均每秒 164.8 万次。为解决"高流量和高并发"的难题，12306 引入了分布式内存运算数据管理云平台，用以提高 12306 系统的性能。

传统的数据采集是指将要获取的信息通过传感器转换为信号，并经过对信号的调整、采样、量化、编码和传输等步骤，最后送到计算机系统中进行处理、分析、存储和显示。在传统的数据采集中，计算机所能够处理的数据都需要前期进行相应的结构化处理，并存储在相应的数据库中。但大数据技术对于数据的结构要求大大降低，互联网上人们留下的社交信息、地理位置信息、行为习惯信息、偏好信息等各种维度的信息都可以被实时处理。传统数据采集与大数据采集的对比如表 4-1 所示。

表 4-1 传统数据采集与大数据采集的对比

数据情况	传统数据采集	大数据采集
数据来源	来源单一，数据量相对大数据较小	来源广泛，数据量巨大
数据类型	结构单一	数据类型丰富，包括结构化、半结构化和非结构化
数据处理	关系型数据库	分布式数据库、数据仓库

4.1.2 大数据采集的来源

随着互联网技术的发展，数据形式变得越来越多样化，数据量也呈现爆炸式增长，数据的产生已经完全不受时间、地点的限制。从开始采用数据库被动地产生数据，到随着社会网络的发展用户主动产生数据，再到物联网技术的崛起，大量传感器自动产生大量复杂的数据。这些数据共同构成了大数据的数据来源。

大数据采集的主要来源包括商业数据、互联网数据、物联网数据、政府数据等。其中，商业数据来自企业 ERP、各种 POS 终端及网上支付等业务系统；互联网数据来自通信记录、QQ、微信、微博等社交媒体；物联网数据来自 RFID 装置、全球定位设备、传感器设备和视频监控设备等；政府数据来自政府各业务系统产生的数据。

1. 商业数据

商业数据是指来自企业 ERP、各种 POS 终端及网上支付等业务系统的数据，是大数据采集的最主要数据来源。

世界上最大的零售商沃尔玛公司每小时可收集 2.5PB 的销售数据，存储的数据量是美国国会图书馆的 167 倍。沃尔玛公司详细记录了所有消费者的购买清单、消费金额、消费时间等信息，通过对消费者的购物行为等非结构化数据进行分析，可以发现商品之间的关联性，并优化商品的陈列。沃尔玛公司不仅采集这些传统商业数据，还将数据采集的触角延伸到社交网络。例如，当用户在 Facebook 和 Twitter 谈论某些产品或者表达某些喜好时，这些数据都会被沃尔玛公司记录下来并加以分析和利用。

Amazon 公司拥有全球零售业最先进的数字化仓库，通过对数据的采集、整理和分析，可以优化产品结构，实现精准营销和快速发货。另外，Amazon 公司的 Kindle 电子书中积累了上千万本图书的数据，并完整记录着读者对图书的标记和笔记。通过大数据分析，Amazon 公司就可以从中发现读者感兴趣的内容，从而为读者推荐更加符合其需求的图书。

2. 互联网数据

互联网数据是指网络空间交互过程中产生的数据，包括通信记录、QQ、微信、微博等社交网络产生的数据，这些数据复杂且难以被利用。社交网络中记录的数据大部分是用户的当前状态信息，包括用户的所在地、教育背景、职业、兴趣等。

正因如此，互联网数据在大量化、多样化、快速化等特点的基础上，还有其独有的特点。

（1）价值密度低。对于互联网数据的应用，既是在浪里淘沙，又是在挖掘弥足珍贵的信息。随着互联网的广泛应用，信息感知无处不在，虽然信息变得海量，但价值密度较低，如何结合业务逻辑并通过强大的机器算法来挖掘数据价值，是大数据时代最需要解决的问题。

（2）数据在线。互联网数据是永远在线的，随时能调用和计算，这是互联网数据区别于其他数据的最大特征。比如，对于打车工具，客户的数据和出租司机数据都是实时在线的，这样的数据才有意义。如果是放在磁盘中而且是离线的，那么这些数据远远不如在线数据的商业价值大。

互联网数据是大数据采集的主要来源之一，能够采集什么样的信息、能采集多少信息及哪些类型的信息，直接影响着大数据应用功能的发挥效果。而采集互联网数据需要考虑不同的采集范围和采集类型，其中采集范围涉及微博、论坛、博客、新闻网等各种网页；采集类型包括文本、数据、图片、视频和音频等。

3. 物联网数据

物联网数据是指通过 RFID 装置、传感器、红外感应器、全球定位系统、激光扫描器等信息感知设备，按约定的协议将不同物品与互联网连接起来，以进行信息交换和通信，从而实现智慧化识别、定位、跟踪、监控和管理的网络体系中产生的部分或全部数据。物联网包含两个方面：一是物联网的核心和基础仍是互联网，是在互联网的基础上延伸和扩展的一种网络；二是其用户端延伸和扩展到了不同物品与物品之间的信息交换。

以智能安防应用为例，智能安防行业已从大面积监控布点转变为注重视频智能预警、分析和实战，利用大数据技术在海量的视频数据中进行规律预测、情境分析、串并侦查和时空分析等。在智能安防领域，数据的产生、存储和处理是智能安防解决方案的基础，只有采集到足够有价值的安防信息，才能通过大数据分析及综合研判模型制定智能安防决策。所以，在信息社会中，几乎所有行业的发展都离不开大数据的支持。

和其他数据相比，物联网数据有其独有的特点。

（1）物联网对数据真实性的要求更高。物联网是真实物理世界与虚拟信息世界的结合，其对数据的处理和基于此进行的决策将直接影响物理世界，因此，物联网数据的真实性尤为重要。例如，在智能安防应用中，只有采集到真实的安防信息，才能通过大数据制定正确的安防决策，避免出现安全事故。

（2）物联网中的数据传输速率更高。物联网与真实物理世界直接关联，很多情况下需要实时访问、控制相应的节点和设备，需要高数据传输速率来支持。

4. 政府数据

国家有各种部门，如财政、税务、海关、审计、工商、医疗部门等，这些部门都已经构建了其业务系统，这些业务系统产生的数据主要以特定的结构存储在相应的数据中心，包括医疗数据、政府投资数据、天气数据、金融数据、教育数据、交通数据、能源数据、农业数据等。政府数据是指这些以特定的结构存储在相应的数据中心的数据。

政府数据往往具有较高的真实性、权威性、实时性、指向性，因此已成了一个重要的数据采集来源。政府数据相对其他数据采集来源来说具有独特优势：

（1）相对于其他采集来源，政府数据真实可靠，权威性高，指向性明确，可以减少预处理工作量。

（2）经过政府相关部门处理，政府数据具有统一数据存储、共享开放、安全管理等职能，避免了数据采集中的重复采集、资源浪费等问题。

（3）通过大数据共享开放平台，整合社会的数据共享渠道，为安全、高效、有序、可靠的数据共享开放提供平台支撑。

4.1.3 大数据采集的方法

常用的数据采集方法有深度包检测（Deep Packet Inspection，DPI）采集方法、数据库采集方法、感知设备数据采集方法、系统日志采集方法、网络数据采集方法等。

1. DPI 采集方法

用 DPI 采集方法采集的数据大部分是"裸格式"的数据，即数据未经过任何处理，包括超文本传输协议（Hyper Text Transport Protocol，HTTP）、文件传输协议（File Transfer Protocol，FTP）和简单邮件传输协议（Simple Message Transfer Protocol，SMTP）等数据，数据来源于 QQ、微信和其他社交媒体，或来自爱奇艺、腾讯视频和优酷等视频提供商。DPI 数据采集软件主要部署在骨干路由器上，用于采集底层的网络数据。目前有一些可用来分析 DPI 采集到的数据的开源工具，如 nDPI、Hadoop、OpenRefine 等。

2. 数据库采集方法

数据库（Database）是按照数据结构来组织、存储和管理数据的仓库。随着信息化建设的突飞猛进，各种大型数据库系统在不少单位开始广泛应用。企业经常会应用诸如 MySQL、DB2、ORACLE、SYSBASE 等的大型数据库。除此之外，Redis 和 MongoDB 等 NoSQL 数据库也常用于数据的采集。当使用数据库采集方法时，企业通过在采集端部署大量数据库，并在这些数据库之间进行负载均衡和分片，来完成大数据采集的工作。

3. 感知设备数据采集方法

感知设备数据采集方法是指通过传感器、摄像头和其他智能终端自动采集信号、图片或录像来获取数据的方式。大数据智能感知系统需要实现对结构化、半结构化和非结构化的海量数据的智能化识别、定位、跟踪、接入、传输、信号转换、监控、初步处理和管理等。其关键技术包括针对大数据源的智能识别、感知、适配、传输、接入等。

4. 系统日志采集方法

很多企业都有自己的业务管理平台，每天会产生大量的日志数据，并且一般为流式数据，如搜索引擎的 PV 等。系统日志可分为用户行为日志、业务变更日志、系统运行日志。系统日志采集是系统运行、维护及用户分析的基础。

日志采集系统的主要功能就是收集业务日志数据，为决策者提供在线和离线分析功能。满足这些功能的日志采集软件必须具备高可用性、高可靠性和高可扩展性等基本特性，并且能满足每秒数百兆字节的日志数据采集和传输需求，如 Facebook 的 Scribe、Apache 的 Chukwa、Cloudera 的 Flume。这三种日志采集系统的对比见表 4-2。

表 4-2　三种日志采集系统的对比

日志采集系统	Scribe	Chukwa	Flume
公司	Facebook	Apache	Cloudera
开源时间	2008.10	2009.11	2009.7
实现语言	C/C++	Java	Java
容错性	收集器和储存之间有容错机制，而代理和收集器之间的容错需要自己实现	代理定期向收集器发送数据偏移量，一旦发生故障，可以根据偏移量继续发送数据	代理和收集器之间均有容错机制，并提供三种基本的可靠性保证机制
负载均衡	无	无	使用 ZooKeeper
可扩展性	好	好	好
代理	Thrift Client 需要自己实现	自带一些代理，如获取 Hadoop 日志的代理	提供多种代理
收集器	实际上是一个 Thrift Server	合并多个数据源发送过来的数据，然后加载到 HDFS 中，隐藏 HDFS 实现的细节	系统提供很多收集器，可以直接使用

（续）

日志采集系统	Scribe	Chukwa	Flume
存储	直接支持 HDFS	直接支持 HDFS	直接支持 HDFS
总体评价	设计简单，易于使用，但是容错性和负载均衡方面不够理想，且资料较早	属于 Hadoop 系列产品，直接支持 Hadoop，有待完善	内置组件齐全，不必进行额外开发即可使用

5. 网络数据采集方法

网络数据采集是指利用互联网搜索引擎技术实现有针对性、行业性、精准性的数据抓取，按照一定规则和筛选标准进行数据归类，并形成数据库文件的一个过程。网络数据采集方法主要针对非结构化数据的采集，是指通过网络爬虫或网站公开应用程序接口等方式从网站获取数据信息。该方法可以将非结构化数据从网页中抽取出来，将其存储为统一的本地数据文件，并以结构化的方式存储。它支持图片、音频和视频等文件或附件的采集，附件与正文可以自动关联。用网络数据采集方法进行数据采集和处理的流程如图 4-1 所示。

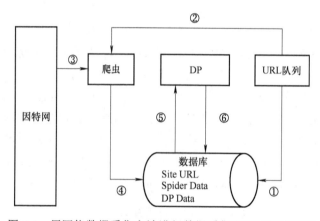

图 4-1　用网络数据采集方法进行数据采集和处理的流程图

在用网络数据采集方法进行数据采集和处理的流程中，包括六个基本步骤：①将需要抓取数据网站的统一资源定位符（Uniform Resource Locator，URL）信息写入 URL 队列；②通过爬虫从 URL 队列中获取需要抓取数据网站的 Site URL 信息；③通过爬虫从因特网抓取对应网页内容，并抽取其特定属性的内容值；④将从网页中抽取的数据写入数据库；⑤通过 DP（DataProcess）读取 SpiderData，并进行处理；⑥DP 将处理后的数据写入数据库。

目前网络数据采集的关键技术是链接过滤，其实质是判断当前链接是否在已经抓取过的链接集合中。链接过滤根据制定的过滤规则选择链接，并过滤掉已经爬取过的链接。在采集网页大数据时，可以采用布隆过滤器过滤链接。布隆过滤器是一个很长的二进制向量和一系列随机映射函数，可以用于检索一个元素是否在一个集合中。它的优点是空间效率和查询时间都比一般的算法要好得多；缺点是有一定的误识别率，删除困难。

4.1.4　大数据采集的质量评估

大数据时代，数据资产及其价值利用能力逐渐成为构成企业核心竞争力的关键要素。然而，大数据应用必须建立在质量可靠的数据之上才有意义。采集高质量的数据是企业应用数据亟待解决的问题，数据质量的高低直接决定了数据的有用性和信息价值的大小。所以，对大数据采集的质量进行评估十分必要。

为满足企业或个人对采集数据的要求，必须提高数据质量。数据质量的评定依赖于数据的应用需求，对于给定的数据，两个不同的用户可能有完全不同的评估标准。评估数据质量的指标一般包括完整性、一致性、准确性、时效性、可信性、可解释性。

（1）完整性。完整性指的是数据信息是否存在缺失的状况。数据缺失的情况可能是整个数据记录缺失，也可能是数据中某个字段信息的记录缺失。不完整的数据，其借鉴价值会大大降低。完整性是数据质量最基础的一项评估标准。

数据质量的完整性比较容易评估，一般可以通过数据统计中的记录值进行评估。例如，网站日志日访问量就是一个记录值，平时的日访问量在 1000 左右，如果某一天突然降到了 100，就需要检查一下数据是否存在缺失的情况。再例如，网站统计地域分布情况的每一个地区名就是一个值，北京市包括了 16 个区和 2 个县，如果统计得到的值小于 18，则可以判断数据存在缺失。

（2）一致性。一致性是指数据是否遵循了统一的规范，数据集是否保持了统一的格式。数据质量的一致性主要体现在数据记录的规范和数据是否符合逻辑方面。规范指的是一项数据存在它特定的格式，例如手机号码一定是 13 位的数字，IPv4 地址一定是由 4 个 0～255 间的数字加上 "." 组成的。逻辑指的是多项数据间存在着固定的逻辑关系，例如页面访问量一定是大于等于独立访客量的，跳出率一定是在 0～1 之间的。

一般的数据都有标准的编码规则，对于数据记录的一致性检验是较为简单的，只要符合标准编码规则即可。例如，地区类的标准编码格式为 "北京" 而不是 "北京市"，即只需将相应的值映射到标准的值上就可以了。

（3）准确性。准确性是指数据记录的信息是否存在异常或错误。和一致性不一样，存在准确性问题的数据不仅仅只是规则上的不一致，更为常见的数据准确性错误就是乱码。其次，异常大或者小的数据也是不符合条件的数据。

导致数据不准确的原因有很多，如：收集数据的设备出现故障；人或计算机的错误导致数据输入时出错；当用户不希望提交个人信息时，故意向强制输入字段输入不正确的值。数据错误也可能会在数据传输时出现，这些错误的原因可能是传输技术本身的缺陷，比如用于数据迁移的缓存区大小的限制等。不准确的数据也可能是由所用的数据代码不一致，或输入字段的格式不一致导致的。

数据的不准确可能存在于个别记录，也可能存在于整个数据集中。一般数据都符合正态分布的规律，如果一些占比少的数据存在问题，则可以通过比较其他数量少的数据比例来做出判断。

（4）时效性。时效性是指数据从产生到可以查看的时间间隔，也叫数据的延时时长。时效性对于数据分析本身要求并不高，但如果数据分析周期加上数据建立的时间过长，就可能会导致分析得出的结论失去借鉴意义。

时效性也是评估数据质量的一个重要参数。比如，对于某大型汽车销售企业的月销量数据的统计分析，由于某些销售子公司未能在月底及时提交其月销售数据，在下个月月初的一段时间内，存放在数据库中的数据就不完整。只有所有数据都交上来，数据才是正确的。

（5）可信性。可信性是指数据是否被用户信赖。可信性主要包括数据来源的权威性、数据的规范性和数据产生的时间。数据来源的权威性主要是指数据的来源主体是否具有令人信服的数据质量和较高的数据处理能力。数据的规范性主要是指数据有一定的规矩和标准，信息更具准确性，可以直接使用。数据产生的时间主要是指不能超过事件发生的时间。比如上面提到的月销售数据，月底的数据是不值得信赖的，月初更新的数据才是准确的数据。

（6）可解释性。可解释性是指数据是否容易理解。如果用户不能对数据进行解读和理解，则数据质量必然会大打折扣。例如很多会计部门的数据编码，其他部门并不知道如何解释它们。所以即使数据是正确的、完整的、一致的、及时的，但因其很差的可解释性，用户仍然可能认为数据质量较低。

4.2 大数据预处理

要对海量的数据进行有效的分析，应该将来自前端的数据导入一个大型分布式数据库中，并且在导入的基础上做一些必要的预处理工作。导入的数据量一般非常大，通常用户每秒的导入量可达到百兆甚至千兆级别。大数据的多样性给数据分析和处理带来了很大的困难，对大数据进行预处理可以将复杂的数据转换为便于处理的数据，为后续数据分析打下良好的基础。

数据预处理的任务就是使残缺的数据变得完整，并将错误的数据纠正、多余的数据去除，进而将所需的数据挑选出来，为数据挖掘内核算法提供干净、准确、更有针对性的数据，从而减少挖掘的数据处理量，提高挖掘效率，并提高知识发现的起点和知识的准确性。大数据预处理过程主要包括数据清洗、数据集成、数据变换和数据归约等步骤。

4.2.1 数据清洗

数据清洗是在汇聚多个维度、来源和结构的数据之后，对数据进行抽取、转换和集成加载的过程。在这个过程中，除了更正和修复系统中的一些错误数据，更多的是对数据进行归并整理，并将其存储到新的介质中。常见的数据质量问题可以根据数据源的多少和所属层次分为以下四类。

（1）单数据源的定义层。违背字段约束条件（如日期出现 1 月 0 日）、字段属性依赖冲突（如两条记录描述同一个人的某一个属性，但数值不一致）、违反唯一性（如同一个主键 ID 出现多次）。

（2）单数据源的实例层。单个属性值含有过多信息、拼写错误、空白值、噪声数据、数据重复、过时数据等。

（3）多数据源的定义层。同一个实体的不同称呼（如笔名和真名）、同一种属性的不同定义（如字段长度定义不一致、字段类型不一致等）。

（4）多数据源的实例层。数据的维度、粒度不一致（如有的按 GB 记录存储量，有的按 TB 记录存储量，有的按照年度统计，有的按照月份统计）、数据重复和拼写错误。

此外，在数据处理过程中还会产生"二次数据"，包括噪声数据、数据重复或错误等情况。数据的调整和清洗涉及格式、测量单位和数据标准化与归一化。数据不准确有两方面含义，即数据自身的不准确和数据属性值的不准确。前者可用概率描述；后者有多种描述方式，如描述属性值的概率密度函数、以方差为代表的统计值等。

数据清洗的问题根据缺陷数据类型可分为异常值的检测、缺失值的处理、错误值的处理、不一致数据的处理和重复数据的检测，其中，异常值的检测和重复数据的检测是数据清洗的两个核心问题。

（1）异常值的检测。异常值是指数据中的极端的观测值，即在数据集中存在不合理的值，又称离群点。在统计学中，异常值定义为一组测定值中与平均值的偏差超过两倍标准差的测定值。异常值的处理方法一般有四种：①删除含有异常值的记录，尤其需要剔除高度异常的异常值；②将异常值视为缺失值，按照缺失值处理方法来处理；③用平均值来修正；④不处理。

（2）缺失值的处理。缺失值一般包括完全随机缺失、随机缺失、非随机缺失。完全随机缺失是指某变量的缺失数据与其他任何观测或未观测变量都不相关；随机缺失是指某变量的缺失数据与其他观测变量相关，但与未观测变量不相关；非随机缺失是指缺失数据不属于上述"完全随机缺失"或"随机缺失"的其他缺失值。缺失值的处理一般采用估算方法，例如采用均值、众数、最大值、最小值和中位数填充。但估值方法会引入误差，如果缺失值较多，则结果偏离较大。

（3）错误值的处理。通常采用统计分析的方法识别错误值，如偏差分析、回归方程、正态分布等，也可以用简单规则库检查数据值，或使用不同属性间的约束来检测和清理数据。

（4）不一致数据的处理。不一致数据通常是由于缺乏数据标准而产生的，主要体现为数据不满足完整性约束。可以通过分析数据字典、元数据等整理并修正数据之间的关系，也可通过对数据进行分析来发现它们之间的联系，从而保持数据的一致性。

（5）重复数据的检测。重复数据检测的算法可以分为基本的字段匹配算法、递归的字段匹配算法、Smith-Waterman 算法、基于编辑距离的字段匹配算法和改进余弦相似度函数。这些算法的对比如表 4-3 所示。

表 4-3　重复数据检测算法对比

算法	基本的字段匹配算法	递归的字段匹配算法	Smith-Waterman 算法	基于编辑距离的字段匹配算法	改进余弦相似度函数
优点	直接按位顺序比较	可以处理子串顺序颠倒及缩写的匹配情况	性能好,不依赖领域知识,允许不匹配字符的缺失,可以识别字符串缩写的情况	可以捕获拼写错误、短单词的插入和删除错误	可以解决经常性使用单词插入和删除导致的字符串匹配问题
缺点	不能处理子字段排序的情况	时间复杂度高,与具体领域关系密切,效率较低	不能处理子串顺序颠倒的情形	对单词的位置交换、长单词的插入和删除错误,匹配效果差	不能识别拼写错误

4.2.2　数据集成

　　数据集成是指将多个数据源中的数据合并,存放在一个数据存储位置。这些数据源可能是多个数据库、数据立方体或一般的数据文件。这是一个并行处理的过程,当在这些分布式数据上执行请求后,需要整合并返回结果。

　　数据集成一般需要将处理过程分布到源数据上对结果进行集成。因为如果预先对数据进行合并,会消耗大量的处理时间和存储空间。集成结构化、半结构化和非结构化的数据时需要在数据之间建立共同的信息联系,这些信息可以表示为数据库中的主数据、非结构化数据中的元数据标签等。

　　数据集成的主要目的是解决多重数据储存或合并时所产生的数据不一致、数据重复或冗余的问题,这将有助于提高大数据分析的准确性和高效性。在数据集成过程中,模式识别和对象匹配、数据冗余、数据冲突的检测与处理等都是需要重点考虑的问题。

　　(1)模式识别和对象匹配。现实世界的等价实体来自多个信息源,不同实体如何才能正确匹配涉及实体识别问题,每个属性的元数据包括名字、含义、数据类型、属性的允许取值范围、空值规则(空白、零或 NULL 值)等,这样的元数据可以用来避免模式集成的错误。例如,如何判断一个数据库中的 customer-id 字段与另一个数据库中的 customer-number 是相同的属性。在数据集成时,当一个数据库的属性与另一个数据库的属性匹配时,必须注意其数据结构,这样可以保证系统中函数依赖、参数约束与目标系统匹配。例如,在一个系统中,discount 可以用于订单,而在另外一个系统中,它被用于订单内的商品。如果在集成之前未发现,则目标系统中的商品可能被不正确地打折。

　　(2)数据冗余。冗余问题是数据集成的另一个需要考虑的重要问题。如果一个属性能由另一个或者几个属性"导出",那么这个属性就是冗余的。属性名称的不一致可能会导致数据集成时产生冗余。比如两个表的属性不同但其中的数据相同,或者一个表的一列换了不同属性名称后出现在另一个表中。有些冗余可以被相关分析检测到,例如给定两个属性,根据可用的数据进行分析,可以度量一个属性能在多大程度上包含另一个属性。标准数据使用卡方检验,数值属性使用相关系数和协方差,它们均可评估一个属性的值如何随另一个属性的值变化。

（3）数据冲突的检测与处理。对于来自同一个世界的某一实体，在不同的数据库中可能有不同的属性值，这样就会产生表示的差异、编码的差异、比例的差异等。例如，某一表示长度的属性在一个数据库中用"厘米"表示，在另一个数据库中却使用"分米"表示。检测到这类数据值冲突后，可以根据需要修改某一数据库的属性值，以使不同数据库中同一实体的属性值一致。此外，在一个系统中元组的属性的抽象层可能会比另一个系统中"相同的"属性低。例如，studentl-sum 在一个数据库中可能是指系的学生总数，而在另外一个数据库中，可能是指班级的学生总数。

4.2.3　数据变换

所谓数据变换，就是将数据转换成适合处理和分析的形式。数据变换是采用线性或非线性的数学变换方法将多维数据压缩成较少维数的数据，消除它们在时间、空间、属性及精度等特征表现方面的差异。这实际上就是将数据从一种表示形式变换为另一种表现形式的过程。数据变换涉及如下内容：

（1）平滑。清除噪声数据，去除源数据集中的无关数据，处理遗漏数据和清洗脏数据。常用的平滑技术包括分箱、回归、聚类等方法。分箱法是通过考察数据的一个领域范围内的值来光滑有序数据的值。因为分箱法考察近邻的值，所以要进行局部光滑。回归是指用回归函数来拟合数据，用回归值进行数据光滑。聚类法是指通过聚类检测离群点，将类似的值组织成"群"或"簇"，将这些簇内的数据进行不同的光滑。

（2）聚集。对数据进行汇总和聚集，例如，可以聚集日门诊量数据，计算月和年门诊量。常采用数据立方体结构，如运用 abg()、count()、sum()、min()和 max()等函数对数据进行操作。

（3）数据概化。使用概念分层，用更高层次的概念来取代低层次的"原始"数据。主要原因是在数据处理和分析过程中可能不需要那么细化的概念，它们的存在反而会使数据处理和分析花费更多时间，加大了复杂程度。例如，街道属性可以泛化为更高层次的概念，如城市、国家。同样，对于数值型的属性，如年龄属性，也可以映射到更高层次的概念，如青年、中年和老年等。

（4）规范化。将数据按比例缩放，使之落入一个小的特定区间。不同的度量单位可能会影响数据分析。例如，把长度的度量单位从英寸变成米，重量度量单位从磅变成千克，可能会导致完全不同的数据处理结果。一般而言，单位较小的属性将导致该属性具有较大值域，一般这样的属性对数据分析结果影响较大。常用的规范化方法有最小-最大规范化、均值规范化、小数定标规范化。最小-最大规范化一般适用于已知属性的取值范围，要对原始数据进行线性变换。均值规范化基于属性值的平均值和标准差进行规范。当属性的最大和最小值未知，或孤立点左右了最大-最小规范化时，该方法有用。小数定标规范化方法通过移动属性值小数点的位置进行规范化。小数点的移动位数依赖于属性值的最大绝对值。

（5）属性构造。属性构造是指构造新的属性并添加到属性集合中以便帮助挖掘数据，提高数据处理和分析的精度及对高维数据结构的理解。这个属性可以是根据原有属性计算出的属性，如根据半径属性可以计算出新属性周长与面积。属性构造可以增强数据属性间的联系，有利于发现知识。

（6）离散化。数值属性数据的原始值用区间标签或概念标签替换。这些标签可以递归地组织成更高层的概念，导致数值属性的概念分层。离散化技术按照离散过程使用类标签信息，可以分为监督的离散化方法（使用类标签信息）和非监督的离散化方法（没有使用类标签信息）。此外，如果离散化过程是首先找出一个或几个点来划分整个属性区间，然后在结果区间上递归地重复这一过程，则称为自顶向下离散化。自底向上离散化或合并则正好相反，它们首先将所有的连续值看作可能的分裂点，通过合并邻域的值形成区间，然后在结果区间递归地应用这一过程。

4.2.4　数据归约

因为被分析的数据对象往往比较大，分析与挖掘会特别耗时甚至不能进行，所以非常有必要对数据进行归约。对数据进行归约处理，可以从原有的庞大数据集中获得一个精简的数据集，并使这一精简的数据集保持原有的完整性，以提高数据挖掘的效率。数据归约的方法一般有数据立方体聚集、维归约和特征值归约。

1. 数据立方体聚集

数据立方体是一类多维矩阵，可以让用户从多个角度探索和分析数据集，通常同时考虑三个因素（维度）。当试图从一堆数据中提取信息时，需要工具来寻找有关联和重要的信息及探讨不同的情景。一份报告，无论是印在纸上还是出现在屏幕上，都是数据的二维表示，是行和列构成的表格，只需要考虑两个因素，但在真实世界中往往需要更强的工具，所以数据立方体应运而生。

数据立方体是二维表格的多维扩展，如同几何学中立方体是正方形的三维扩展。"立方体"这个词让人们想起三维的物体，也可以把三维的数据立方体看作一组类似的互相叠加起来的二维表格。但是数据立方体不局限于三个维度，大多数联机分析处理系统能用多个维度构建数据立方体，例如，微软的 SQL Server 2000 Analysis Services 工具支持 64 个维度（虽然在空间或几何范畴想象更高维度的实体还是一个很难的问题）。

在实际中，常常用多个维度来构建数据立方体，但人们倾向于一次只看三个维度。数据立方体之所以有价值，是因为人们能在一个或多个维度上给立方体做索引。图 4-2 为数据立方体示例，其中存放着多维聚集信息。每个单元存放一个聚集值，对应多维空间的一个数据点。每个属性可能存在概念分层，允许在多个层进行数据分析。最底层的数据立方体称为基本方体，最高层的数据立方体称为顶点方体，不同层创建的数据立方体称为方体。

对数据立方体进行聚集操作，可以实现数据归约。在具体操作时有多种方式，例如，既可以针对数据立方体中的最低级别进行聚集，也可以针对数据立方体中的多个级别进行聚集，从而进一步缩小处理数据的尺寸。如果利用聚集后的数据能够对原数据进行重构，而不损失信息，则称该数据归约为无损的。如果只能得到近似的重构数据，则称该数据归约为有损的。

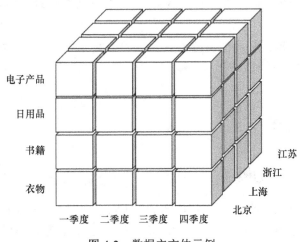

图 4-2 数据立方体示例

2. 维归约

人们收集到的原始数据包含的属性往往很多，但是大部分与所要开展的挖掘任务无关。例如，为了对观看广告后购买新款 CD 的顾客进行分类，收集大量数据，分析的内容与年龄、顾客个人喜好有关，但通常与顾客的电话号码无关。冗余属性的存在会增加处理的数据量、减慢挖掘速度。维归约是指通过删除不相关的属性来减小数据维度。例如，挖掘学生选课与所取得的成绩的关系时，学生的电话号码与挖掘任务无关，可以去掉。维归约一般可以采用属性子集选择、小波变换和主成分分析法等方法来实现。

3. 特征值归约

特征值归约又称特征值离散化技术，它将具有连续型特征的值离散化，使之成为少量的区间，每个区间映射到一个离散符号。特征值归约的优势在于简化了数据描述，让数据和最终的挖掘结果易于理解。特征值归约方法可以是有参数的，也可以是无参数的。

对于有参数的方法而言，使用模型估计数据，一般只需要存放模型参数，而不是实际数据，如回归和对数–线性模型。无参数的方法包括利用直方图来近似数据的分布；对数据进行聚类，用聚类的簇代表替换实际数据；对数据进行抽样及数据立体聚集等。

有参数的特征值归约方法有以下两种：

（1）回归：包括线性回归和多元回归。

（2）对数–线性模型：类似于离散多维概率分布。

无参数的特征值归约方法有以下三种：

（1）直方图：采用分箱近似数据分布，其中 V 最优和 MaxDiff 直方图是较精确和实用的。

（2）聚类：将数据元组视为对象，将对象划分为群或聚类，使在一个聚类中的对象"类似"，而与其他聚类中的对象"不类似"。在数据归约时可用数据的聚类代替实际数据。

（3）抽样：用数据的较小随机样本表示大的数据集，如简单抽样 N 个样本（类似于样本归约）、聚类抽样和分层抽样等。

4.3 联机分析处理

4.3.1 联机分析处理的概述

联机分析处理是数据仓库中非常重要的数据分析技术之一。目前，不同的专家和组织对 OLAP 的定义也不同。其中，比较认可的是 OLAP 委员会给出的定义：OLAP 是使分析人员、管理人员或执行人员能够从多种角度对从原始数据中转化出来的、能够真正为用户所理解的、并真实反映企业特性的信息进行快速、一致、交互的存取，从而获得对数据更深入了解的一类软件技术。

OLAP 的概念最早是由关系数据库之父 E.F.Codd 于 1993 年提出的。Codd 认为联机事务处理（On-Line Transaction Processing，OLTP）已不能满足终端用户对数据库查询分析的要求，SQL 对大数据库的简单查询也不能满足用户分析的需求。用户的决策分析需要对关系数据库进行大量计算才能得到结果，而查询的结果并不能满足决策者提出的需求。为此，Codd 提出了多维数据库和多维分析的概念，即 OLAP。OLAP 的目标就是满足决策支持或多维环境特定的查询和报表需求。

1. OLAP 的基本概念

（1）变量。变量是数据度量的指标，是数据的实际意义，即描述数据"是什么"。例如：数据"100"本身并没有意义，如果说一种产品的单价是 100 元，则"100"就有了实际的意义。通常也将变量称为度量（或量度）。

（2）维。维是人们观察数据的特定角度。如图 4-2 所示，四个季度组成了一个时间维，四类商品组成了一个商品类型维（电子产品，日用品，书籍，衣物），四个城市组成了一个城市维（北京，上海，浙江，江苏）。维实际上是考虑问题时的一类属性，单个属性或属性集合可以构成一个维。

（3）维的层次。人们观察数据的某个特定角度（即某个维）还可以从不同的方面进行描述，将不同的描述方面称为维的层次。一个维往往可以有多个层次，例如描述季度时间维时，可以从第一季度、第二季度、第三季度、第四季度四个层次来描述。

（4）维的成员。维的成员是指维的一个取值，是数据项在某维中位置的描述。若维是多层次的，则不同层次的取值构成一个维成员。

（5）多维数组。多维数组是维和变量的组合表示。一个多维数组可以表示为：（维1，维 2，…，维 n，变量）。例如，（季度，城市，商品）组成一个多维数组。在多维数组中，一定要有变量存在，且变量通常是数值型的。

（6）数据单元（单元格）。它是多维数组的取值。当多维数组的各个维确定一个维成员时，就唯一确定一个变量的值，可以表示为：（维 1 成员，维 2 成员，…，维 n 成员，变量的值），例如，（第一季度，上海，电子产品）表示一个数据单元。

2. OLAP 的特点

OLAP 是基于数据仓库的信息分析处理过程，其目标是满足决策支持和多维环境特定的查询报表需求。因此，OLAP 具有如下特点：

（1）快速性。用户对 OLAP 的快速反应能力有很高的要求，系统应能在短时间内对用户的大部分分析要求做出反应。如果终端用户在短时间内没有得到系统响应就会变得不耐烦，因而可能失去分析主线索，影响分析质量。快速分析大量数据不容易，因此需要一些技术上的支持，如专门的数据存储格式、大量的事先运算、特别的硬件设计等。

（2）可分析性。OLAP 系统应能处理与应用有关的任何逻辑分析和统计分析。尽管系统可以事先编程，但并不意味着系统定义了所有的应用。在应用 OLAP 的过程中，用户无须编程就可以定义新的专门计算，将其作为分析的一部分，并以用户所希望的方式给出报告。用户可在 OLAP 平台上进行数据分析，也可连接到其他外部分析工具上。

（3）多维性。系统必须提供对数据的分析和多维视图的分析，包括对层次维和多重层次维的完全支持。事实上，多维分析是分析企业数据最有效的方法，是 OLAP 的灵魂。多维分析主要包括多维数据模型、多维分析操作、多维查询及展示、数据立方体等。因此，OLAP 可以说是多维数据分析工具的集合。

（4）复杂性。不论数据量有多大，也不管数据存储在何处，OLAP 系统应能及时获得信息，并且管理大容量信息。这里有许多因素需要考虑，如数据的可复制性、可利用的磁盘空间、OLAP 产品的性能及与数据仓库的结合度等。

3. OLAP 的体系结构

OLAP 力图处理数据仓库中浩如烟海的数据，并将其转化为有用信息，从而实现对数据的归纳、分析和处理，帮助企业完成决策。OLAP 支持最终用户进行动态多维分析，其中包括：①跨维、在不同层次之间跨成员的计算和建模；②在时间序列上的趋势分析、预测分析；③切片和切块，并在屏幕上显示，从宏观到微观，对数据进行深入分析；④可查询到底层的细节数据；⑤在观察区域中旋转，进行不同维间的比较。

OLAP 属于数据仓库应用，它以数据仓库为基础。根据 Codd 的观点，OLAP 采用客户机/服务器体系结构。因为它要对来自基层的操作数据（若企业已建立了数据仓库，则操作历史数据可由数据仓库提供）进行多维化或预综合处理，所以它不同于传统OLTP 软件的两层 C/S 结构，而是三层 C/S 结构，如图 4-3 所示。

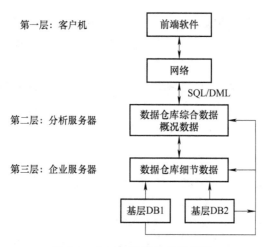

图 4-3   OLAP 系统的体系结构

其中，第一层为客户机，实现最终用户功能，能够让用户方便地浏览数据仓库中的数据，生成数据立方体，支持各种 OLAP 操作，如切片、切块、旋转、趋势分析、比较等处理，实施决策。第二层为分析服务器，存储数据仓库中综合数据，形成多维分析模型。第三层为企业服务器，存储数据仓库中来自基层数据库的细节数据。

4．OLAP 中的多维分析操作

OLAP 分析是指采用切片、切块、钻取、旋转、上卷等基本操作方式，对多维数据进行研究，从而方便用户从多个角度、多个细节对数据进行分析。

（1）切片（Slice）。切片是在多维数组的某一维上选定一组成员的动作，即在多维数组中选定某一个维，并指定一个维成员，以得到多维数据的一个子集。例如，图 4-4 是只选择电子产品维的销售数据切片。

（2）切块（Dice）。切块是在多维数组的某一维上，选取某一区间维成员的动作，是对多维数组在某一维上取值区间的限制。切块可以分为以下两种情况：①在多维数据的某一个维上选定某一区间的维成员。②选定多维数组的一个三维子集。例如，图 4-5 是选择第一季度到第二季度的销售数据切块。

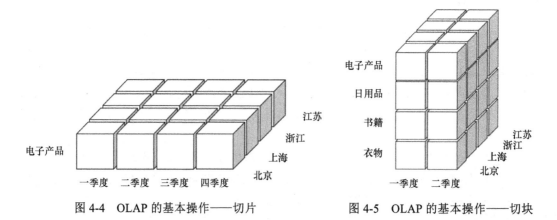

图 4-4   OLAP 的基本操作——切片   图 4-5   OLAP 的基本操作——切块

　　（3）钻取（Drill-down）。钻取是改变维的
层次，变换分析的粒度。它包括向下钻取和向
上钻取。向上钻取是指在某一维上将低层次的
细节数据概括到高层次的汇总数据，或者减少
维数；而向下钻取则相反，它是从汇总数据深
入到细节数据进行观察或增加新的维。例如，
通过对第二季度的总销售数据进行钻取，可以
查看第二季度中 4 月、5 月、6 月每个月的消费
数据，如图 4-6。当然也可以钻取浙江省来查看
杭州市、宁波市、温州市等城市的销售数据。

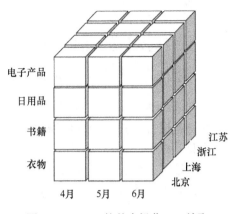

图 4-6　OLAP 的基本操作——钻取

　　（4）旋转（Pivot）。旋转是指变换维的方向，
即改变一个报表或页面显示的维方向的操作。例如，图 4-7 中通过旋转实现了产品维
和地域维的互换。

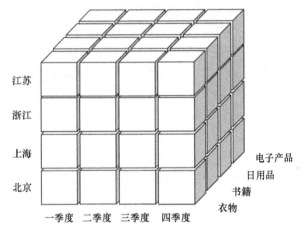

图 4-7　OLAP 的基本操作——旋转

　　（5）上卷（Roll-up）。上卷是钻取的逆操作，即从细粒度数据向高层聚合。例如，
图 4-8 是将江苏省、上海市、浙江省和北京市的销售数据进行汇总来查看江浙沪京 4
个地区的销售数据。

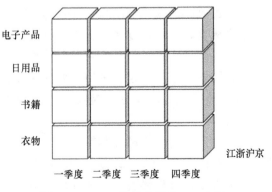

图 4-8　OLAP 的基本操作——上卷

4.3.2 联机分析处理的常用工具

1. Cognos

Cognos 是 IBM 公司在商业智能（Business Intelligence，BI）核心平台之上，以服务为导向进行架构的一种数据模型，是唯一可以通过单一产品和在单一可靠架构提供完整业务智能的软件。它可以提供无缝密合的报表、分析、记分卡、仪表盘等解决方案，通过提供所有的系统和资料资源，来简化公司各员工数据处理的方法。作为一个全面、灵活的产品，Cognos 业务智能解决方案可以容易地整合到现有的多系统和数据源架构中。

Cognos 是世界上最大的业务智能软件制造商，它能够帮助用户提取公司数据，然后分析并汇总得出报告。Cognos 有许多产品，但最为著名的还是它的 PowerPlay 联机分析处理工具，以及 Impromptu 报告和查询语言工具、Axiant 客户/服务器开发系统。

Cognos 展现的报表基于统一的元数据模型。统一的元数据模型为应用提供了统一、一致的视图。用户可以在浏览器中自定义报表，格式灵活，元素丰富，而且可以通过 Query Studio 进行及时的开放式查询。Cognos 还具有独特的穿透钻取、切片和切块、旋转等功能，使分析人员、管理人员或执行人员能够从多角度对信息进行快速、一致、交互的存取，从而获得对数据更深入的了解，有效地将各种相关的信息关联起来，使用户在分析汇总数据的同时能够深入到自己感兴趣的细节数据中，以便更全面地了解情况，做出正确决策。

Cognos 强大的报表制作和展示功能能够制作/展示任何形式的报表，其纯粹的 Web 界面使用方式又使得部署成本和管理成本降到最低。同时，Cognos 还可以和数据挖掘工具、统计分析工具配合使用，增强决策分析功能。

2. FineBI

FineBI 是帆软软件有限公司推出的一款商业智能产品，它可以通过最终业务用户自主分析企业已有的信息化数据，帮助企业发现并解决存在的问题，协助企业做出更好的决策，增强企业的可持续竞争性。

FineBI 的系统架构主要包括四个方面。①数据处理：用来对原始数据进行抽取，转换，加载，为分析服务生成数据仓库 FineCube。②即时分析：可以选择数据快速创建表格或者图表以使数据可视化、添加过滤条件筛选数据、即时排序，使数据分析更快捷。③多维度分析：OLAP 分析实现，提供各种分析挖掘功能和预警功能，例如任意维度切换，添加，多层钻取，排序，自定义分组，智能关联等。④商业智能仪表盘（business intelligence dashboard，BI dashboard）：提供各种样式的表格和多种图表服务，配合各种业务需求展现数据。

FineBI 的功能主要包括五个方面。①商务智能数据管理：FineBI 支持丰富的数据源连接，帮助企业进行多样数据整合；支持业务包功能，基于业务需求做好数据分类管理；支持多种视图对数据表进行可视化管理；②数据准备：FineBI 可以支持自助数据集创建，让业务人员获得自己需要的数据，是自主分析的基础；支持多种数据处理功能与可视化操作方式；支持智能继承数据表权限与关联。③数据可视化智能分析：FineBI 自动识别数据表维度与指标，支持个性化设置；支持区域地图、点地图、热力地图、流向地图等地图效果；支持一个页面放置多个组件，组件支持各种样式的表格，配合各种业务需求展现数据。④大数据引擎：FineBI 使用 Spider 高性能计算引擎，Spider 引擎支持实时数据与抽取数据两种模式，可以实现无缝切换，可以实现亿级以内的数据秒级呈现。⑤权限管理：FineBI 支持企业级管控平台，其数据决策系统实现以 IT 为中心进行集中管理；支持对系统的用户和角色进行统一管理；支持基于用户角色对模板和业务包权限进行双向分配。

　　FineBI 数据仓库的优势有：①分组速度快，各个分组之间互不干扰，有利于多线程计算以及分布式部署优化，单机性能也比较好。②支持部分计算，分组汇总不需要计算所有的值。③列表速度不受限于数据量。

3. Smartbi

　　Smartbi（广州思迈特公司旗下的商业智能和数据分析平台）可以满足用户在企业级报表、数据可视化分析、自助分析平台、数据挖掘建模、AI 智能分析等大数据分析需求。

　　Smartbi 自助数据分析平台是围绕业务人员，提供数据分析服务的企业级门户平台。通过提供自助化的数据访问、探索、展现工具，加快数据化运营的效率，为业务思考、业务拓展、管理创新提供了开放共享和交流互动的平台。

　　Smartbi 的功能主要包括五个方面。①灵活查询：业务用户可以轻松地访问、浏览和探察数据；满足业务人员自助式的、零编程的、快速的定制查询。②多维分析：多维分析使企业内外部的决策者和知识工作者可以访问企业关键数据，从而提高企业经营绩效；用户可以从任意角度探察和分析数据，并且快速识别预警和异常。③业务报表：满足各种复杂格式的监管报表、内部管理报表的需求；支持交叉统计报表、不规则报表、不平衡报表、原始凭证报表等各种复杂格式的报表。④仪表盘：业务报表通过管理图形、仪表盘、预警等方式，监控分析关键指标、业务目标，使企业发展与战略保持步调一致。⑤移动终端展现平台：可以在移动终端上为员工和客户展示业务报表、关键绩效指标、文档和仪表盘。

　　对有管理需求的业务人员而言，Smartbi 可以实现自助分析，并且使用简单、操作灵活。这类客户要经常性地对数据进行灵活分析，要抓取的数据经常是变动的，不是几张报表能够满足的。他们希望有一个能够自己操纵的、灵活而简单的系统，来抓取自己需要的数据。使用 Smartbi，只需要 IT 人员协助完成语义层定义，业务人员即可随心所欲地进行数据的查询分析。

4. QlikView

　　QlikView（Qlik Tech 公司旗下产品）应用使各种各样的终端用户以一个高度可视化、功能强大和创造性的方式，互动地分析重要业务信息。与传统商业智能不同的是，QlikView 能够为用户迅速创造价值，其投资回报期仅为数天或数周，而不是数月、数年或永远收不回投资。它是唯一一款能够在经营场所、云计算平台、笔记本电脑或者移动装置上部署的产品，适合任何用户，从个人用户到大型国际企业都可以。

QlikView 相对于其他商业智能软件，具有独特的优势：①一个具有完全集成的 OLAP 工具的向导驱动的应用开发环境；②一个考虑到无限钻取的强大分析引擎；③一个高度直觉化的、使用简单的用户界面。

QlikView 让开发者能从多种数据库里提取和清洗数据，建立强大、高效的应用，而且使它们能被计算机用户、移动用户等终端用户修改后使用。当提供灵活、强大的分析能力时，QlikView 改变了需要 OLAP 立方体的需求，也不一定要使用数据库。QlikView 是一个可升级的解决方案，可以完全利用基础硬件平台，利用海量数据记录进行业务分析。

本章小结

本章首先从采集概念、采集来源、采集方法和采集质量四个方面介绍了大数据的采集，着重讲述了大数据的采集方法，包括系统日志采集和网络数据采集等；然后简要介绍了大数据的预处理技术，包括数据清洗、数据集成、数据变换和数据归约等；并描述了联机分析处理的概念、特点和体系结构，对联机分析处理中的多维分析操作进行了阐述；最后在工具方面详细介绍了联机分析处理。

习　题

1. 名词解释

（1）大数据采集；（2）网络数据采集；（3）数据清洗；（4）数据集成；（5）特征值归约；（6）联机分析处理

2. 选择题

（1）大数据的采集来源包括（　　）。

A. 商业数据　　　　　　　　B. 互联网数据

C. 物联网数据　　　　　　　D. 以上都是

（2）以下（　　）不属于系统日志采集系统。

A. DPI　　　　B. Chukwa　　　　C. Flume　　　　D. Scribe

（3）以下（　　）不属于大数据采集平台 ApacheFlume 的特点。

A. 开源　　　B. 高可靠性　　　C. 高扩展性　　　D. 难管理

（4）大数据预处理的第一道工序是（　　）。

A. 数据归约　　　B. 数据集成　　　C. 数据交换　　　D. 数据清洗

（5）网络数据采集方法中的 Spider 是指（　　）。

A. 蜘蛛　　　　　B. 爬虫　　　　　C. 三脚架　　　　　D. 十字轴

（6）以下（　　）不是大数据的采集平台。

A. ApacheFlume　B. Fluented　　　C. JVM　　　　　D. SplunkForwarder

3. 填空题

（1）大数据的三大主要来源为_____、_____和_____。

（2）网络数据采集方法主要针对_____的采集。

（3）数据变换涉及内容包括_____、_____、_____、_____、_____和_____。

（4）数据集成包括_____、_____、_____、_____等问题。

（5）OLAP 以_____为基础。

（6）钻取是改变维的层次，变换分析的粒度。它包括_____和_____。

4. 简答题

（1）常用的大数据采集平台有哪几种?

（2）简述网络数据采集的步骤。

（3）简述四种大数据清洗方法的优点和缺点。

（4）简述数据归约的三种方法。

（5）简述联机分析处理的特点。

（6）简述 OLAP 中的多维分析操作。

第 5 章

大数据的存储与处理

本章学习要点

知识要点	掌握程度	相关知识
分布式文件系统	掌握	分布式文件系统的概念和特点，典型的分布式文件系统
NoSQL 数据库	熟悉	NoSQL 数据库的概念、特点和存储方式
云存储	了解	云存储的概念、组成及优势
数据仓库	掌握	数据仓库的特征、组成和逻辑模型
Hadoop 处理框架	掌握	HDFS 和 MapReduce 的工作机理，YARN 的架构
Spark 处理框架	掌握	Spark 的组成和运行逻辑

将采集的数据进行处理才能满足存储的基本要求，虽然存储并不是最终目的，但是数据的存储方式对于整个数据分析和处理系统的性能有着重要的影响。由大数据的特征可知，面向中等体量、结构化数据的集中式存储方式已经无法满足大数据存储的需要，能够存储海量数据、支持非结构化数据存储、存储节点分布的数据存储方式才能解决大数据的存储问题。同时，由于大数据应用需求的急剧增长，人们对于大数据处理的成本、传输速度、读写速度、可靠性、有效性等方面的要求越来越高，相继诞生了一系列新的或改进的大数据处理框架，来满足当前大数据处理的实际需要。

5.1 大数据的存储方式

Web 技术的快速发展和移动互联网终端的广泛使用，使得数据性质发生了根本性变化，这种特性使其与传统的企业数据区分开，不再集中化、高度结构化和易于管理。数据规模庞大、节点分布、数据类型多样化等是大数据存储系统所面对的新问题，目前，大数据的存储方式主要有分布式文件系统、NoSQL 数据库和云存储。

5.1.1 分布式文件系统

1. 文件系统的概念

文件系统（File System，FS）是计算机操作系统用于明确存储设备或分区上的文件的方法和数据结构，是操作系统在计算机存储设备上组织文件的方法，负责管理和存储文件信息，是计算机操作系统最重要的组成部分之一。

文件系统由三个部分组成：文件系统的接口，对对象操作和管理的软件集合，对象及属性。文件系统确定了文件命名的规则，例如文件名的长度、可以使用的合法字符、文件后缀的长度，以及通过目录结构找到文件的指定路径的格式等。

目前，计算机中的所有信息都是以文件的形式保存在计算机的硬件存储设备上，人们并不需要了解计算机是如何在硬件系统上运作的、数据到底是怎么存储的，便可以使用、管理计算机中存储的数据资源，这一切都归功于文件系统的管理功能。文件系统的存在更好地帮助用户实现了对计算机存储空间的统一管理，同时提供了更加方便的接口，用户可以通过对文件进行操作，实现对具体数据的操作。常见的文件系统见表 5-1。

表 5-1　常见的文件系统

名称	适用场景
New Technology File System（NTFS）	微软公司的 Windows 系列操作系统
Extended File Allocation Table File System（ExtFAT）	用于支持 U 盘、闪存盘的存储
Hierarchical File System（HFS）	苹果公司的 Mac OS 系列操作系统
HFS 的改进版本（HFS+）	
Apple File System（APFS）	
Second Extended File System（Ext2）	Linux 系列操作系统
Third Extended File System（Ext3）	

文件系统诞生之初是为本地存储的数据服务的，即本地文件系统模式，文件系统所管理的文件都存储在本地节点上，本地节点存储能力有限，无法大幅度扩展，同时它也只能管理本地节点所存储的文件，单机模式下所存储的数据没有备份，存在单点故障风险，而且并发能力比较差，难以满足大数据存储的需求，于是分布式文件系统应运而生。

2. 分布式文件系统的概念

随着互联网的快速发展，由各种计算机组成的网络在社会中无处不在。在互联网中，不存在集中式的控制中心，而是存在大量分离且互联的节点，分布式的理念就是随着互联网的发展而诞生的，并且在计算机网络存储领域得到了快速的发展和应用。

分布式文件系统（Distributed File System，DFS）是基于分布式理念的文件系统，它将固定于某个地点的某个本地文件系统扩展到多个地点和多类型的文件系统。相对于本地文件系统而言，分布式文件系统所管理的存储资源并不是全部直接连接在本地节点上，而是通过计算机网络管理连接节点的存储资源，这些节点可能存在于不同的区域中，在空间上存在一定距离。众多节点组成一个文件系统网络，通过网络进行通信和数据传输。

分布式文件系统除了管理网络系统中所有计算机上的文件资源，还需要把整个分布式文件系统中的所有资源以统一的视图呈现给不同的用户，隐藏内部的实现细节，对用户和应用程序屏蔽各个计算机节点底层文件系统之间的差异，以提供给用户统一的访问接口和方便的资源管理手段。因此，在使用分布式文件系统时，人们无须关心数据存储在哪个节点上或者是从哪个节点获取的，就像使用本地文件系统一样管理和存储文件系统中的数据。

传统的数据存储方式是集中式的存储，即使用能力强大的服务器集中统一处理计算机网络中大量的数据存储任务，但这种大型服务器设备的建造和维护成本极高。分布式的数据存储方式可以将需要海量存储能力才能处理的问题拆分成许多小块，然后将这些小块分配给同一套系统中不同的存储节点进行处理，很好地克服了集中式存储的弊端，更加满足大数据时代的存储需求。

分布式文件系统将服务范围扩展到了整个网络，改变了数据的存储和管理方式，拥有了本地文件系统所无法具备的数据备份、数据安全等优点，为分布式存储的实现与发展奠定了坚实的基础。

3. 典型的分布式文件系统

基于多种分布式文件系统的研究成果，人们对体系结构的认识不断深入，分布式文件系统在体系结构、系统规模、性能、可扩展性和可用性等方面发生了很大的变化。下面介绍几种典型的分布式文件系统。

（1）网络文件系统。网络文件系统（Network File System，NFS）是 FreeBSD（一种类 UNIX 操作系统）支持的一种文件系统，允许网络中的计算机之间通过 TCP/IP 协议网络共享资源。在 NFS 的应用中，本地 NFS 的客户端应用可以方便地读写位于远端 NFS 服务器上的文件，就像访问本地文件一样。1985 年出现的 NFS 受到了广泛关注和认可，被应用到了几乎所有主流的操作系统中，成为分布式文件系统事实上的标准。NFS 利用 UNIX 系统中的虚拟文件系统（Virtual File System，VFS）机制，通过规范的文件访问协议和远程过程调用客户机对文件系统的请求，并转发到服务器端进行处理；服务器端在 VFS 机制之上，通过本地文件系统完成文件的处理，实现全局的分布式文件系统。

（2）通用并行文件系统。通用并行文件系统（General Parallel File System，GPFS）是 IBM 公司的第一个共享文件系统，起源于 IBMSP 系统上使用的虚拟共享磁盘技术。GPFS 的磁盘数据结构可以支持大容量的文件系统和大文件，通过采用分片存储、较大的文件系统块（Block）和数据预读等方法获得较高的数据吞吐率；采用扩展哈希（Extensible Hashing）技术来支持含有大量文件和子目录的大目录，提高文件的查找和检索效率。GPFS 采用不同粒度的分布式锁来解决系统中并发访问和数据同步的问题。比如，字节范围的锁用于同步用户数据，动态选择元数据节点（Meta Node）进行元数据的集中管理；具有集中式线索的分布式锁管理整个系统中的空间分配等。GPFS 采用日志技术对系统进行在线灾难恢复，每个节点都有各自独立的日志，且当单个节点失效时，系统中的其他节点可以代替失效节点检查文件系统日志，进行元数据恢复操作。GPFS 支持在线动态增减存储设备，能够在线重新平衡系统中的数据，能够有效支持高端应用连续作业的需要。

（3）谷歌文件系统。谷歌文件系统（Google File System，GFS）是谷歌为了存储海量搜索数据而开发实现的分布式文件系统。它由一个 Master 节点和大量的 ChunkServer 节点构成。GFS 中心是一个 Master 节点，根据文件索引找寻数据块。系统保证每个 Master 节点都有相应的复制品，以便于在其出现问题时进行切换。GFS 把文件分成 64MB 的数据块，减小了元数据的大小，使 Master 节点能够方便地将元数据放置在内存中以提高访问效率。在 Chunk 层，GFS 将节点失效视为常态，因此将数据块复制到集群中不同的 ChunkServer 节点上，默认每个数据块保存三个副本。对于稍旧的文件，可以通过压缩来节省硬盘空间，且压缩率惊人，有时可以接近 90%。为了保证高速并行处理大规模数据，谷歌基于 GFS 开发了 MapReduce，将很多烦琐的底层细节隐藏起来，极大地简化了程序员的开发工作。

（4）Hadoop 分布式文件系统。Hadoop 分布式文件系统（Hadoop Distributed File System，HDFS）是 Hadoop 框架中支持大数据存储的分布式文件系统，是在 GFS 模型的基础上开发实现的。为了实现高吞吐量的数据访问需求，HDFS 优化了大文件的流式读取方式，将一个大型文件分割成多个固定大小的数据块（通常为 128MB），分散存储到集群的大量节点上，能够支持千万级的文件处理。HDFS 中认为硬件故障是常态，将数据块在集群的不同服务器节点间进行复制，默认情况下会有三个相同的数据块备份，实现了高容错性。基于此，HDFS 可以选择部署在廉价的服务器上，降低了系统硬件成本。同时，因为使用开源 Hadoop 的缘故，HDFS 得到了广泛发展和应用，本章后续第三节内容将对 HDFS 进行进一步介绍。

5.1.2　NoSQL 数据库

1. 关系型数据库的优势和局限

逻辑上采用关系模型来组织数据的数据库，称为关系型数据库（Relational Database，RDB）。关系型数据库中存在大量的关系数据表，使用结构化查询语言（SQL）作为数据库操作语言，也称为 SQL 数据库。关系型数据库作为当前主流的数据存储方式，其独特的优势包括：

（1）良好的交互性，任何掌握了 SQL 语言使用方法的用户均可以操作数据库，无须具有其他计算机语言基础。

（2）标准化，使用户能够跨平台、跨系统运行数据库系统，并对第三方附件和工具提供支持。

（3）支持纵向扩展，能够解决从快写为主导的传输到扫描密集型深入分析等问题。

（4）采用正交形式呈现数据和存储数据，支持 JSON（JavaScript Object Notation）和其他结构化对象格式。

关系型数据库主要以 Oracle、MySQL、Microsoft SQL Server 为代表，如图 5-1 所示。这三类关系型数据库占据了当前数据库市场的大部分份额。其中，Oracle 是目前世界上功能最完善与强大的关系型数据库之一，是需要高可靠性的金融、电信、电力等行业的数据库选型的重要参考。相对于 Oracle 高昂的价格，MySQL 借助互联网成为最流行的开源数据库产品,是互联网行业使用最广泛的数据库。Microsoft SQL Server 是只能部署在 Windows 操作系统上的数据库,使用集成的商业智能(BI)工具提供了企业级数据管理。它的优点是可以集成 Windows 平台的所有特性,提供一站式的整体解决方案,缺点是系统的稳定性有所欠缺。

图 5-1　关系型数据库的主要代表

虽然传统的关系型数据库已经能够满足众多应用场景的需要,并取得了广泛的成功,但其固有的劣势也日益突出。移动互联网时代的商业服务要求数据库能够实时地处理每秒千万次甚至上亿次的读写请求,同时还要具有较高的数据可用性,关系型数据库很难满足上述需求,或者需要付出昂贵的代价来满足,业界迫切需要一种支持横向扩展、成本低廉、较为灵活且高度可用的数据库。NoSQL 数据库的诞生满足了这种需求。

2. NoSQL 数据库的概念

NoSQL 是"Not Only SQL"的英文简写,NoSQL 数据库是不同于传统的关系型数据库的统称,即非关系型(Non-relational)的数据库的统称。它并不专指某一个产品或一种技术,而是代表一类产品及一系列的不同类型的数据存储与处理的技术。NoSQL 数据库设计的核心特征是面向于特定的问题,采用不同存储方式的 NoSQL 数据库适用于不同的应用情景,其主要的存储方式将在本节后续内容中进行详细介绍。

NoSQL 数据库的诞生并不是为了取代关系型数据库,它们两者之间是一种互补关系,会从对方身上学习优秀的特性,以应对需求日益复杂且严苛的应用程序。与传统的关系型数据库相比,NoSQL 数据库具有以下特点:

(1)它是非关系型数据库,是灵活的数据模型。在创建数据库之前,不需要事先定义数据模式、表的结构,例如在键值式存储与文档式存储中,允许应用在一个数据单元中存入任何结构的数据。

(2)它具有弹性的横向扩展性,可以将多个服务器从逻辑上视为一个实体,运行在集群服务器上,随着负载的变化可将数据库调整分布到多个不同的主机上,性价比高,可支持的数据量大。同时,它可以在系统运行的时候,动态增加或者删除节点,不需要停机维护,数据即可自动迁移。

(3)与关系型数据库具有的 ACID 特性不同,NoSQL 数据库保证的是 BASE 特性。①基本可用(Basically Available,BA):NoSQL 数据库允许分布式系统中某些部分出现故障,系统的其余部分仍然可用,允许继续部分访问;②柔性状态(Soft State,S):在 NoSQL 数据库的数据处理过程中,允许存在数据状态暂时不一致的情况;③最终一致（Eventually Consistent，E），将柔性状态产生的短暂数据不一致情况，经过纠错处理最后转为一致。

3. NoSQL 数据库的存储方式

在 NoSQL 数据库中，最常用的存储方式有键值式存储、文档式存储、列式存储和图形式存储等。与关系型数据库中仅有一种存储方式不同，在一个 NoSQL 数据库可以存在多种存储方式。

（1）键值式存储。顾名思义，键值式存储就是在数据库中根据键值对数据进行组织、索引和存储。键（Key）是数据的标识符，值（Value）是存放任意数据的容器。在同一个命名空间内，键的名字必须唯一，不能重复。采用键值式存储的数据库可称为键值数据库，键值式存储是 NoSQL 数据库中最简单、最常用的存储方式。常见的键值数据库有 Redis、Voldemort 和 Oracle BDB 等。

键值数据库的优势在于其数据处理的速度非常快，具有极高的并发读写性能；缺点在于只能通过键来查询数据，某些键值数据库不支持查询位于某个范围内的值，不支持类似于 SQL 式的标准查询语言。

不管值的存储格式如何，键值式存储可根据数据的保存方式分为临时型方式、永久型方式和混合型方式三种。临时型方式将所有的数据都保存在内存中，读写速度快，程序停止，数据就不存在了。永久型方式将数据保存在磁盘中，通过对磁盘进行读写来操作数据，性能会受到一定影响。混合型方式融合了临时型方式与永久型方式，首先将数据保存在内存中，在满足特定条件的时候将数据写入磁盘，既确保了内存中数据的处理速度，又可以通过写入硬盘来保证数据不丢失。

（2）文档式存储。采用文档式存储的 NoSQL 数据库称为文档数据库，文档数据库以文档的形式来存储数据，在存储数据前，并不需要像关系型数据库那样预先设置表的结构（Schema），就可以使用类似于关系表的数据结构。文档数据库主要面向的是解决海量数据存储的问题，同时具有优异的查询性能，并不要求具备高并发读写操作性能。MongoDB、CouchDB 是目前广泛流行的文档数据库。

文档、集合、数据库构成了文档数据库的三层逻辑结构，如图 5-2 所示。文档相当于关系数据库中的一条记录，但是文档并不需要提前设置数据模式即可存取；多个文档组成一个集合，集合相当于关系数据库的表；将多个集合在逻辑上组织在一起就是数据库。数据库中的每个记录都以文档形式存在，具备自我描述的功能，并且独立于任何其他文档。

与关系型数据库相比，文档数据库具有很强的灵活性。例如，在关系型数据库中，同一张关系表中所有的数据记录都必须具有完全相同的属性。而在文档数据库的同一个集合中，文档的格式可以不完全相同，如图 5-3 所示，文档 1 和文档 2 可以属于文档数据库的同一个集合。

（3）列式存储。采用列式存储的 NoSQL 数据库，可以称为列族数据库，也称为宽列数据库。它可以实现按列存储数据，便于存储结构化和半结构化数据、进行数据压缩。对于数据列的操作具有非常大的读写优势，但是与文档数据库不同，在列族数据库中不存在任意数据之间的典型关系。目前，广泛流行的列族数据库主要有 Cassandra、HBase（Hadoop Database）等。

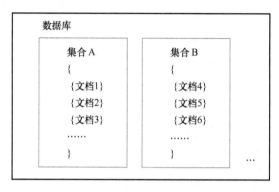

图 5-2　文档数据库的三层逻辑结构

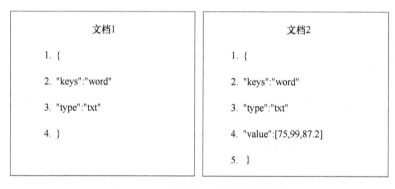

图 5-3　文档数据库中的示例文档

在列式数据库的逻辑结构中，从顶层至底层依次是"列族（Column Family）""超列（Super Column）""列（Column）"。列由键名、键值和时间戳组成，忽略时间戳，可当作一个键值对；超列相当于字典（dict），它是一个包含其他列的特殊列，超列不能包含超列；一个列族中的所有数据都将保存在相同的文件中，它可以容纳多个超列或列。

现有某系统注册用户数据如表 5-2 所示，传统关系型数据库按行存储数据，数据库中相应的数据记录如表 5-3 所示。在列族数据库中，按列存储数据，相应的存储结果如表 5-4 所示。

表 5-2　某系统注册用户数据

用户名	姓名	年龄（岁）	身高（cm）	爱好
用户 1	张三	22	170	羽毛球
用户 2	李四	45	165	（空）

表 5-3　关系型数据库按行存储

用户 1	张三	22	170	羽毛球
用户 2	李四	45	165	（空）

表 5-4　列族数据库按列存储

#	用户名	#	姓名	#	年龄	#	身高	#	爱好
1	用户 1	1	李四	1	22	1	用户 1	1	羽毛球
2	用户 2	2	张三	2	45	2	用户 2		

（4）图形式存储。采用图形式存储的 NoSQL 数据库，称为图形数据库。它运用图论的思想，将数据以图模型的方式进行组织存储。在图模型中，节点、边和特性是进行数据建模的三个重要组件。图模型中的节点代表实体，实体之间的关系则用节点之间的有向边来表示，节点和边的属性代表了实体和关系的特性。

在图形数据库中，对于数据的查询就是对于图形的遍历。因此，图形数据库有利于研究实体之间的关系，这是其他 NoSQL 数据库无法比拟的优势。常见的图形数据库包括 Neo4J、InfoGrid 等。

图模型是一个被标记和标向的属性多重图。被标记的图每条边都有一个标签，用来作为那条边的类型。有向图允许边有一个固定的方向，从源点到目标节点，或从目标节点到源点。属性图允许每个节点和边有一组可变的属性列表，其中的属性是关联某个名字的值，简化了图形结构。多重图允许两个节点之间存在多条边，这意味着两个节点可以由不同边连接多次，即使两条边有相同的尾、头和标记也可以。

5.1.3　云存储

1. 云存储的概念及组成

面对大数据的海量异构数据，传统存储技术面临建设成本高、运维复杂和可扩展性有限等问题，于是成本低廉、可扩展性高的云存储技术应运而生，并且得到了广泛的关注和应用。

云存储（Cloud Storage）是在云计算概念上延伸和发展出来的一个新概念，属于新兴的网络存储技术，是指通过集群应用、网络技术或分布式文件系统等，将网络中不同类型的存储设备通过应用软件集合起来协同工作，共同对外提供数据存储和业务访问功能的系统。

云存储的结构主要包含存储层、基础管理层、应用接口层、访问层，以存储设备为核心，通过应用软件来对外提供数据存储和业务访问服务。云存储的组成架构，如图 5-4 所示。

（1）存储层。存储层由数量庞大且分布在不同地域的存储设备组成，它们之间通过广域网、互联网或光纤通信网络连接在一起。存储设备之上是一个统一的存储设备管理系统，实现存储设备的逻辑虚拟化管理、多链路冗余管理，以及硬件设备的状态监控和故障维护。

（2）基础管理层。基础管理层通过集群系统、分布式文件系统和网格计算等，实现云存储设备之间的协同工作，使多个存储设备可以对外提供同一种服务，并保持较高的数据访问性能。数据加密技术保证云存储中的数据不被未授权的用户访问；数据备份技术和数据容灾技术可以保证云存储中的数据不会丢失，保证云存储自身的安全和稳定。

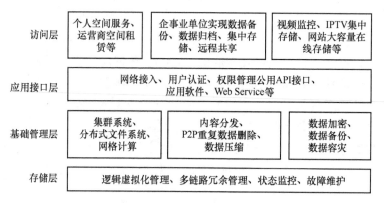

图 5-4　云存储的组成架构

（3）应用接口层。应用接口层为云存储运营商提供巨大的便利。通过应用接口层，不同的云存储运营商均可以根据业务类型的不同，开发不同的服务接口，为用户提供不同的服务，如视频监控、视频点播应用平台、网络硬盘和远程数据备份应用等。

（4）访问层。访问层是用户使用云存储服务的入口，在保证云存储系统安全的前提下，任何一个授权用户都可以通过标准的公用应用接口登录云存储系统，享受云存储服务。访问层的形式是多样化的，根据云存储运营商的不同，其提供的访问类型和访问手段也不同。

2. 云存储的应用及优劣势

云存储的应用主要包括三类：基于公有云的存储、基于私有云的存储和基于混合云的存储。基于公有云的存储是第三方服务商为用户提供的网络存储服务，所有用户共享服务商的存储资源，但每个用户都是独立的，如 Dropbox、百度云盘。与前者不同，基于私有云的存储是建立在企业专属设施之上的，不与其他用户共享存储资源，最大限度地保证了数据的安全性。当前，越来越多的企业选择混合云的方式，既保证了数据的安全性，又满足了动态变化的存储需求。

云存储作为优秀的存储技术，其主要优势包括：

（1）设备层面。云存储的存储设备数量庞大，分布区域各异，多个设备之间协同合作，许多设备可以同时为一个人提供同一种服务，并且云存储都是平台服务，云存储的供应商会根据用户需求开发出多种平台，如 IPTV 应用平台、视频监控应用平台、数据备份应用平台等。只要有标准的公用应用接口，任何一个被授权的用户都可以通过一个简单的网址登录云存储系统，享受云存储服务。

（2）功能层面。云存储的容量分配不受物理硬盘的控制，可以按照客户的需求及时扩容，设备故障和设备升级都不会影响用户的正常访问。云存储技术针对数据重要性采取不同的复制策略，并且复制的文件存储在不同的服务器上，因此当硬件损坏时，不管是硬盘还是服务器，服务始终不会终止。因为采用索引的架构，所以系统会自动将读写指令引导到其他存储节点，读写效能完全不受影响，管理人员只要更换硬件即可，数据也不会丢失，换上新的硬盘服务器后，系统会自动将文件复制回来，永远保持多个备份，从而避免数据丢失。在扩容时，只要安装好存储节点，接上网络，新增加的容量便会自动合并到存储中，并且数据会自动迁移到新存储的节点，不需要做多余的设定，大大缩减了维护人员的工作量。

（3）成本层面。在传统存储模式下，一旦完成资金的一次性投入，系统就无法在后续使用中动态调整。随着设备的更新换代，落后的硬件平台难以处置；随着业务需求的不断变化，软件需要不断地更新升级甚至重构来与之相适应，导致维护成本高昂，很容易发展到不可控的程度。但使用云存储服务可以免去企业在设备购买和技术人员聘用上的庞大开支，维护工作及系统的更新升级都由云存储服务提供商完成，而且公有云的租用费用和私有云的建设费用会随着云存储供应商竞争的日趋激烈而不断降低。

云存储的劣势主要体现在安全和访问速度两个方面：

（1）安全问题。云存储的好处在于任何一个被授权的用户都可以访问云存储系统，但这种便利性也是云存储的致命伤，因为每个用户的设备都可能成为被攻击的对象，从而造成数据泄露。同时，云存储借助大型存储设备将相同的数据分别存储在不同的地域，形成数据备份，帮助用户解决数据容灾问题。但从另一方面来说，用户只知道自身的数据存储在云存储中，并不知道数据的具体存储位置或是否在没有授予权限的情况下被他人访问。知识产权得不到相应的保护，数据所有权也得不到相应的保障。

（2）访问速度问题。访问速度慢是当前云存储短时间内无法突破的一个瓶颈，也是用户最希望解决的问题。目前，云存储还不能处理交易十分频繁的文件，要求网络连接速度快的数据库不是云存储的存储对象，Tier1、Tier2 或以块（Block）存储为基础的数据存储也超出了云存储的存储能力。目前云存储的访问速度主要是受到云存储运营商拥有设备的性能和网络带宽的限制。

5.2　数据仓库

数据量庞大和价值密度低是大数据的显著特征，数据仓库（Data Warehouse，DW）技术有助于将海量的数据转换成有价值的信息或知识，为企业决策制定提供有效支持，实现大数据的价值，因此在大数据领域得到了广泛应用。

5.2.1　数据仓库的概念与组成

1. 数据仓库的概念

20 世纪 80 年代初，美国著名数据仓库专家 W.H.Inmon 在其《建立数据仓库》一书中首次提出了数据仓库的概念：数据仓库是面向主题的、集成的、具有时变性及非易失的数据集合，用以支持经营管理中的决策制定过程。

数据仓库是一种联机分析处理数据库，它通过 ETL（Extract Transform Load）工具将事务数据库中的数据进行抽取、转换和加载，使其能够更加满足分析的要求，通过分析平台根据用户的需求提供不同类型的数据集合，用于数据的深度理解与分析。简言之，从数据仓库挖掘出对决策有用的信息与知识，是建立数据仓库的根本目的。

由 W.H.Inmon 给出的数据仓库的定义可知，数据仓库具有以下四个特征：

（1）面向主题的。数据仓库的数据是面向主题的，这是数据仓库的核心特征，是建立数据仓库的基本原则。传统数据库围绕着系统的功能应用进行组织和设计，目的是保障系统的功能能够实现，即完成具体的事务。数据仓库的目的是支持决策制定，决策决定了数据仓库的主题，决定了数据仓库围绕什么组织数据，与主题无关的数据不会被导入数据仓库。数据在进入数据仓库之后，就完成了从面向应用到面向主题的转变。

（2）集成的。在构建数据仓库的过程中，外部数据源并不唯一，数据格式也并不完全相同，需要将这些有差异的数据进行抽取、转换和加载，最终形成一个统一的整体。要注意的是，这个过程绝不是将数据进行单纯的复制，然后迁移到数据仓库中，而且要将这些数据统一到数据仓库的数据模式上来，还要监视源数据发生的变化，并对数据仓库进行更新。应该说，数据仓库是对源数据的增值和统一。数据集成是数据仓库技术中非常关键且复杂的内容。

（3）时变性。数据仓库并不是一成不变的，它具有时变性，但是这种随着时间发生的变化与事务数据库中的数据变化并不完全相同，并不是简单的新增、更新、删除或查询。数据被装载到数据仓库后，同时会产生一个对应的时间戳。随着时间的推移，在实际业务中，这个数据字段可能早已发生变化，但是在数据仓库中，某个时间戳下对应的数据并不会发生改变，新的数据进入会有对应的新的时间戳。时变性保证了数据仓库能够具有记录数据项的历史变化的功能，为后续分析和决策提供了依据。

（4）非易失的。数据仓库内的数据主要是为企业决策分析提供支持，帮助企业更好地利用数据，挖掘数据中的价值，提高企业决策的效率和有效性。如果数据仓库内的数据总是在发生变化，将无法保证数据的有效性和准确性，会增加企业决策工作的负担，降低决策的价值。非易失特征保证了在数据仓库中，对于数据的操作主要是查询，不能轻易地进行更新和删除操作，维护了数据的稳定性。非易失作为数据仓库的重要特征，为数据仓库在企业决策分析中发挥作用奠定了坚实的基础。

2. 数据仓库系统的组成

数据仓库系统由数据仓库、ETL 工具、元数据、访问工具、数据集市和数据仓库管理系统六个部分组成，如图 5-5 所示。

（1）数据仓库，是整个数据仓库系统的核心，是数据仓库系统存储数据的区域，存储着按主题组织的数据，供决策分析处理之用。

（2）ETL 工具，它能够将数据从各种源数据库中抽取出来，按照数据仓库预定的主题对数据进行必要的转换和整理，最后装载到数据仓库中。ETL 工具的主要操作包括删除对决策没有意义的数据段、统一数据名称和定义等。

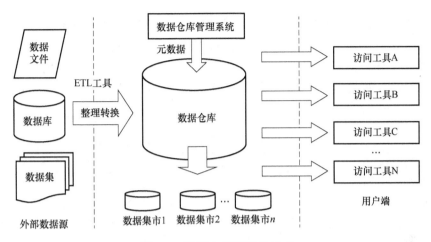

图 5-5　数据仓库系统的组成

（3）元数据，是描述数据仓库中数据的数据，是数据仓库运行和维护的中心，它全面刻画了数据的内容、结构、获取方法和访问方法等。数据仓库服务器需要利用元数据来存储和更新数据仓库的数据，用户需要通过元数据来了解和访问数据。元数据的存在是为了更有效地使用数据，元数据提供了一个信息目录，支持信息检索、软件配置、不同系统之间的数据交互等。在数据仓库系统中，元数据描述数据仓库中的数据结构和构建方法，可以帮助数据仓库管理员和数据仓库开发人员非常方便地找到所需的数据。

（4）访问工具，为用户访问数据仓库提供工具支撑，是数据仓库系统实现决策支持作用的关键部分，主要包括数据查询和报表工具、应用开发工具、管理信息系统（Management Information System，MIS）、联机分析处理工具和数据挖掘（Data Mining，DM）工具等。

（5）数据集市（Data Mart）一般是指为了特定的应用目的或应用范围，面向企业的某个部门（或主题），在逻辑或物理上划分出来的数据仓库的一个子集，可以理解为部门级数据仓库。数据仓库面向整个企业的分析应用，保存了大量的数据。在实际应用中，不同部门的用户可能只使用其中的部分数据，顾及应用的处理速度和执行效率，可以分离出这部分数据，即数据集市，用户无须到数据仓库的全局海量数据中查询，而只需在与本部门有关的数据集市中查询即可。作为数据仓库的有机组成部分，各数据集市间应协调一致，在一个数据仓库内，所有数据集市必须具有一致的维定义和一致的业务事实，这样应用数据仓库时才不会出现问题。

（6）数据仓库管理系统（Data Warehouse Management System，DWMS），是整个数据仓库系统的运转管理引擎，其功能包括安全和特权管理、更新跟踪数据、检查数据质量、管理和更新元数据、审计和报告数据仓库的使用和状态、删除数据、分发数据和存储管理等。

5.2.2　数据仓库与操作数据库的区别

操作数据库是面向联机事务处理的数据库，用于支持日常事务系统的运转，是当前应用非常广泛的数据库。例如，超市的交易系统数据库、医院的门诊数据库等都是典型的操作数据库，其中存储的主要是日常事务数据。下面分别从系统层面、数据组织层面、数据操作层面介绍两类数据库的特点，表 5-5 列举了两者之间的主要区别。

表 5-5　数据仓库与操作数据库的区别

比较项目	数据仓库	操作数据库
系统目的	支持企业分析、决策	支持企业事务操作
系统设计	面向主题	面向事务
使用人群	管理层、决策专家	用户、业务人员、数据库管理员（DBA）、数据库专家
数据来源	多元化	单一
数据内容	历史数据、派生数据	当前数据
数据模型	多维模型，如星形模式或雪花形模式	基于实体-联系（E-R）模型
数据特点	综合数据、稳定	细节数据，动态
存取操作	复杂查询	增加、删除、更改、简单查询
存取频率	相对较低	非常高
响应时间	相对较慢	非常快
数据操作规模	非常大	相对较少
衡量指标	信息输出的有效性	性能、可用性、可靠性

（1）系统层面。数据仓库创建的目的是为了满足企业管理活动、制定决策的需要，它是面向特定主题而设计创建、组织数据的，管理层和决策相关人士是数据仓库的需求者和使用者。

操作数据库的存在是为了满足企业事务性活动数据存取的需要，支持日常事务操作，一线的业务人员、数据库管理员（DBA）以及数据库相关人士是主要的使用者。

（2）数据组织层面。数据仓库的数据来源是多元化的，数据源有多个、多种类型，存储的数据主要是历史数据以及经过转换处理的派生数据。数据仓库内数据的组织模型大多为星形或雪花形，呈现为多维数据立方体，数据综合性程度高。

操作数据库的数据来源比较单一，主要是事务系统中产生的描述事务的细节性数据，数据状态实时刷新，保持为当前时间点的最新状态。操作数据库主要基于实体-联系（E-R）模型组织数据，如关系表。

（3）数据操作层面。当数据装载到数据仓库内后，对于存储数据的操作主要是复杂的查询，并不会进行增删改操作，保证了数据的稳定性。此外，对数据仓库内的数据进行调用分析时，为了保证决策的有效性，涉及的数据量将会很大，系统响应的时间相对较长。

作为事务系统的存储系统，操作数据库会接收到用户端频繁的存取操作指令，并做出快速响应。用户的操作涵盖了增加、删除、更改、查询多个方面，但是每一个用户发送的请求涉及的数据量相对较小，主要是与该用户有关的数据。

5.2.3　数据仓库的数据模型

目前，数据仓库一般是在数据库的基础上建立的，因此在概念模型和物理模型层次上与数据库并没有什么差异，这两类数据模型并不是数据仓库当前研究的重点。逻辑模型是数据仓库建设的核心部分，它描述了数据仓库主题的逻辑实现，是当前研究的重点。数据仓库的逻辑模型是多维数据模型，主要有星形模式、雪花形模式和事实星座模式等。

1. 星形模式

星形模式是最简单的多维数据模式，由两类表（事实表和维表）通过星形方式连接而成。事实表是星形模式的核心，围绕事实表的是维表，如图 5-6 所示。

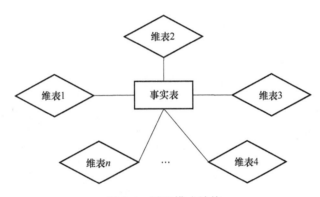

图 5-6　星形模式结构

事实表主要包含了业务数据信息，用于分析性查询，数据取值一般是度量值，数据量非常大。维表包含了事实表中所有维度的详细信息，一般是作为查询的约束条件，数据取值一般为描述性信息。

维表与事实表的关系是一对多或一对一，维表中的主关键字在事实表中作为外关键字存在，所有维表的主关键字组合起来作为事实表的主关键字。星形模式的维表只与事实表发生关联，维表与维表之间没有直接联系。图 5-7 展示了某销售公司数据仓库的星形模式。

与关系模型相比，星形模式将主要数据都放在庞大的事实表中，所以只要扫描事实表就可以进行查询，减少了表连接（Join）操作，查询访问效率较高。在星形模式中，维度表被故意地非规范化了，保存了该维度的所有层次信息，减少了查询时数据关联的次数，提高了查询效率，但是维表之间的数据共用性较差。

2. 雪花形模式

在进行数据仓库的数据建模时，有时因为维的层次比较复杂，在星形模式下，用一个维表来描述可能会形成过多的冗余数据，因此可以用多个层级的维表来描述事实表中的一个维度，这种模式称为雪花形模式，如图 5-8 所示。本质上，雪花形模式是对星形模式的扩展。

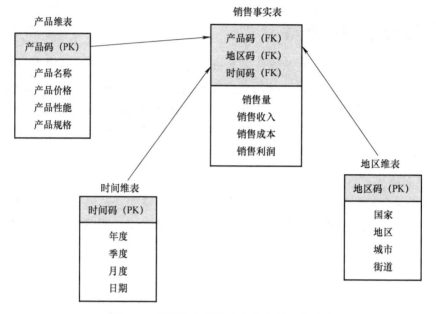

图 5-7　某销售公司数据仓库的星形模式

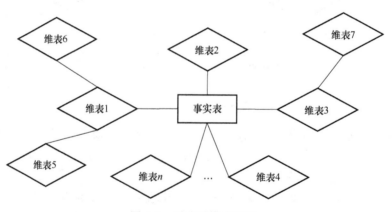

图 5-8　雪花形模式结构

在雪花形模式中，有些维表并不直接与事实表关联，而是通过其他维表与事实表关联，特别是派生维和实体属性对应的维，这样就减少了事实表中的一条记录。因此，当维度较多特别是派生维和实体属性维较多时，适合使用雪花形模式。图 5-9 展示了某销售公司数据仓库的雪花形模式。

在星形模式中，维表并不是规范化的。雪花形模式将星形模式的维表进行规范化，才能将原有的维表扩展出下一层级的维表，用不同维表之间的关联实现维的层次。虽然雪花形模式的维表规范化实现了维表重用，简化了维护工作。但是，查询时使用雪花形模式要比星形模式进行更多的关联操作，降低了查询效率。

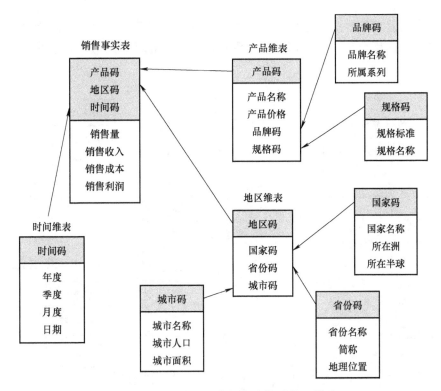

图 5-9　某销售公司数据仓库的雪花形模式

3. 事实星座模式

在目前的实际应用中，数据仓库通常由多个主题构成，并不会只有一个事实表，一般包含多个事实表，维表也是多层级的、公共的，各个事实表之间可能会共享某些维表，这种模式可以看作是星形模式的汇集，称为事实星座模式。事实星座模式的结构如图 5-10 所示。

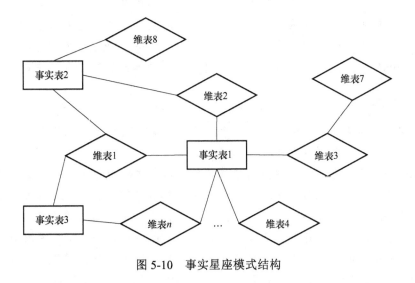

图 5-10　事实星座模式结构

事实星座模式是数据仓库最常用的逻辑模型，尤其是在企业级数据仓库中，事实星座模式占比远超于星形模式和雪花形模式。图 5-11 展示了某销售公司数据仓库的事实星座模式。

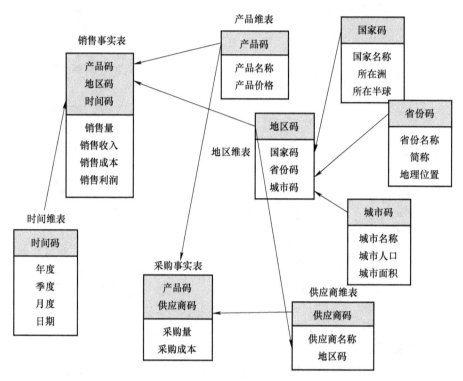

图 5-11　某销售公司数据仓库的事实星座模式

【相关案例 5-1】

Greenplum 在中信银行的应用

中信银行信用卡中心是国内银行业为数不多的几家分行级信用卡专营机构之一，也是国内最具竞争力的股份制商业银行信用卡中心之一。2008 年银行向消费者发卡约500 万张，而这个数字在 2010 年增加了一倍。随着业务的迅猛增长，业务数据规模也线性膨胀。

从 2010 年到 2011 年，中信银行信用卡中心实施了 Greenplum 数据仓库解决方案。实施 Greenplum 解决方案之后，中信银行信用卡中心实现了近似实时的商业智能（BI）和秒级营销，运营效率得到全面提升。

Greenplum 数据仓库解决方案为中信银行信用卡中心提供了统一的客户视图。借助客户统一视图，中信银行信用卡中心可以更清楚地了解其客户价值体系，能够为客户提供更有针对性和相关的营销活动。基于数据仓库，中信银行信用卡中心现在可以从交易、服务、风险、权益等多个层面分析数据。通过提供全面的客户数据，营销团队可以对客户按照低、中、高价值来进行分类，根据银行整体经营策略积极地提供相应的个性化服务。2011 年，中信银行信用卡中心通过其数据库营销平台进行了 1286

个宣传活动，每个营销活动配置平均时间从 2 周缩短到 2 ~ 3 天。市场活动中，银行答应客户在刷满一定金额或次数后送给他们的礼品，数据仓库的运用可以让客户在刚好满足条件的那次刷卡后马上获得礼品，实现了秒级营销，而不必像之前那样等待好几个工作日。2011 年的前三个季度，中信银行信用卡中心交易量增加 65%，比股份制商业银行的平均水平高 14%，比中国所有银行的平均值高 4%。

Greenplum 解决方案的一个核心的、独特的功能是，它采用了"无共享"的开放平台的 MPP 架构，此架构是为 BI 和海量数据分析处理而设计。目前，最普遍的关系数据库管理系统（如 Oracle 或 Microsoft SQL Server）都是利用"共享磁盘"架构来实现数据处理，会牺牲单个查询性能和并行性能。而使用 Greenplum 数据库提供的 MPP 架构，数据在多个服务器区段间会自动分区，而各分区拥有并管理整体数据的不同部分；所有的通信是通过网络互连完成，没有磁盘级共享或连接，使其成为一个"无共享"架构。Greenplum 数据库提供的 MPP 架构为磁盘的每一个环节提供了一个专门的、独立的高带宽通道，段上的服务器可以以一个完全并行的方式处理每个查询，并根据查询计划在段之间有效地移动数据。因此，相比普通的数据库系统，该系统提供了更高的可扩展性。

中信银行信用卡中心通过概念证明（POC）比较了多个数据仓库解决方案的可行性和成本效益。POC 结果证实，与其他产品相比，Greenplum 解决方案可以给中信银行信用卡中心提供最高级别的性能。同时，该解决方案与银行所使用的硬件、应用程序和数据源实现了有效集成。基于 Greenplum 解决方案提供的水平扩展功能，中信银行信用卡中心可以在需要的时候比较容易地添加模块化设备集群，以确保现有资源的优化，从而降低初始成本支出。据估算，Greenplum 解决方案使中信银行信用卡中心在初始成本支出方面节省了上千万元。此外，Greenplum 解决方案通过把数据集中在一个统一的平台，极大地减少了系统维护的工作量。以前中信银行信用卡中心使用数据集市的方案，而不是完整的数据仓库解决方案，需要两名工作人员来维护该系统。现在通过使用新的 Greenplum 解决方案，只需要一个工作人员，花一半的时间来维护系统。基于 Greenplum 解决方案在系统维护的便捷简单，中信银行信用卡中心每年减少了大约 500 万元的数据库维护成本，有助于减少解决方案的总拥有成本。

（资料来源：https://greenplum.cn/case/zhongxin/。）

5.3　大数据的处理框架

大数据时代，数据的增长速度越来越快、数据量也越来越大，大数据处理和应用需求急剧增长，如何满足 PB 级乃至 ZB 级数据快速处理的要求已成为学术界和企业界研究的重点，目前主流应用的大数据处理框架主要有 Hadoop 和 Spark。

5.3.1　Hadoop

由美国阿帕奇（Apache）软件基金会所开发的 Hadoop 是一个开源的分布式系统基础架构，任何用户均可以通过这个框架来开发和运行能够处理大数据的应用程序。Hadoop 包含两大核心部分：HDFS 和 MapReduce，分别实现了大数据集的数据分区和并行计算。Hadoop 集群具有良好的横向扩展性，其存储和计算能力随着集群主机数量的增加而不断扩展，拥有数百个主机的集群可以快速处理以 PB 为单位的数据集。

1. HDFS

HDFS 是 Hadoop 中实现大数据存储功能的分布式文件系统，采用主从架构，由一个名字节点（NameNode）和大量数据节点（DataNode）组成，如图 5-12 所示。

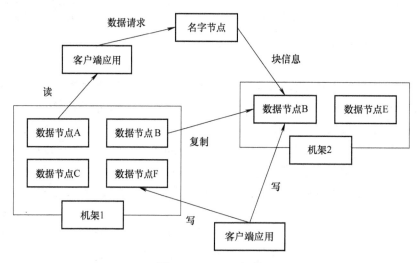

图 5-12　HDFS 架构

（1）名字节点。名字节点是 HDFS 中的核心节点，确定了文件系统内部唯一的命名空间，负责管理文件系统内部的名字空间（NameSpace）、元数据，以及控制客户端对文件的访问。名字节点不存储文件数据本身，存储的是文件数据块到具体数据节点的映射关系。名字节点负责执行文件系统名字空间的相关操作，如打开、关闭和重命名文件或目录等。

名字节点将文件系统元数据的变动持续记录到 Edit 事务日志中，并将其存储在本地文件系统，同时，定期将整个文件系统命名空间（包括数据块的映射表和文件系统的配置等信息）的快照存储于本地文件系统 FsImage 文件中。当名字节点重启时，Edit 事务日志将与 FsImage 文件合并，进行名字节点的灾后恢复。

（2）数据节点。HDFS 中的文件被分割成固定大小的数据块，由名字节点负责将这些数据块分配到相应的数据节点上。数据节点负责处理文件系统客户端的读写请求，在名字节点的统一调度下进行数据块的创建、删除和复制。数据节点上存储的是文件数据本身。

数据节点定期向名字节点发送心跳（Heartbeat）消息，每条信息包含一个数据块报告，名称节点可以根据这个报告验证块映射和其他文件系统元数据的情况。如果数据节点不能发送心跳消息，那么名称节点将采取修复措施，重新复制在该节点上丢失的数据块。

为了尽量减小系统全局的带宽消耗读延迟，HDFS 会尽量返回给读操作一个离它最近的数据块副本。假如在读节点的同一个机架上就有，则直接读取该数据块副本；如果集群跨越多个数据中心，那么本地数据中心的数据块副本优先于远程数据中心的数据块副本。

2. MapReduce

Hadoop 中的 MapReduce 是基于谷歌的 MapReduce 模型的开源实现，是一种并行计算架构，其中存在 JobTracker 和 TaskTracker 两类作业单元，如图 5-13 所示。

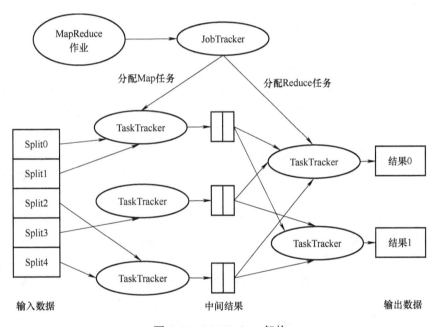

图 5-13　MapReduce 架构

JobTracker 主要对 MapReduce 作业的执行进行监督和管理，TaskTracker 负责 MapReduce 作业中 Map（映射）任务和 Reduce（归约）任务的具体实现。处理一个 MapReduce 作业主要包括以下几个过程：

（1）Data Splitting（数据分割）。当把一个 MapReduce 作业提交给 Hadoop 集群时，相关的输入数据首先被划分为多个片段，然后 JobTracker 挑选空闲的 TaskTracker，并将切分的数据片段发送到 TaskTracker 上。

（2）Mapping（映射）。TaskTracker 根据应用的需求执行 Map 任务，将不同的数据片段映射成相应的键值对（Key-Value），存储到哈希结构<k1，v1>中。

（3）Shuffling（洗牌）。为了提高计算效率。同时避免 Reducing 阶段发生数据相关性，要对由 Map 任务产生的中间结果进行再次划分和合并处理，保证具有相关性的数据发送到执行 Reduce 任务的同一个 TaskTracker 上。

（4）Reducing（归约）。由 JobTracker 挑选空闲的 TaskTracker 并行地执行 Reduce 任务，分析所接受到的键值对，如果是键相同的配对，那就将它们的值进行合并，从而获得与每个键值相对应的数据集合，将其作为运算结果。

MapReduce 能够有效地将用户提交的作业分布到大规模的计算节点上，非常适合在由大量计算机组成的分布式并行环境中进行数据处理。同时，MapReduce 通过把对数据集的大规模操作分发给网络上的每个节点来实现可靠性，每个节点会周期性地返回它所完成的工作和最新的状态。如果一个节点保持沉默超过预设的时间间隔，那么主控节点就会将该节点的状态标记为失效，并把分配给这个节点的数据发送到其他节点。此外，系统会进行一些计算性能的优化处理，如对最慢的计算任务执行多备份、选择最快的完成者作为结果。

3. Hadoop 的优势

基于 HDFS 和 MapReduce 的强大性能，开源的 Hadoop 自诞生起就受到广大学者和开发人员的喜爱。其优势主要体现在：

（1）高可靠性和容错性。HDFS 对于大数据集进行分区存储、备份，以及 MapReduce 的并行计算架构，均提高了系统的可靠性和容错性。比如，Hadoop 中的数据都有多处备份，如果一个地方的数据发生丢失或损坏，它能够自动地从其他的副本进行复原。类似地，失败的计算任务也可以分配到新的资源节点上，进行自动重试。

（2）低成本。基于高可靠性和容错性，Hadoop 搭建的集群系统可选用价格便宜、易于扩展的低端商用服务器，甚至是个人计算机都可以成为资源节点，不必选用价格昂贵、不易扩展的高端服务器。

（3）高扩展性。扩展分为纵向和横向，纵向是增加单机的资源，总是会达到瓶颈，而横向则是增加集群中的机器数量，获得近似线性增加的性能，不容易达到瓶颈。Hadoop 搭建的集群系统中的节点资源，采用的就是横向方式，可以方便地进行扩充，无论是存储性能还是计算性能均可随节点数的增加而保持近似于线性的提高。

（4）高效性。由于采用多个资源并行处理，Hadoop 不再受限于单机操作（特别是较慢的磁盘 I/O 读写），可以快速地完成大规模任务。加上其所具有的高扩展性，随着硬件资源的增加，性能将会得到进一步的提升。另外，HDFS 和 MapReduce 均采用数据就近处理的策略，减少了系统中的数据通信开销。

（5）透明性。Hadoop 提供了一种抽象机制，对应用开发人员隐藏了系统层细节，应用开发人员可以在不了解底层细节的情况下，开发和运行分布式程序。比如，在 MapReduce 中，开发人员仅需描述需要计算什么，致力于其应用本身计算问题的算法设计，而具体如何计算则交由系统处理。

4. YARN

随着不断发展和应用程度的加深，人们也逐渐意识到第一代 Hadoop 中存在的一些问题。比如，HDFS 的名字节点和 MapReduce 的 JobTracker 均存在单点故障风险，不利于系统稳定。另外，将 JobTracker 作为 Hadoop 集群的资源管理器，除了 MapReduce

作业以外，Hadoop 集群不能够再运行其他作业，容易造成集群资源的浪费。面对第一代 Hadoop 存在的问题，大量研究人员开始开发新的 Hadoop 架构，目前已推出基于 YARN（Yet Another Resource Negotiator）的 Hadoop 2.x 系列版本，使得 Hadoop 架构更加完善。

YARN 是 Hadoop 中全新的分布式资源管理器，也称为通用应用程序调度器，为所有建立在 YARN 之上的应用程序提供了统一的资源管理和调度服务，其架构如图 5-14 所示。

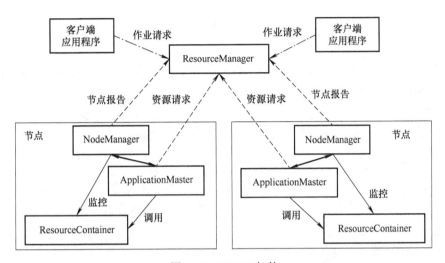

图 5-14　YARN 架构

为从根本上解决原有 MapReduce 架构的性能瓶颈，YARN 将原有 JobTracker 的主要功能（资源管理和作业调度/监控）进行了分解，创建了一个全局的 ResourceManager 和若干个管理应用程序的 ApplicationMaster。这里所说的应用程序既可以是传统意义上的 MapReduce 作业，也可以是基于有向无环图（DirectedAcyclicGraph，DAG）的作业。

YARN 主要包含以下四个组件：

（1）ResourceManager 是一个全局的资源管理器，负责整个系统的资源管理和分配。它主要由两个组件构成：调度器（Scheduler）和应用程序管理器（ApplicationManager）。调度器负责分配应用程序运行所需的资源；应用程序管理器负责处理客户端提交的作业以及协调 ResourceContainer 来给 ApplicationMaster 使用。

（2）NodeManager 是 ResourceManager 在集群中所有运行节点上的代理，主要负责启动 ResourceContainer 以及周期性地监视该 ResourceContainer 运行占用的资源情况，若是超过了原有声明的资源量，则会终止相关进程的运行。

（3）ApplicationMaster 是针对每个应用程序的应用管理器，与 NodeManager 协同工作管理和监控部署在 YARN 集群上各种应用程序的运行实例。

（4）ResourceContainer 是用来管理 YARN 集群中各种资源的容器，包括内存、CPU、磁盘和网络等资源。每个应用程序需要不同类型的资源，因此需要不同的容器，与之前 MapReduce 固定类型的资源使用模型有显著区别。

此外，基于 YARN 的 Hadoop 2.x 系列版本还为 HDFS 引入了两个重要的新功能：联盟（Federation）和高可用性（High Available，HA）。联盟允许在多个名字节点主机之间共享元数据，有助于 HDFS 增强扩展性，并且还提供数据隔离功能，允许不同的应用程序或开发团队运行自己的名字节点，从而不必担心影响同一集群上的其他名字节点。高可用性消除了原有架构中存在的单点故障风险，提供了主备名字节点自动切换的能力。

5.3.2 Spark

随着大数据的发展，人们对大数据的处理要求越来越高，MapReduce 的批处理架构适合离线计算，无法满足对实时性要求较高的作业，如实时推荐、用户行为分析等，因此，美国加州大学伯克利分校的 AMP 实验室用 Scala 语言开发出了开源分布式轻量级通用计算框架 Spark，可以有效地满足大数据处理的需求。

1. Spark 的特征

Spark 框架采用了基于内存的设计思想，可以将作业处理过程中的中间结果保存在内存中，不再需要读写底层的 HDFS，在性能上比 MapReduce 快 100 倍左右，但其对内存的要求非常高，集群中一个节点通常需要配置 24GB 的内存。因此，有时把 MapReduce 称为批处理计算框架，把 Spark 称为实时计算框架、内存计算框架或流式计算框架。

Spark 易于使用，支持多语言（Scala、Java、R、Python 等）编写程序，降低了开发者的工作难度。Spark 自带 80 多个算子，同时允许在命令解释程序（Shell）中进行交互式计算，利用 Spark 可以像编写单机程序一样编写分布式程序，并搭建大数据内存计算平台，实现海量数据的实时处理。

Spark 充分利用和集成了 Hadoop 等其他第三方组件，既可以采用独立部署的方式运行，也可以运行在 YARN 等集群管理系统之上，还可以运行在任何 Hadoop 数据源上，如 Hive、HBase、HDFS 等，用户可以容易地迁移已有的持久化层数据。

2. Spark 生态系统

目前，Spark 已经发展成为包含众多子项目的大数据计算平台，为用户提供大数据处理的一站式解决方案。

除了简单的 Map 及 Reduce 功能之外，Spark 生态系统还包括支持 SQL 查询与分析的查询引擎 Spark SQL、具有机器学习功能的系统 MLbase 及底层的分布式机器学习库 MLlib、并行图计算框架 GraphX、流计算框架 Spark Streaming、采样近似计算的查询引擎 BlinkDB、内存分布式文件系统 Tachyon、资源管理框架 Mesos 等子项目。这些子项目在 Spark 上层提供了更高层、更丰富的计算范式，如图 5-15 所示。

3. Spark 的组成

与 Hadoop 类似，Spark 也采用了主从架构的模式，主进程节点负责控制整个集群、调配集群资源，从进程节点负责具体作业的执行、完成计算任务。Spark 的基本架构如图 5-16 所示。Spark 的核心概念主要有：

（1）Client：客户端进程，负责提交 Spark 作业。

（2）Driver：主要负责 Spark 作业的解析，并创建 Spark Context；调用内部 DAG Scheduler 将作业转化为基于阶段的 DAG，进而通过 Task Scheduler 分发 Task 给 Executor 执行。

（3）Executor：负责执行 Driver 分发的 Task。集群中一个从进程节点可以启动多个 Executor，每个 Executor 可以执行多个 Task。

（4）Task：Spark 运行的基本单位，负责处理 RDD 的计算逻辑。

（5）SparkContext：作业的上下文，控制作业的生命周期，与 Spark 作业一一对应。

（6）DAG：有向无环图。Spark 实现了 DAG 的计算模型，将一个计算任务按照计算规则分解为若干子任务，这些子任务之间根据逻辑关系构建成有向无环图。

（7）RDD：弹性分布式数据集（Resilient Distributed Dataset），可以理解为一种只读的分布式多分区的数组。Spark 计算操作都是基于 RDD 进行的，是 Spark 的基本计算单元，一组 RDD 可形成执行的 RDD Graph。

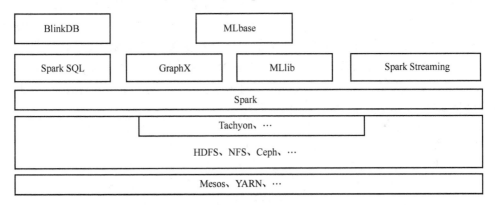

图 5-15 Spark 生态系统

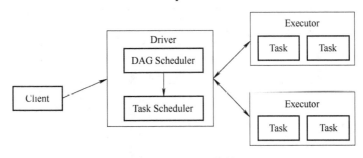

图 5-16 Spark 架构

一个完整的 Spark 作业流程主要包含以下几个步骤：

（1）Client 提交作业请求。

（2）根据作业请求，主进程节点调用从进程节点启动 Driver 组件，Driver 组件向主进程节点申请资源，然后将作业转化为 RDD Graph。

（3）Driver 内的 DAGScheduler 将 RDD Graph 转化为基于阶段的 DAG 提交给 Task Scheduler。

（4）Task Scheduler 根据 DAG 调度 Executor 执行相应的 Task，在执行的过程中，其他组件协同工作，确保整个作业的顺利执行。

4. 弹性分布式数据集（RDD）

RDD 是 Spark 的核心数据结构，从字面上理解有些困难，它是一种分布式多分区只读的数组，Spark 计算操作都是基于 RDD 进行的。RDD 具有几个特性：只读、多分区和分布式。生成 RDD 的方式有很多种，可以将 HDFS 块文件转换成 RDD，也可以由一个或多个 RDD 转换成新的 RDD，失效的 RDD 会自动进行重构。

在 Spark 中，RDD 提供 Transformation 和 Action 两种算子。Transformation 算子内容非常丰富，采用延迟执行的方式，在逻辑上定义了 RDD 的依赖关系和计算逻辑，但并不会真正触发执行动作。只有 Action 算子才会触发真正执行操作。Action 算子常用于最终结果的输出。

如图 5-17 所示，在 Spark 应用中，整个执行流程在逻辑上会形成 DAG 模型。Action 算子触发之后，将所有累积的算子形成一个 DAG，然后由调度器调度该图上的任务进行运算。Spark 的调度方式与 MapReduce 有所不同。Spark 根据 RDD 之间不同的依赖关系切分形成不同的阶段，一个阶段包含一系列函数执行流水线。图中共有四个不同的 RDD，RDD 内的方框代表分区。数据从 HDFS 输入 Spark，生成 Spark RDD，经过 map、filter、join 等多次 Transformation 算子操作，最终调用 saveAsTextFileAction 算子将结果集输出到 HDFS，并以文件形式保存。

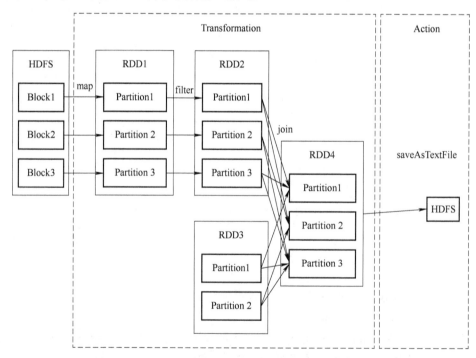

图 5-17　Spark 运行逻辑

与 Hadoop 使用数据复制来实现容错性不同，Spark 使用 RDD 来实现数据的容错性。如果 RDD 的一个分区丢失，因其含有重建这个分区的相关信息，就避免了使用数据复制来保证容错性的要求，从而减少了对磁盘的访问次数。通过 RDD，后续步骤需要相同数据集时不必重新计算或从磁盘加载，使得 Spark 非常适用于流水线式的处理。

【相关案例 5-2】

What is a LakeHouse?

数据仓库技术自 1980 诞生以来一直在发展，其在决策支持和商业智能应用方面拥有悠久的历史，而 MPP 体系结构使得系统能够处理更大数据量。但是，虽然数据仓库非常适合结构化数据，但许多现代企业必须处理非结构化数据、半结构化数据，以及具有高多样性、高速度和高容量的数据。数据仓库不适用于许多此类场景，并且也不是最具成本效益的。

随着企业开始从许多不同源收集大量数据，架构师开始构想一个单一的系统来容纳不同分析产品和工作负载的数据。于是，企业开始构建数据湖：各种格式原始数据的存储库。数据湖虽然适合存储数据，但缺少一些关键功能：不支持事务、无法提高数据质量、缺乏一致性/隔离性，导致几乎不可能混合处理追加和读取、批处理和流处理作业。由于这些原因，数据湖之前的许多承诺无法实现，在许多情况下还会失去数据仓库的许多好处。

企业对灵活、高性能系统的需求并未减少，如需要各类数据应用程序，包括 SQL 分析、实时监控、数据科学和机器学习的系统。人工智能的大部分最新进展是有可用于更好处理非结构化数据（文本、图像、视频、音频）的模型，这些恰恰是数据仓库未优化的数据类型。一种常见的解决方案是使用多个系统，即一个数据湖、几个数据仓库以及其他专用系统（如流、时间序列、图形和图像数据库系统）。维护大量系统会引入额外的复杂性，更重要的是会带来延迟，因为数据专业人员需要在不同系统间移动或复制数据。

解决数据湖限制的新系统开始出现——LakeHouse 是一种结合了数据湖和数据仓库优势的新范式。LakeHouse 使用新的系统设计：直接在用于数据湖的低成本存储上实现与数据仓库中类似的数据结构和数据管理功能。

LakeHouse 有如下关键特性：

（1）事务支持。企业内部许多数据管道通常会并发读写数据，对 ACID 事务支持确保了多方可使用 SQL 并发读写数据。

（2）模式执行和治理（Schema Enforcement and Governance）。LakeHouse 应该有一种可以支持模式执行和演进、支持 DW 模式的范式（如 star/snowflake-schemas）。该系统应该能够推理数据完整性，并具有健壮的治理和审计机制。

（3）BI 支持。LakeHouse 可以直接在源数据上使用 BI 工具。这样可以提高数据新鲜度，减少等待时间，降低必须同时在数据湖和数据仓库中操作两个数据副本的成本。

（4）存储与计算分离。这意味着存储和计算使用单独的集群，因此这些系统能够支持更多用户并发和更大的数据量。一些现代数据仓库也具有此属性。

（5）开放性。使用的存储格式（如 Parquet）是开放式和标准化的，并提供 API 以便各类工具和引擎（包括机器学习和 Python/R 库）可以直接有效地访问数据。

（6）支持从非结构化数据到结构化数据的多种数据类型。LakeHouse 可用于存储、优化、分析和访问许多数据应用所需的数据，包括图像、视频、音频、半结构化数据和文本等数据类型。

（7）支持各种工作负载，包括数据科学、机器学习以及 SQL 和分析。可能需要多种工具来支持这些工作负载，但它们底层都依赖同一数据存储库。

（8）端到端流。实时报表是许多企业中的标准应用。对流的支持消除了需要构建单独系统来专门用于服务实时数据应用的需求。

以上是 LakeHouse 的关键特性，企业级系统可能还需要其他功能特性，如安全和访问控制工具是基本要求，尤其是根据最近的隐私法规，包括审核、保留和沿袭（Lineage）在内的数据治理功能变得至关重要。可能还需要使用数据发现（Data Discovery）工具，例如数据目录（Catalog）和数据使用指标。使用 LakeHouse，只需为单个系统实施、测试和管理此类企业功能。

Databricks 平台具有 LakeHouse 的特性。微软的 Azure Synapse Analytics 服务与 Azure Databricks 集成，可实现类似 LakeHouse 的模式。其他托管服务（例如 BigQuery 和 Redshift Spectrum）具有上面列出的一些 LakeHouse 的功能特性，但它们是主要针对 BI 和其他 SQL 应用的。企业若想构建系统，可参考适合于构建 LakeHouse 的开源文件格式（Delta Lake，Apache Iceberg，Apache Hudi）。

将数据湖和数据仓库合并至一个系统意味着数据团队可以更快地工作，因为他们无须访问多个系统便可使用数据。在早期的 LakeHouse 中，SQL 与 BI 工具的集成通常足以满足大多数企业数据仓库的需求。虽然可以使用物化视图和存储过程，但用户可能需要采用其他机制，这些机制与传统数据仓库中的机制不同。后者对于 "lift and shift scenarios" 尤为重要，"lift and shift scenarios" 要求系统所具有的语义与旧的商业数据仓库的语义几乎相同。

LakeHouse 对其他类型数据应用的支持又如何呢？LakeHouse 的用户可以使用各种标准工具（Spark、Python、R、机器学习库）来处理如数据科学和机器学习等非 BI 工作负载。数据探索和加工是许多分析和数据科学应用程序的标准。Delta Lake 可以让用户逐步改进 LakeHouse 的数据质量，直到可以使用为止。

尽管分布式文件系统可以用于存储层，但对象存储在 LakeHouse 中更为常见。对象存储提供低成本、高可用的存储，在大规模并发读取方面表现出色，这是现代数据仓库的基本要求。

LakeHouse 是一种新的数据管理范式，从根本上简化了企业数据基础架构，并且有望在机器学习已渗透到每个行业的时代加速创新。过去企业产品或决策中涉及的大多数数据都来自操作系统的结构化数据，而如今，许多产品都以计算机视觉和语音模型、文本挖掘等形式集成了 AI。而为什么要使用 LakeHouse 而不是数据湖来进行 AI？

是因为 LakeHouse 可以提供数据版本控制、治理、安全性和 ACID 属性，即使对于非结构化数据也是如此。

当前 LakeHouse 降低了成本，但它们的性能仍然落后于专门的系统（如数据仓库），不过专门的系统需要数年的投入和实际部署。同时用户可能会偏爱某些工具（BI 工具、笔记本电脑等），因此 LakeHouse 也需要改善其 UX（用户体验）以及与流行工具的连接器，以便更有吸引力。随着技术的不断成熟和发展，这些问题将得到解决。随着时间的推移，LakeHouse 将缩小这些差距，同时保留更简单、更具成本效益、有更强大的能力的核心属性。

（资料来源：https://cloud.tencent.com/developer/article/1596743。）

本章小结

本章围绕大数据存储与处理方面的知识，对大数据的存储方式、数据仓库和大数据的处理框架进行了详细介绍。其中大数据存储方式的相关内容包含分布式文件系统、NoSQL 数据库和云存储三个部分，详细介绍了分布式文件系统的概念和特点、几种典型的分布式文件系统、NoSQL 数据库的概念和特点、NoSQL 数据库的主要存储方式、云存储的概念和基本架构、云存储的优势和劣势。数据仓库是重要的存储技术和决策支持工具，因此本章分别阐述了数据仓库的概念和特征、数据仓库系统的组成以及数据仓库的逻辑模型，对比了数据仓库与操作数据库的区别。此外，针对大数据处理的相关内容，本章重点讲解了大数据的 Hadoop 处理框架和 Spark 处理框架，介绍了 Hadoop 的概念和组成、HDFS 和 MapReduce 的组成和运行机制、YARN 的组成架构、Spark 的概念和特征、Spark 的生态系统、Spark 的组成及 Spark 的运行逻辑等。

习　题

1. 名词解释

（1）文件系统；（2）分布式文件系统；（3）NoSQL 数据库；（4）云存储；（5）数据仓库；（6）操作数据库；（7）Hadoop；（8）YARN；（9）Spark；（10）RDD

2. 单选题

（1）下面哪个不是典型的分布式文件系统（　　）。

A. NTFS　　　　B. HDFS　　　　C. GFS　　　　D. GPFS

（2）NoSQL 数据库的存储方式不包括（　　）。

A. 键值式存储　　B. 文档式存储　　C. 行式存储　　　D. 图形式存储

（3）数据仓库的基本特征不包括（　　）。

A. 面向过程的　　B. 集成的　　　　C. 时变的　　　　D. 非易失的

（4）数据仓库的逻辑模型不包括（　　　）。

A. 事实星座模式　　　　　　　　　B. 星形模式

C. 关系型模式　　　　　　　　　　D. 雪花形模式

（5）Hadoop 的两大核心是（　　　）。

A. HDFS 和 MapReduce　　　　　　B. HDFS 和 YARN

C. Spark 和 MapReduce　　　　　　D. MLlib 和 Hive

（6）Hadoop YARN 中的负责全局资源管理的是（　　　）。

A. ResourceContainer　　　　　　　B. ApplicationMaster

C. ResourceManager　　　　　　　D. JobTracker

（7）Spark 的运行核心是（　　　）。

A. Task　　　　B. RDD　　　　C. DAG　　　　D. Client

（8）Spark 中负责作业解析的组件是（　　　）。

A. SparkContext　B. RDD　　　　C. Executor　　　D. Driver

3. 填空题

（1）文件系统主要由三个部分组成，分别是：_____、_____、_____。

（2）NoSQL 数据库的主要存储方式有：_____、_____、_____、_____。

（3）数据仓库系统的组成有：_____、_____、_____、_____、_____。

（4）数据仓库的逻辑模型有：_____、_____、_____。

（5）YARN 的构成组件包括：_____、_____、_____、_____。

（6）Spark 生态系统的主要功能模块包括：_____、_____、_____、_____。

4. 简答题

（1）简述 NoSQL 数据库的特点。

（2）简述云存储的优势。

（3）对比数据仓库与操作数据库的区别。

（4）简述 MapReduce 的作业流程。

（5）Hadoop 的优势有哪些？

（6）简述 Spark 的作业流程。

第 6 章

大数据分析方法

本章学习要点

知识要点	掌握程度	相关知识
大数据分析方法的类型	了解	四种划分标准下的大数据分析方法的类型，以及各种类型下大数据分析方法的概念
大数据分析方法的步骤	熟悉	大数据分析方法的活动步骤及注意事项
关联规则	掌握	关联规则的相关概念、关联规则的分类、Apriori 算法、FP-Growth 算法
分类与预测	掌握	分类过程、决策树模型
聚类	掌握	k-means 算法、k-中心聚类的定义、步骤和优缺点
时间序列分析概述	了解	时间序列和时间序列分析的概念、分类
确定性时间序列分析	掌握	简单移动平均法、一次指数平滑法、季节指数法
随机性时间序列分析	熟悉	差分自回归滑动平均模型的基本概念和建模步骤
人工神经网络概述	了解	人工神经网络的概念、结构与分类，人工神经网络与人工智能的区别
人工神经网络模型	熟悉	多层感知器的概念和结构
人工神经网络训练方法	了解	梯度下降法

数据分析是大数据价值链最为重要的一个阶段，其目的是提取数据中隐藏的有价值的信息，为制定正确的决策提供有效的支持。数据分析的应用范围极广，包括从产品的市场调研到售后服务以及最终处置，都需要运用数据分析。掌握正确的大数据分析方法和大数据处理模式对于研究人员来说至关重要。因此，本章主要介绍大数据分析方法的基本概念和常用的分析方法，如关联规则、时间序列分析和人工神经网络等。

6.1 大数据分析方法概述

在互联网应用、科学研究、商业智能和电子商务等领域，数据量的增长速度非常快，要想分析和利用好这些数据，必须依赖有效的数据分析方法。因此，学习大数据分析方法具有重要的实际意义。

6.1.1 大数据分析方法的类型

大数据分析是指用适当的统计分析方法对采集的大量数据进行分析，并将这些数据加以汇总、理解和消化，从中提取有用的信息，进而形成结论，以求最大化地开发数据的功能和发挥数据的作用。根据不同的划分标准，大数据分析方法可分成不同的类型。

1. 按任务难度和产生价值划分

依据任务难度和产生价值两个维度，大数据分析方法可以划分为描述分析、诊断分析、预测分析和规范分析四个层次，如图 6-1 所示。

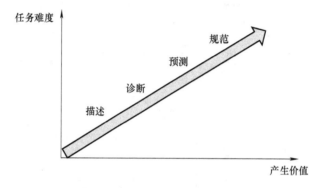

图 6-1 按任务难度和产生价值两个维度划分的四个层次

（1）描述分析。描述分析用来描述事情发生的结果，是通过历史数据来说明发生的事件。它的任务难度和产生的价值都是相对比较低的。比如，利用回归分析，依据债券的面值、发行方式、发行数量和发行季节来预测赎回率；依据温度、大气压力和湿度来预测风速等。

（2）诊断分析。诊断分析用来分析事情发生的原因。它的任务难度和产生的价值比描述分析高。例如，利用因果推断法，研究在医学领域中某种药物对某些人群和某种疾病的功效；在经济学中研究，多接受一年教育与居民收入高低的关系。

（3）预测分析。预测分析用来预测未来事件的演化趋势和发生的概率。它的任务难度和产生价值相对于描述分析和诊断分析来说更高。通过预测分析，将学习到的知识和规律应用到未来，可以更好地对未来的情况进行判断。例如，预测模型使用对数回归和线性回归等统计技术发现数据趋势并且预测未来的输出结果。

（4）规范分析。规范分析用来控制事情发生的轨迹，用于决策制定以及提高分析效率。它的任务难度和产生价值是这四个层次中最高的。例如，通过仿真来分析复杂系统，以了解系统行为并且发现问题，然后通过其他技术给出最优解决方案。

2. 按统计学领域划分

在统计学领域中，大数据分析方法的类型有描述性分析（Descriptive Analysis，DA）、探索性分析（Exploratory Analysis，EA）和验证性分析（Confirmatory Analysis，

CA）。描述性分析用来说明发生的事件；探索性分析致力于找出事物内在的本质结构；验证性分析主要检验已知的特定结构是否按照预期的方式发挥作用。如果分析者没有坚实的理论基础来支撑有关观测变量内部结构的假定，那么通常先用探索性分析，然后在探索性分析产生结果的基础上用验证分析。

（1）描述性分析。描述性分析是指通过图表形式加工处理和显示采集的数据，进而综合概括和分析出客观现象中的规律，即描绘或总结所采集到的数据。描述数据的指标包括数据集中趋势和数据离中趋势方面的指标。

描述数据集中趋势的指标有平均数、中位数、众数等。

① 平均数。平均数是指一组数据中所有数据之和再除以这组数据的个数，它可以较好地度量数据的集中趋势，但是容易受极端值的影响。在一组数据中，平均数具有唯一性。平均数是一个"虚拟"的数，通过计算得出，不是数据中的原始数据。

② 中位数。将一组数据按照从小到大的顺序排列，如果数据个数为奇数，则中位数为排列后处于中间位置的那个数；如果数据个数为偶数，则中位数为排列后数据的中间两个数据的平均数。中位数适用于对定量数据的集中趋势分析，但不适用于分类数据，不受极端值的影响。

③ 众数。众数是指在统计分布上有显著集中趋势点的数值，是一组数据中出现次数最多的数据，主要用于描述分类数据的特点。众数一般在数据量较大的情况下才有意义，不受极端值的影响，但是可能存在多个众数或者没有众数的情况。

描述数据离中趋势的指标有极差、分位距、平均差、标准差、离散系数等。

① 极差。极差也称为全距，是数据样本中的最大值和最小值的差值，极差说明了数据值的最大变动范围，但是未考虑中间值的变动情况，并且容易受极端数值影响。例如在考试中，一个班学生得分的极差为60，反映了学习最好和最差的学生的得分差距为60。

② 分位距。分位距是对全距的一种改进，它是从一组数据中剔除一部分极端值后重新计算的指标。最常见的分位距为四分位距。四分位距排除了数列两端各25%单位标志值的影响，反映了数据组中间部分的离中趋势。

③ 平均差。平均差为各变量与平均值的差的绝对值总和除以总数。平均差以平均数为中心，能够全面准确地反映一组数据的离散状况：平均数差越大，说明数据离散程度越大，反之，离散程度越小。平均差不便于数学处理和参与统计分析运算。

④ 标准差。若一组数据的个数为 n，则标准差为各变量与平均值的差的平方和除以 $(n-1)$。标准差是一组数据平均值分散程度的一种度量，标准差较大，代表大部分数值和其平均值之间差异较大；标准差较小，代表这些数值较接近平均值。

⑤ 离散系数。离散系数用来比较数据平均水平不同的两组数据离中程度的大小，即相对离中程度。它是一个无量纲指标，因此在比较量纲不同或均值不同的两组数据时，应该采用离散系数而非标准差作为参考指标。离散系数为标准差与平均值之比。

为了更好地理解数据离中趋势的指标，可以用一组数据来说明，这组数据为（1，3，6，2，8，4，6，10）。将这组数组按照从小到大排列：（1，2，3，4，6，6，8，10）。通过计算可得，这组数据平均数为5，极差为9，平均差为2.75，标准差为12.86，离散系数为 2.57。对于四分位距的计算，由于这组数据的第一个四分位在第二、三个数字之间，平均数为 2.5；第二个分位数为 5；第三个分位数为 7，所以，这组数据的四分位距为 2.25。

（2）探索性分析。探索性分析是在 20 世纪 60 年代由美国著名统计学家约翰·图基提出的，它是指在尽量少的先验假设下对已有的原始数据进行探索性分析，通过作图、制表、方程拟合和计算特征量等手段研究数据的结构和规律的一种数据分析方法。探索性分析主要有三个特点：在分析思路上探索数据的内在规律，不局限于某种数据的假设；方法灵活多样；工具简单直观、易于普及。探索性分析和传统统计方法的特点对比如表 6-1 所示。

表 6-1　探索性分析和传统统计方法的特点对比

探索性分析	传统统计方法
探索数据内在规律，不进行数据假设	先假定一个模型，后使用适合此模型的方法进行拟合、分析和预测
方法灵活多样，分析者能够一目了然地看出数据中隐含的有价值的信息	以概率论为基础，使用假设检验和置信区间等处理工具
工具简单直观、更易于普及，强调数据可视化	比较抽象和深奥

（3）验证性分析。验证性分析是指运用各种定性或定量的分析方法和理论，对事物未来发展的趋势进行判断和推测，并且构建出相应的模型，然后通过已有的数据验证所提出的模型。它包括构建因子模型、收集观测值、获得相关系数矩阵、根据数据拟合模型、评价模型是否合理这几个步骤，如图 6-2 所示。

1）构建因子模型。构建因子模型包括选择因子的个数和载荷，载荷可以事先定为 0 或者其他常数。

2）收集观测值。定义模型之后，根据研究目的收集观测值。

3）获得相关系数矩阵。因为基于原始数据相关系数矩阵的分析结果具有可比性，所以在拟合模型之前要根据资料获得所需的相关系数矩阵。

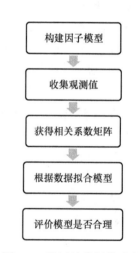

图 6-2　验证性分析的步骤

4）根据数据拟合模型。选择方法估计自由变化的因子载荷。在多元正态分布的条件下，常用的方法有极大似然估计和渐进分布自由估计。

5）评价模型是否合理。当因子模型能够拟合数据时，因子载荷的选择要使模型暗含的相关系数矩阵与实际观测矩阵之间的差异最小。常用的模型适应性检验方法是卡方拟合优度检验。

3. 按探索自然的过程划分

依据探索自然的过程，大数据分析方法可以划分为定性分析和定量分析。定性分析侧重于物理模型的建立和数据意义的阐述；定量分析为信息研究提供数量依据，侧重于数学模型的建立和求解。定性分析和定量分析是相互补充的，定性分析是定量分析的前提，定量分析使定性分析更加科学准确。

（1）定性分析。定性分析是指运用归纳演绎、文献分析、参与经验、历史回顾、抽象概括、访问观察等方法获得各种资料，并用非量化的手段对这些资料进行研究分析，最后得到研究结论的方法。定性分析是对研究对象"质"方面的分析，主要依靠分析者的经验和直觉，凭借对研究对象过去、现在的状态和最新的信息资料，对分析对象的各种特征和发展规律做出的判断。例如，对于中国房价影响因素的研究，一些专家和学者的研究以及通过现实生活经验得到数据就是定性分析。

（2）定量分析。定量分析是一种事实判断，是指根据统计数据建立数学模型，从而计算出研究对象各项指标和数值的方法。定量分析是对数量特征、数量变化及数量关系方面的分析，其目的是描述和揭示研究对象的发展趋势和内在规律。例如，对于中国房价影响因素的研究，通过居民人均可支配收入、土地配置费、商品房施工面积等指标建立多元线性回归模型就是定性分析。定性分析和定量分析的区别如表 6-2 所示。

表 6-2　定性分析和定量分析的区别

比较项目	定性分析	定量分析
样本	无代表性的小样本	有代表性的大样本
分析方法	非统计方法	统计方法
优点	操作简便	结果直观简洁、应用效果好
缺点	主观性强、应用效果不好	操作困难

4. 按数据分析的实时性划分

根据数据分析的实时性划分，大数据分析方法的类型可以划分为在线数据分析和离线数据分析两种。

（1）在线数据分析。在线数据分析也称为联机分析处理，它根据分析人员的要求，可以对数据进行快速查询处理，并且将最终结果以一种通俗易懂的形式提供给管理人员，以便他们做出正确的决策来增加收益。在线数据分析分析灵活、分析结果可视化、数据操作直观，一般应用于金融、交通导航等领域。

（2）离线数据分析。离线数据分析通常用于复杂、耗时的数据分析和处理，并且需要构建在云计算平台上，例如开源的 HDFS 文件系统、MapReduce 运算框架。它一般应用于工程建筑、精准营销等领域。在线数据分析和离线数据分析的区别如表 6-3 所示。

表 6-3　在线数据分析和离线数据分析的区别

在线数据分析	离线数据分析
实时处理用户请求	不能实时处理用户请求
允许用户随时更改分析的约束和限制条件	用户不可随时更改分析的约束、限制条件
处理的数据量少	处理的数据量大
要求数秒内返回准确的分析结果	对反馈时间要求不严格

6.1.2 大数据分析方法的步骤

处在大数据时代，如何有效地从海量的数据中获取有价值的信息对企业和科研人员来说至关重要。大数据分析方法有很多种，不同的分析方法具有不同的分析步骤，但是有五个步骤是每种大数据分析方法必不可少的——数据获取和储存、数据信息抽取和无用信息清洗、数据整合和表述、数据模型的建立和结果分析、结果阐述，如图 6-3 所示。

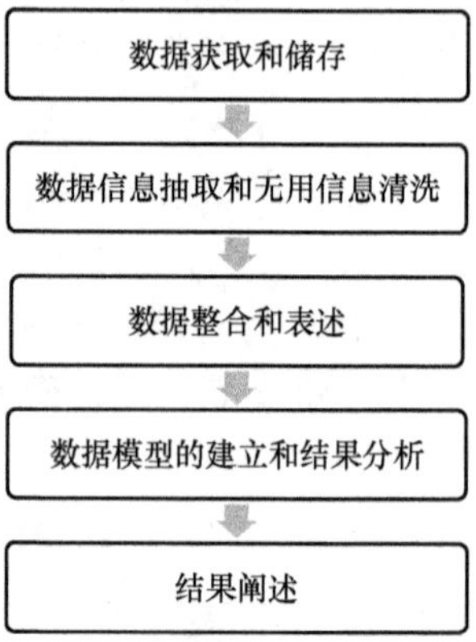

在实际实施大数据分析方法的五个步骤时应该注意以下几个方面：

1. 识别信息需求

识别信息需求是确保数据分析过程有效性的首要条件，可以为收集数据、分析数据提供清晰的目标。识别信息需求是数据分析师的职责，数据分析师应该根据决策和过程控制的需求，提出对信息的需求。

2. 采集数据

有目的地采集数据可以为数据分析过程的顺利进

图 6-3　大数据分析方法的步骤

行打下坚实基础。在数据采集的过程中，应该将识别的需求转化为具体的要求；明确数据采集的方法、渠道、采集者以及采集时间和地点；采取一定的措施防止数据丢失和虚假数据的情况发生。常用的采集数据的方法有 DPI 采集法、系统日志采集法和网络数据采集法。

3. 数据预处理

最初收集到的数据可能是杂乱无章、高度冗余的，看不出规律。如若直接对这些数据进行分析，则会产生耗费时间、分析结果不准确的情况。所以，在对数据进行分析之前需要对其进行预处理。常用的数据预处理的方法有数据清理、数据集成、数据变换、数据归约、数据去冗余。

4. 数据分析

数据分析是将预处理后的数据进行加工处理、分析整理，让其转化为有价值的信息。数据分析主要依靠的技术有统计分析、数据挖掘、机器学习和可视化分析。统计分析是指运用数学方式建立数学模型，并且对获取的各种数据进行数理统计和分析，从而形成定量结论的一种研究方法。数据挖掘是指从海量数据中搜索隐藏信息的过程。机器学习从数据中自动分析获得规律，并且利用规律对未知数据进行预测。可视化分析以图形的方式清晰有效地展示信息，从而方便解释数据之间的特征和属性情况。常用的可视化工具有调查表、排列图、控制图、分层法、系统图、矩阵数据图、关联图、矩阵图等。

5. 评价并且改进数据分析的有效性

数据分析是质量管理体系的基石，管理者应当通过以下几个方面来评估其有效性：

（1）数据采集的目的是否明确、采集的数据是否完备和有效、采集信息的渠道和方法是否恰当。

（2）数据分析的方法是否合理。

（3）数据分析需要的资源能否提供。

（4）提供给决策者的信息是否完整可信，是否存在因信息不完整、不准确而导致决策失误的情况。

（5）最终分析得到的结果是否与期望值一样，是否能够在产品实现过程中有效运用。

6.2　数据挖掘的主要方法

数据分析是为了提取有用信息并且形成结论，进而对数据加以详细研究和概括总结的过程。大数据对企业来说是非常有价值的财富，只有掌握了正确的大数据分析方法和大数据处理模式，才能起到事半功倍的效果。常用的数据挖掘方法有关联规则、分类与预测和聚类，下面逐一进行介绍。

6.2.1　关联规则

1993 年，美国学者安格沃尔首先提出了关联规则的概念。关联规则最初提出的动机是针对超市购物篮的分析。通过分析超市消费者交易数据，超市管理人员得出顾客类型和购买产品的分类等，进而据此改善超市布局，提高顾客满意度。

关于关联规则最著名的案例便是美国沃尔玛超市"啤酒与尿布"的故事。20 世纪 90 年代，美国沃尔玛的超市管理人员通过分析销售数据发现了一个令人难以理解的现象：在某些特定的情况下，"啤酒"与"尿布"经常出现在同一个购物篮中。经过后续调查发现，这种现象出现在年轻的父亲身上。父亲在购买尿布的同时，往往会顺便为自己购买啤酒。如果这个年轻的父亲在卖场只能买到两件商品之一，则他很有可能会放弃购物而到另一家商店，直到可以一次同时买到啤酒与尿布为止。沃尔玛发现了这一独特的现象，开始将啤酒与尿布摆放在相同的区域，让年轻的父亲可以同时找到这两件商品，并很快地完成购物；而沃尔玛超市也可以让这些客户一次购买两件商品而不是一件，从而获得了更多的商品销售收入。

1. 相关概念

为了更好地学习关联规则，先介绍一些相关的概念，其中支持度和置信度用来度量关联规则的强度。

（1）关系。关系是指人与人之间、人与事物之间、事物与事物之间的相互联系。

（2）关联分析。关联分析是指从大量数据中找出数据项之间潜在的、有用的依赖关系。

（3）关联规则。关联规则是指两种物品之间可能存在的较强的关系。

（4）支持度（Support）。支持度是指数据集中包含该项集的记录所占的比例。例如，数据集{A，B}的支持度，表示同时包含 A 和 B 的记录占所有记录的比例。如果用 P(A)表示项 A 的比例，那么数据集{A，B}的支持度就是 P（A&B）。

（5）置信度（Confidence）。对于数据集{A，B}，置信度是指包含项 A 的记录中同时包含项 B 的比例，即同时包含项 A 和 B 的记录占所有包含项 A 记录的比例，即 P(A&B)/P(A)。

（6）频繁项集。满足最小支持度的项集为频繁项集。

假设某超市的部分购物记录有 5 条，如表 6-4 所示。从 5 条记录中可以计算出，{牛奶}的支持度为 4/5，{牛奶，尿布}的支持度为 3/5。规则{尿布}→{啤酒}的置信度定义为"支持度({尿布,啤酒})/支持度({尿布})"。因为{尿布，啤酒}的支持度为 3/5，{尿布}的支持度为 4/5，所以规则"{尿布}→{啤酒}"的置信度为 3/4[(3/5)/(4/5)]。这意味着该规则适用于 75%包含"尿布"的记录。当规定最小支持度为 50%时，{豆奶，尿布}是频繁项集的一个数据集，而从该数据集中可以找到的关联规则有{尿布}→{啤酒}，即如果顾客购买了尿布，那么他很可能会购买啤酒。

表 6-4　某超市部分购买记录

交易号码	商品
0	牛奶、面包
1	面包、尿布、啤酒、香肠
2	牛奶、尿布、啤酒、可乐
3	面包、牛奶、尿布、啤酒、
4	面包、牛奶、尿布、可乐

根据不同的划分标准，关联规则可以分为以下几种：

1）依据规则涉及的数据维数，分为单维的和多维的关联规则。其中单维关联规则只处理数据的一个维数，而多维关联规则处理多个维数的数据。

2）按规则抽象层次可分为单层和多层关联规则。单层关联规则忽略了所有的变量在现实数据上具有多个不同的层次；而多层关联规则的算法——Apriori 算法则充分考虑了数据的多层次性。

3）按规划中处理变量的类别可以分为布尔型和数值型。布尔型关联规则处理的值都是种类化的、离散的；数值型关联规则对数值型字段进行处理。

2. Apriori 算法

Apriori 算法是挖掘产生布尔关联规则所需频繁项集的基本算法，也是最经典的算法之一。该算法的基本思想是使用候选项集找频繁项集，使用逐层搜索的迭代方法，通过频繁 k-项集来查找频繁（$k+1$）-项集。首先，找出频繁 1-项集的集合，记作 L_1，然后利用 L_1 找出频繁 2-项集的集合 L_2，再利用 L_2 找出 L_3，如此下去，直到不能找到更大的频繁项集。查找每个个数的频繁项集，都需要扫描一次数据库。

Apriori 算法包括两个步骤，具体过程如下：

（1）连接。L_{k-1} 与自己连接产生候选 k-项集的集合 C_k。L_{k-1} 中某个元素与其中另一个元素可以执行连接操作的前提是它们中有（$k-2$）个项是相同的，即只有一个项是不同的。例如，项集 $\{I_1, I_2\}$ 与 $\{I_1, I_5\}$ 连接之后产生的项集是 $\{I_1, I_2, I_5\}$，而 $\{I_1, I_2\}$ 与 $\{I_3, I_4\}$ 则不能进行连接操作。

（2）剪枝。因为候选项集 C_k 的元素可以是频繁的，也可以是非频繁的，并且所有的频繁 k-项集都包含在 C_k 中，所以 C_k 是 L_k 的一个父集。扫描数据库，确定 C_k 中每个候选项集的计数，从而确定 L_{k-1}。根据定义，计数值不小于最小支持度计数的所有候选集都是频繁的，从而得到 L_k。然而，当 C_k 中的元素很多时，所涉及的计算量就会很大，因此为了压缩 C_k，删除其中非频繁项集的元素。因为任何非频繁的（$k-1$）项集都不可能是频繁 k 项集的子集，所以，如果一个候选 k-项集的（$k-1$）子集不在 L_{k-1} 中，则该候选项集一定不是频繁的，从而可以将其从 C_k 中删除。这种子集测试可以使用所有频繁项集的散列树来快速完成。

Apriori 算法从单元素项集开始，通过组合满足最小支持度要求的项集来形成更大的集合，从而找到所有的频繁项集。但是每次增大频繁项集，Apriori 算法都会重新扫描数据库，当数据库的数据量很大时，就会显著降低查找频繁项集的速度。

下面通过一个具体的例子来说明 Apriori 算法的具体过程，如图 6-4 所示，图中的数据库为超市中顾客的购物交易数据库。

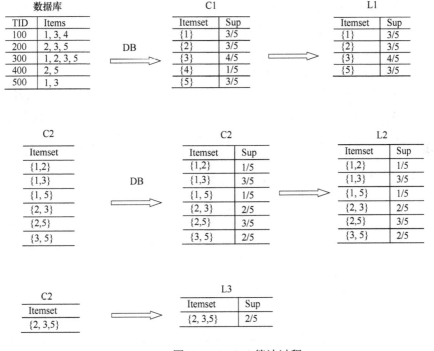

图 6-4　Apriori 算法过程

在这个实例中，Apriori 算法首先扫描数据库 DB，确定所有单个项目的候选 1-项集 C_1，并计算各种元素的支持度，发现商品 4 的支持度小于 40%，因而舍去。最后得到频繁 1-项集 L_1。然后根据 Apriori 算法将候选项集两两连接生成候选 2-项集 C_2，通过再次扫描数据库，计算候选所有元素的支持度，除去支持度小于 40% 的项集，得到频繁 2-项集 L_2，最终得到 L_3，循环结束。

3. FP-Growth 算法

Apriori 算法从单元素项集开始，通过组合满足最小支持度要求的项集来形成更大的集合，从而找到所有的频繁项集。但是当数据集很大、数据种类很多时，候选频繁项集中的元素个数就会呈指数级增长，加上 Apriori 算法每轮迭代都要扫描数据库，导致该算法效率很低。为了克服这些缺点，美国伊利诺伊大学教授韩嘉炜等人在 2000 年提出了 FP-Growth 算法。

FP-Growth 算法将树状结构引入频繁项集查找算法，采取分治策略，即将提供频繁项集的数据库压缩到一棵频繁模式树，但仍保留项集的所有关联信息。FP-Growth 算法是基于 Apriori 算法构建的，但由于采用高级的数据结构，因此减少了扫描次数。它不使用候选集，并且只需对数据库进行两次扫描，就能够将数据库压缩成一个频繁模式树（FP-Tree，FPT），并且直接从该结构中提取频繁项集，最后通过这棵树生成关联规则。

FP 树是一种输入数据的压缩表示，它通过逐个读入事务，把每个事务映射到 FP 树中的一条路径来构造。由于不同的事务可能会有若干个相同的项，因此它们的路径可能部分重叠，路径相互重叠得越多，使用 FP 树结构获得的压缩效果越好。

FP-Growth 算法的过程如下：

（1）扫描一次数据集，确定每个项的支持度计数。舍弃非频繁项，将频繁项按照支持度的大小进行递减排序。

（2）第二次扫描数据库，构建 FP 树和创建项头表。

（3）可以按照从下到上的顺序找到每个元素的条件模式基，递归调用树状结构，删除小于最小支持度的节点。如果最终呈现单一路径的树状结构，则直接列举所有组合；如果呈现的是非单一路径的树状结构，则继续调用树状结构，直到形成单一路径。

下面通过一个例子说明 FP-Growth 算法的过程。数据库记录表如表 6-5 所示，最小支持度为 20%，则 FP-Growth 算法的过程如下：

表 6-5　数据库记录表

编号	项集	编号	项集
1	I_1, I_2, I_5	6	I_2, I_3
2	I_2, I_4	7	I_1, I_3
3	I_2, I_3	8	I_1, I_2, I_3, I_5
4	I_1, I_2, I_4	9	I_1, I_2, I_3
5	I_1, I_3		

（1）扫描数据库，对每个元素进行计数，删除小于最小支持度的项集，并且按照降序重新排列元素，然后按照元素出现次数重新调整数据库中的记录，结果如表 6-6 所示。

（2）再次扫描数据库，创建项头表和频繁模式树。

1）建立一个根节点，标记为 null。对于第一条记录 $\{I_2, I_1, I_5\}$，新建一个 $\{I_2\}$ 节点，将其插入到根节点下，并设次数为 1，再新建一个 $\{I_1\}$ 节点，插入到 $\{I_2\}$ 节点下面，

最后新建一个 $\{I_5\}$ 节点，插入到 $\{I_1\}$ 节点下面。插入后如图 6-5 所示。

表 6-6　重新调整后的数据库记录

编号	项集
1	$I_2,\ I_1,\ I_5$
2	$I_2,\ I_4$
3	$I_2,\ I_3$
4	$I_2,\ I_1,\ I_4$
5	$I_1,\ I_3$
6	$I_2,\ I_3$
7	$I_1,\ I_3$
8	$I_2,\ I_1,\ I_3,\ I_5$
9	$I_2,\ I_1,\ I_3$

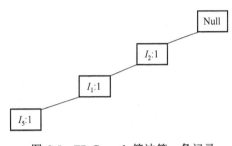

图 6-5　FP-Growth 算法第一条记录

2）对于第二条记录 $\{I_2,\ I_4\}$，发现根节点有"儿子" $\{I_2\}$，因此不需要新建节点，只需将原来的 $\{I_2\}$ 节点的次数加 1 即可，随后新建 $\{I_4\}$ 节点插入到 $\{I_2\}$ 结点下面。插入后如图 6-6 所示。

3）以此类推，再分析第五条记录 $\{I_1,\ I_3\}$，发现根节点没有"儿子" $\{I_1\}$，因此新建一个 $\{I_1\}$ 节点，并设次数为 1，插在根节点下面。随后新建节点 $\{I_3\}$ 插入到 $\{I_1\}$ 节点下面。插入后如图 6-7 所示。

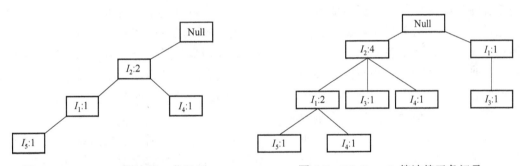

图 6-6　FP-Growth 算法第二条记录　　　图 6-7　FP-Growth 算法第五条记录

4）按照以上步骤以此类推，得到项头表和频繁模式树，如图 6-8 所示。

（3）按照从下到上的顺序，得到条件模式基，递归调用树状结构，删除小于最小支持度的节点，从而找到频繁项集。

条件模式基是以所查找元素项为结尾的路径集合。简言之，一条前缀路径就是介于所查找元素与树根节点之间的所有内容。例如：I_3 在频繁模式树中一共出现了 3 次，其祖先路径分别是 $\{I_2,\ I_1:2\}$，$\{I_2:2\}$ 和 $\{I_1:2\}$。这 3 个祖先路径的集合就是频繁项 I_3 的条件模式基。

频繁项集的查找方法如下：

顺着 I_5 的链表，找出所有包含 I_5 的前缀路径，这些前缀路径就是 I_5 的条件模式基，即 $<\{I_2,\ I_1:1\}>$ 和 $<\{I_2,\ I_1,\ I_3:1\}>$。删除小于支持度的节点，形成单条路径后进行组合，得到I_5的频繁项集为{{I_2，I_5:2}、{I_1，I_5:2}、{I_2，I_1，I_5:2}}}。同理，I_4的频繁项集为{{I_2，I_4:2}}；I_3的频繁项集为{{I_2，I_3:4}、{I_1，I_3:4}、{I_2，I_1，I_3:2}}；I_1的频繁项集为{I_2，I_1:4}。

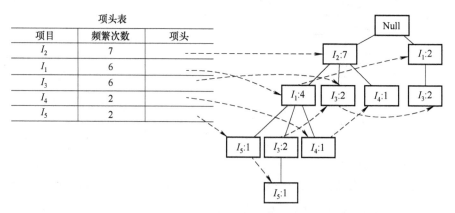

图 6-8　项头表和频繁模式树

6.2.2　分类与预测

分类与预测是数据挖掘中的重要方法之一，可以用来提取描述重要数据类的模型或预测未来的数据趋势。分类是指把数据样本映射到一个事先定义的类的学习过程中，用于预测数据对象的分类标号或者离散值，如通过构建分类模型对银行贷款进行风险评估。预测是指用于预测数据对象的连续性取值，如通过顾客的收入与职业构建预测模型，预测顾客购买奢侈品的支出比例。两者的区别是分类用于预测数据对象的类标记，而预测则是估计某些空缺或未知值。例如，在银行业务中，根据贷款申请者的信息判断贷款者是属于"安全"类还是"风险"类的便是分类，而分析贷款人贷款数量的多少对于银行是"安全"的便是预测。

数据分类是一个两阶段过程，即训练阶段和测试阶段。训练阶段的目的是描述预先定义的数据类或概念集的分类模型。测试阶段的目的是测试模型预测的准确性。训练阶段需要从已知的数据集中选取一部分数据作为建立模型的训练集，而把剩余部分作为第二阶段的测试集。通常在已知的数据集中选取 2/3 的数据项作为训练集，1/3 的数据作为测试集。

分类算法大多是基于统计学、概率论和信息论的，其中有一个重要的概念是信息熵。信息是一个抽象的概念。人们常常说信息很多，或者信息较少，但却很难说清楚信息到底有多少。直到 1948 年，香农（Shannon）在他著名的《通信的数学原理》论文中提出了"信息熵"的概念，才解决了对信息的量化度量问题。

信息熵用来衡量事件不确定性的大小，不确定性越大，熵也就越大。信息熵的公式为：

$$H(x) = E[I(x_i)] = E[\log(2, 1/p(x_i))] = -\sum p(x_i)\log(2, p(x_i)), \quad i=1,2,\cdots,n$$

其中，x 表示随机变量，$p(x)$ 表示输出概率函数。

分类和预测，实际上是建立一个决策树，即分类器，然后用这个模型预测未来的数据，下面对决策树进行重点介绍。

1. 决策树的概念

决策树（Decision Tree，DT）是一种类似于流程图的树结构，其中每个内部节点表示在一个属性上的测试，每一个分枝代表该测试的一个输出，每个树叶节点存放一个类标号。决策树通常把实例从根节点排列到某个叶子节点来分类实例，叶子节点即为实例所属的分类。树上的每一个节点说明了对实例的某个属性的测试，并且该节点的每一个后继分枝对应于该属性的一个可能值。决策树是一种简单但是广泛使用的一种分类器，通过训练数据构建决策树可以高效地对未知的数据进行分类。

决策树的适用条件为：实例是由"属性—值"对应表示，目标函数具有离散的输出值。决策树的输入值可以是连续的也可以是离散的，输出的是用来描述决策流程的树状模型。决策树的叶子节点返回的是类标签或者类标签的概率分数。

2. 决策树的生成过程和特点

决策树的生成过程如下：

（1）树的建立。将所有训练样本都放在根节点，依据所选的属性循环地划分样本。

（2）剪树枝。在决策树构造时，许多分枝可能反映的是训练数据中的噪声或孤立点，剪枝就是识别并消除这类分枝，以提高在未知数据上分类的准确性。

决策树的优点有以下四个方面：

（1）易于理解和实现，在学习过程中不需要了解很多的背景知识，只需要能够理解决策树要表达的意思即可。

（2）易于通过静态测试来对模型进行评测，可以测定模型可信度；如果给定一个观察的模型，根据所产生的决策树很容易推出相应的逻辑表达式。

（3）可以处理连续和种类字段，计算量相对来说不是很大。

（4）决策树可以清晰地显示哪些字段比较重要。

决策树的缺点有以下四个方面：

（1）对连续性的字段比较难预测。

（2）对有时间顺序的数据，需要做很多预处理工作。

（3）当类别太多时，错误可能会增加得比较快。

（4）一般的算法分类时，只根据一个字段来分类。

3. 决策树的构建

决策树算法有很多变种，包括 ID3、C4.5、C5.0、CART 等。本节主要介绍基于 ID3 算法的决策树构建，其选择特征的准则是信息增益。信息增益表示已知类别 X 的信息而使得类 Y 的信息的不确定性减少的程度。信息增益越大，通过类别 X，就越能够准确地将样本进行分类；信息增益越少，越无法准确进行分类。信息增益的定义是集合 D 的信息熵与类别 a 给定条件下的信息熵之差，即：

$$G(D，a)=E(D)-E(D|a)$$

其中，类别 a 将数据集划分为：D_1，D_2，$\cdots$，D_v，类别 a 给定条件下的信息熵为：

$$E(D \mid a) = \sum_{i=1}^{v} \frac{|D_i|}{|D|} E(D_i)$$

下面用打网球与天气情况的数据集（表 6-7）来说明利用 ID3 算法构造决策树的过程。

表 6-7　打网球与天气情况的数据集

Outlook	Temperature	Humidity	Windy	Class
Sunny	Hot	High	Weak	No
Sunny	Hot	High	Strong	No
Overcast	Hot	High	Weak	Yes
Rain	Mild	High	Weak	Yes
Rain	Cool	Normal	Weak	No
Rain	Cool	Normal	Strong	No
Overcast	Cool	Normal	Strong	Yes
Sunny	Mild	High	Weak	Yes
Sunny	Cool	Normal	Weak	Yes
Rain	Mild	Normal	Weak	Yes
Sunny	Mild	Normal	Strong	Yes
Overcast	Mild	High	Strong	Yes
Overcast	Hot	Normal	Weak	Yes
Rain	Mild	High	Strong	No

打网球与天气情况的决策树构建的具体步骤如下：

（1）计算未分区前类别属性（天气）的信息熵。数据集中共有 14 个实例，其中 9 个实例属于 Yes 类（适合打网球的），5 个实例属于 No 类（不适合打网球的），因此分区前类别属性的信息熵为：

$$E(p,n) = -\frac{9}{14}\log_2\frac{9}{14} - \frac{5}{14}\log_2\frac{5}{14} = 0.940\text{bit}$$

（2）非类别属性信息熵的计算。先选择 Outlook 属性。

$$E(\text{Outlook}) = \frac{5}{14}\left(-\frac{2}{5}\log_2\frac{2}{5} - \frac{3}{5}\log_2\frac{3}{5}\right) + \frac{4}{14}\left(-\frac{4}{4}\log_2\frac{4}{4} - \frac{0}{4}\log_2\frac{0}{4}\right)$$
$$+ \frac{5}{14}\left(-\frac{2}{5}\log_2\frac{2}{5} - \frac{3}{5}\log_2\frac{3}{5}\right) = 0.694\text{bit}$$

（3）Outlook 属性的信息增益为：

$$G(\text{Outlook}) = E(p,n) - E(\text{Outlook}) = 0.940 - 0.694 = 0.246\text{bit}$$

（4）同理计算出其他三个非类别属性的信息增益，取最大的属性作为分裂节点，此例中最大的是 Outlook，如图 6-9 所示。

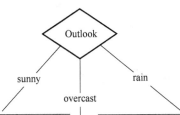

Temperature	Humidity	Windy	Class
Hot	High	Weak	No
Hot	High	Strong	No
Mild	High	Weak	Yes
Cool	Normal	Weak	Yes
Mild	Normal	Strong	Yes

Temperature	Humidity	Windy	Class
Mild	High	Weak	Yes
Cool	Normal	Weak	No
Cool	Normal	Strong	No
Mild	Normal	Weak	Yes
Mild	High	Strong	No

Temperature	Humidity	Windy	Class
Hot	High	Weak	Yes
Cool	Normal	Strong	Yes
Mild	High	Strong	Yes
Hot	Normal	Weak	Yes

图 6-9　ID3 算法决策树

（5）如图 6-9 所示，针对 Sunny 中的子数据集分枝，有两个类别，该分枝下有 2 个实例属于 No 类，3 个实例属于 Yes 类，其类别属性新的信息熵为：

$$E_1(p,n) = -\frac{2}{5}\log_2\frac{2}{5} - \frac{3}{5}\log_2\frac{3}{5} = 0.971\text{bit}$$

（6）再分别求三个非类别属性的信息熵，同时求出各属性的信息增益，选出信息增益最大的属性 Humidity。

（7）同理可得，rain 子数据集下信息增益最大的是 Temperature。

（8）在 rain 子数据集中，Cool 对应的数据子集都是 No，所以直接写 No，无须分裂。Mild 对应的数据子集，Humidity 和 Windy 的信息增益相同。因为在该分组中，Yes 元组的比例比 No 元组的大，所以直接写 Yes。最终结果如图 6-10 所示。

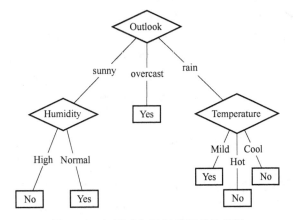

图 6-10　打网球与天气情况的决策树

6.2.3 聚类

聚类分析（Cluster Analysis，CA）简称为聚类，是指把数据对象划分为子集的过程。每一个子集称为一个簇（Cluster），同一个簇中的数据之间存在最大的相似性，而不同簇之间的数据存在最大的相异性。聚类是一种无监督学习，即在事先不知道分类标签的情况下，根据信息相似度原则进行数据分类。

1. 聚类分析的类型

从数据挖掘的角度来看，聚类分析可分为划分聚类（Partitioning Clustering，PC）、层次聚类（Hierarchical Clustering，HC）、基于密度的聚类（Density-based Clustering，DBC）和基于网络的聚类（Grid-based Clustering，GBC）4 种。

（1）划分聚类。划分聚类是指给定一个 N 对象的集合，构建数据的 K 个分区，其中每个分区表示一个簇。大部分的划分聚类是基于距离的，根据构建的 K 个分区数，首先创建一个初始划分，然后用一种迭代的重定位技术将各个样本重定位，直到满足条件为止。好的划分准则是：在同一个簇中的对象尽可能相似，不同簇中的对象则尽可能相异。

（2）层次聚类。层次聚类是指对给定的数据进行层次的分解，直到某种条件满足为止。该方法首先将数据对象组成聚类树，然后根据层次，自底向上或自顶向下分解。层次聚类可分为"自底向上"和"自顶向下"两种。自底向上的层次聚类就是初始时每个对象都被看成是单独的簇，然后逐步地合并相似的对象或簇，每个对象都从一个单点簇变为属于最终的某个簇，或者达到某个终止条件为止。自顶向下的层次聚类是指初始时将所有的对象置于一个簇内，然后逐渐细分为更小的簇，直到最终每个对象都在单独的一个簇中，或者达到某个终止条件为止，如达到了某个希望的簇的数目，或者两个最近的簇之间的距离超过了每个阈值。

（3）基于密度的聚类。由于划分聚类和层次聚类往往只能发现凸形的聚类簇，为了弥补这一缺陷，发现各种任意形状的聚类簇，人们开发了基于密度的聚类。该类算法从对象分布区域的密度着手，对于给定类中的数据点，如果在给定范围的区域中，那么对象或数据点的密度超过某一阈值就继续聚类。通过连接密度较大的区域，就能形成不同形状的聚类，而且还可以消除孤立点和噪声对聚类质量的影响。

（4）基于网络的聚类。基于网格的聚类将数据空间划分成有限个单元的网格结构，所有对数据的处理都以单个单元为对象。此类方法的主要优点是处理速度快；聚类的精度取决于单元的大小。但是它的缺点是只能发现边界是水平或垂直的簇，而不能检测到斜边界。

使用不同的聚类方法可能会得到不同的结论。不同的研究者对同一组数据进行聚类分析，所得到的聚类数也未必相同。聚类既可以作为一个独立工具去获得数据的分布情况，进而对特定的簇进行集中分析，也可以作为其他算法的预处理步骤。下面介绍两种常见的聚类方法，分别是 k-means 算法和 k-中心聚类。

2. *k*-means 算法

k-means 算法也称为 *k*-均值聚类算法，是一种基于样本间相似性度量的聚类方法。这种算法以 *k* 为参数，把 *n* 个对象分为 *k* 个簇，使得簇内对象间的相似度较高，而簇间对象的相似度较低。相似度的计算根据一个簇中对象的平均值（簇的质心）来进行。

k-means 算法的过程分为以下几个步骤：

（1）随机选择 *k* 个对象，每个对象代表一个簇的质心。

（2）对于其余的每一个对象，根据该对象与各簇质心之间的距离，将其分配到与之最相似的簇中。

（3）计算每个簇的新质心。

（4）重复上述过程，直至簇不发生变化或达到最大迭代次数为止。

k-means 算法的优点和缺点如表 6-8 所示。

表 6-8　*k*-means 算法的优点和缺点

优点	缺点
解决聚类问题的经典算法，简单快速	需要预先给定 *k* 值
处理大数据集时，该算法效率高	不能处理非球形、不同尺寸或不同密度的簇
能够找出使平方误差函数值最小的 *k* 个划分	可能收敛于局部最小值
易于实现	数据规模较大时收敛速度慢

为了更好地理解 *k*-means 算法，可以看一看图 6-11 中的 *k*-means 算法示例。

在该算法实例中，对象个数为 10，簇的个数为 2。首先随机选择 2 个对象，每个对象代表一个簇的质心。对于其余的每一个对象，根据该对象与各个簇质心之间的距离，把它分配到与之最相似的簇中，如图 6-11 的左上图所示。然后计算每个簇的新质心，如图 6-11 的右上图所示。重复上述过程，直到簇的质心不发生变化，如图 6-11 的左下图所示。

3. *k*-中心聚类

k-中心聚类的基本思想和 *k*-means 算法的基本思想相同，是对 *k*-means 算法的改进和优化。在 *k*-means 算法中，异常数据会对算法过程产生很大的影响，如果某些异常点距离质心相对较远，很可能会导致重新计算得到的质心偏离了聚簇的真实中心。而 *k*-中心聚类算法刚好可以弥补这一点。*k*-中心聚类算法重复迭代，直至每个代表对象都成为它的簇的实际中心点，聚类结果的质量用代价函数评估，该函数用来度量对象与其簇的代表对象之间的平均相异度。

k-中心聚类算法的基本思想是选用簇中位置最中心的对象，对 *n* 个对象给出 *k* 个划分，代表对象也被称为中心点，其他对象被称为非代表对象。

k-中心聚类的算法步骤分为以下五步：

（1）确定聚类结果簇的个数 *k*。

（2）在所有数据集合中选择 *k* 个点作为各个簇的中心点。

（3）计算其余所有点到 *k* 个中心点的距离，并把每个点到 *k* 个中心点最短的聚簇作为自己所属的聚簇。

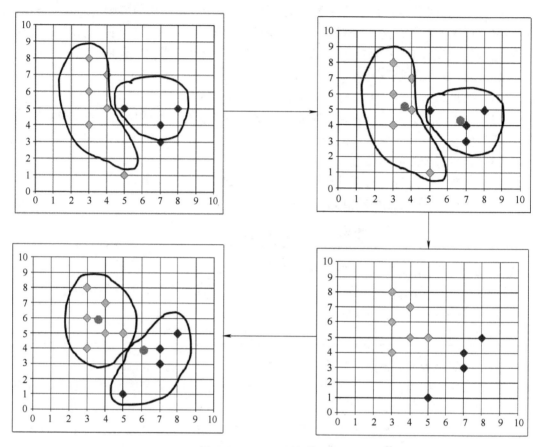

图 6-11　k-means 算法示例

（4）在每个聚簇中按照顺序依次选取点，计算该点到当前聚簇中所有点距离之和，最终距离之后最小的点被视为新的中心点。

（5）重复（2）、（3）步骤，直到各个聚簇的中心点不再改变。

k-中心聚类的缺点是聚类过程耗时长，优点是对噪声点（孤立点）不敏感，具有较强的数据鲁棒性，聚类结果与数据对象点输入顺序无关，聚类结果具有数据对象平移和正交变换的不变性。

下面通过一个例子说明 k-中心聚类算法的过程。假设有（A、B、C、D、E、F）一组样本，具体步骤如下：

（1）随机选择 B、E 为中心点。

（2）计算 D 和 F 到 B 的最近距离，A 和 C 到 E 的最近距离，则 B、D、F 为簇 X_1，A、C、E 为簇 X_2。

（3）若计算 X_1 发现，D 作为中心点的绝对误差最小，X_2 中依然是 E 作为中心点绝对误差最小，则重新以 D、E 作为中心点。

（4）重复（2）、（3）步骤后，如果各个簇的中心点不再变化，则簇的划分确定。

6.3 时间序列分析

时间序列分析是动态数据分析处理的一种重要方法，它以概率统计为理论基础来分析数据数列，并且对其建立数学模型。时间序列分析法在很多研究领域具有相当高的实际价值，人们通过这种方法发现和揭示事物发展变化的规律，或者从动态的角度描述某一现象和其他现象之间的内在数量关系，从而提取所需要的信息，并将这些信息应用于预测。

6.3.1 时间序列分析概述

经济现象总是随着时间的推移而变化，因此，统计分析不仅要从静态的角度分析社会现象的数量特征，还要对社会现象的数量方面在不同时间上表现出来的各个具体指标进行比较分析。时间序列是对经济现象进行动态分析的主要方法，它主要用于描述和探索现象随时间发展变化的数量规律性。为了更深入地学习时间序列分析的相关方法，首先要对其基本概念进行了解。

1. 时间序列的相关概念

时间序列是指将某一指标在不同时间上的数值，按照时间的先后顺序排列而成的数列。如经济领域中每年的产值、国民收入、商品在市场上的销量、股票数据的变化情况。时间序列的概念要点有以下三个：

（1）是同一现象在不同时间上的相继观察值排列而成的数列。

（2）形式上由现象所属的时间和现象在不同时间上的观察值两部分组成。

（3）排列的时间可以是年份、季度、月份或其他任何时间形式。

影响时间序列的构成因素可归纳为以下四种：

（1）趋势性：现象随时间推移朝着一定方向呈现出持续渐进地上升、下降或平稳的变化或移动。这一变化通常是许多长期因素作用的结果。

（2）周期性：时间序列表现为循环于趋势线上方和下方的点序列，并持续一年以上的有规则变动。这种因素是因经济多年的周期性变动产生的。

（3）季节性变化：现象受季节性影响，按一固定周期呈现出的周期波动变化。尽管通常认为一个时间序列中的季节变化是以 1 年为期的，但季节因素还可以被用于表示时间长度小于 1 年的有规则重复形态。

（4）不规则变化：现象受偶然因素的影响而呈现出的不规则波动。这种因素包括实际时间序列值与考虑了趋势性、周期性、季节性变动的估计值之间的偏差，它用于解释时间序列的随机变动。不规则变化是由短期的未被预测到的以及不重复发生的那些影响时间序列的因素引起的。

根据划分标准的不同，时间序列有不同的分类。下面介绍两种常见的分类方法：

（1）按指标形式划分。按指标形式不同，时间序列可以分为绝对数时间序列、相对数时间序列和平均数时间序列，其中，绝对数时间序列是基本数列，后两种是由绝对数时间序列派生而来的。直观的关系表述如图 6-12 所示。

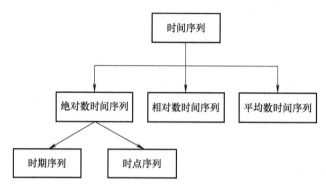

图 6-12　指标形式下的时间序列分类

绝对数序列是时间序列中最基本的表现形式，它是由一系列绝对数按时间顺序排列而成的序列，反映现象在不同时间上所达到的绝对水平。绝对数序列又分为时期序列和时点序列。时期序列是由时期绝对数数据所构成的时间序列，其中的每一个数值反映现象在一段时间内发展过程的总量。时点序列是由时点绝对数数据构成的时间序列，其中每个数值反映现象在某一时点上所达到的水平。它们的区别如表 6-9 所示。相对数时间序列是指一系列相对数按时间顺序排列而成的序列。平均数时间序列是指一系列平均数按时间顺序排列而成的序列。

表 6-9　时点序列和时期序列的区别

项目	时期序列	时点序列
定义	统计数据是时期数	统计数据是时点数
各项数据相加是否有实际意义	有	无
统计数据的大小与时期长短有无关系	有	无
数据的取得方式	连续登记	间断登记

例如，某企业一月份第一周每天上班人数为：405、408、407、409、410、406、404，为绝对数序列。某化工厂某年一季度利润计划完成情况为：一月份计划利润 200 万元，完成程度 125%；二月份计划利润 300 万元，完成程度 120%；三月份计划利润 400 万元，完成程度 150%，为相对数序列。某企业四到六月份的劳动生产率为：6300 元/人，6952.4 元/人，7409.1 元/人，为平均数序列。

（2）按指标变量的性质划分。按指标变量的性质划分，时间序列可分为平稳序列和非平稳序列，其中非平稳序列可以分为有趋势序列和复合型序列。平稳序列是基本上不存在趋势的序列，各个观察值基本上在某个固定的水平上波动，或虽有波动，但并不存在某种规律，而其波动可以看成是随机的。非平稳序列是指包含趋势、季节性或周期性的序列，它可能只含有其中的一种成分，也可能是几种成分的组合。

例如，在某一火车站的出口处，每天在固定的时间里，如下午 3 点到下午 5 点之间，统计旅客的出站人数，它所构成的时间序列就是平稳序列，因为在这段时间内进入这个车站的火车班次是固定的，而且每班火车的座位个数一般也是不变的。许多常用的经济时间序列，如 GDP、物价指数、股票价格等，则是非平稳序列。

2. 时间序列分析的相关概念

时间序列分析是指利用预测目标的历史时间数据，通过统计分析研究其发展变化规律，建立数学模型，据此进行预测目标的一种定量预测方法。时间序列分析方法可以分为两类，一种是确定性时间序列分析法，另一种是随机性时间序列分析法。时间序列分析的逻辑图，如图 6-13 所示。

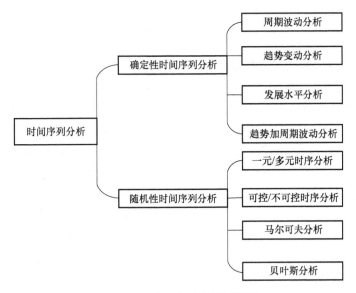

图 6-13　时间序列分析逻辑图

（1）确定性时间序列分析，即暂时过滤掉随机性因素进行的确定性分析方法。其基本思想是用一个确定的时间函数来拟合时间序列，不同的变化采取不同的函数形式来描述，不同变化的叠加采用不同的函数叠加来描述。确定性时间序列分析可分为周期波动分析、趋势变动分析、发展水平分析、趋势加周期波动分析。

（2）随机性时间序列分析。其基本思想是通过分析不同时刻变量的相关关系，揭示其相关结构，利用这种相关结构建立模型对时间序列进行预测。随机性时间序列分析可分为一元/多元时序分析、可控/不可控时序分析、马尔可夫分析、贝叶斯分析。

6.3.2　确定性时间序列分析

时间序列虽然或多或少会受不规则变动的影响，但若其在未来的发展情况能与过去一段时期的平均状况大致相同，则可以采用历史数据的平均值进行预测。建立在平均值基础上的预测方法适用于基本在水平方向波动同时没有明显周期变化和变化趋势的序列。下面介绍三种常用的确定性时间序列分析的方法，分别是简单移动平均法、一次指数平滑法、季节指数法。

1. 简单移动平均法

给出时间序列 n 期的资料 Y_1，Y_2，$\cdots$，Y_n，选择平均期数为 T，则第 $T+1$ 期的预测值为：

$$F_{T+1} = \frac{Y_1 + Y_2 + \cdots Y_T}{T} = \sum_{i=1}^{T} \frac{Y_i}{T}$$

若预测第 $T+2$ 期，则其预测值为：

$$F_{T+2} = \frac{Y_1 + Y_2 + \cdots Y_{T+1}}{T+1} = \sum_{i=2}^{T+1} \frac{Y_i}{T}$$

简单移动平均法是利用时序前 T 期的平均值作为下一期预测值的方法。T 是平均的期数，即移动步长，其作用为平滑数据，其大小决定了数据平滑的程度。T 的值越小，则平均期数少，得到的数据越容易保留原来的波动，数据相对不够平滑；T 的值越大，即移动步长越长，则得到的数据越平滑。一般来说，若序列变动比较剧烈，则为了反映序列的变化，T 宜选取比较小的值；若序列变化较为平缓，则 T 可以取较大的值。简单移动平均法应用的关键在于平均期数或移动步长 T 的选择，一般可以通过实验比较选定。

简单移动平均法的预测误差为实际数值与预测值之差。它实际上是通过当期预测误差修正当期预测值得到下一期的预测值。这是简单移动平均法的优点之一，通过误差不断修正得到新的预测值。其不足在于往往存在滞后问题，即当实际序列已经发生大波动时，预测结果不能立即反映。

表 6-10 就是利用简单移动平均法对为某农机公司某年 1 月到 12 月某种农具的销售量进行的预测。移动步长分别为 3 和 5，通过表格可以清晰地看出移动步长为 3 时计算的总误差大于移动步长为 5 的总误差，选取移动步长为 5 来进行预测更加科学准确。

表 6-10　某农机公司某年 1~12 月某种农具销量和预测数据

月份	实际销售量（件）	移动步长为 3		移动步长为 5	
		预测销售量（件）	误差平方	预测销售量（件）	误差平方
1	423	—	—	—	—
2	358	—	—	—	—
3	434	—	—	—	—
4	445	405	1600	—	—
5	527	412	13225	—	—
6	429	469	1600	437	64
7	426	467	1681	439	169
8	502	461	1681	452	2500
9	480	452	784	466	196
10	384	469	7225	473	7921

（续）

月份	实际销售量（件）	移动步长为3		移动步长为5	
		预测销售量（件）	误差平方	预测销售量（件）	误差平方
11	427	455	784	446	361
12	446	430	256	444	4
		419		448	
总和			28836		11215

2. 一次指数平滑法

指数平滑法实际上是一种特殊的加权移动平均法，它进一步加强了观察期对预测值的作用，对不同时间的观察值所赋予的权数不等，从而加大了近期观察值的权数，使预测值能够迅速反映实际情况的变化。当移动平均间隔中出现非线性趋势时，给近期观察值赋以较大的权数，给远期观察值赋以较小的权数，进行加权移动平均，预测效果较好。但为各个时期分配适当的权数较为困难，需花费大量时间精力寻找适宜的权重，若只为预测最近的一期数值，则是极不经济的。指数平滑法通过对权重加以改进，使其能在处理时甚为经济，并能提供良好的短期预测精度，因而实际应用较为广泛。

一次指数平滑法也称为单指数平滑法。令移动步长为 N，t 为任意时刻，则：

$$F_{t+1} = F_t + \frac{Y_t - F_{t-N}}{N} = \frac{Y_t}{N} + \left(1 - \frac{1}{N}\right)F_t$$

令 $a = 1/N$，显然，$0 < a < 1$。平滑值记为 S_t，则上式可写为：

$$S_{t+1} = aY_t + (1-a)S_t$$

一次指数平滑法的局限性有以下三个方面：

（1）预测值不能反映趋势变动、季节波动等有规律的变动。

（2）该方法多适用于短期预测，不适合用于中长期预测。

（3）预测值是历史数据的均值，所以与实际序列变化相比仍有滞后现象。

3. 季节指数法

季节指数法是根据呈现季节变动的时间序列资料，使用求算数平均值的方法直接计算各月或者各季的季节指数，从而达到预测目的的一种方法。

当时间序列没有明显的趋势变动，而主要是受季节变化和不规则变动影响时，可用季节性水平模型进行预测。设时间序列为 X_1，X_2，$\cdots$，X_{4n}，n 为年数，那么其预测步骤为：

（1）计算历年同季的平均数：

$$\gamma_1 = \frac{1}{n}\left(X_1 + X_5 + X_9 + \cdots + X_{4n-3}\right)$$

$$\gamma_2 = \frac{1}{n}\left(X_2 + X_6 + X_{10} + \cdots + X_{4n-2}\right)$$

$$\gamma_3 = \frac{1}{n}\left(X_3 + X_7 + X_{11} + \cdots + X_{4n-1}\right)$$

$$\gamma_4 = \frac{1}{n}\left(X_4 + X_8 + X_{12} + \cdots + X_{4n}\right)$$

（2）计算历年总平均数：

$$y = \frac{1}{4n}\sum_{i=1}^{4n}X_i$$

（3）计算各季的季节指数：

$$\alpha_i = \frac{\gamma_i}{y}, \quad i=1，2，3，4$$

各季的季节指数之和不为 4，季节指数需要调整为：

$$F_i = \frac{4}{\Sigma\alpha_i}\alpha_i, \quad i=1，2，3，4$$

（4）利用季节指数法进行预测：

$$\hat{X}_t = X_i\frac{\alpha_t}{\alpha_i}$$

式中，$\hat{X}_t$ 为第 t 季的预测值；α_t 为第 t 季的季节指数；X_i 为第 i 季的实际值；α_i 为第 i 季的季节指数。

6.3.3 随机性时间序列分析

在预测中，对于平稳的时间序列，可用自回归移动平均模型、移动平均模型等来拟合，预测该时间序列的未来值，但在实际的经济预测中，随机数据序列往往都是非平稳的，此时就需要对该随机数据序列进行差分运算，即差分自回归滑动平均模型（Autoregressive Integrated-Moving Average Models，ARIMA）。

1. ARIMA 的基本内容

设 Y_t 为非平稳序列，d 阶逐期差分后的平稳序列为 Z_t，即有

$$z_t = \nabla^d Y_t, \quad t > d$$

若 Z_t 是 ARMA(p，q) 序列，则 Y_t 称作 ARMA 的 d 阶求和序列，并且可以用 ARIMA(p，d，q) 表示。模型的一般形式为：

$$\varphi(B)(1-B)^d Y_t = \theta(B)\alpha_t$$

式中，d 为求和阶数，即差分阶数；p 和 q 分别是平稳序列的自回归和移动平均阶数；$\varphi(B)$ 和 $\theta(B)$ 分别为自回归算子和移动平均算子。特殊地，ARIMA(0，d，0) 模型为：

$$(1-B)^d Y_t = \alpha_t$$

ARIMA(p，d，q) 模型的最简单情况为 ARIMA(1，1，1)，表达式为：

$$(1-B)(1-\varphi_1 B)Y_t = (1-\theta_1 B)\alpha_t$$

若序列存在季节变动而没有明显的趋势,且通过 D 阶季节差分季节变化基本消除,则可以建立改进的另一类 ARIMA$(p, d, q)^S$ 模型,模型的一般形式为:

$$\Phi(B)Y_t(1-B^S)^D = w(B)\alpha_t$$

式中, $\Phi(B)$ 是季节回归算子, $\Phi(B)=1-\Phi_1 B^s-\Phi_2 B^{2s}-\Phi_3 B^{3s}-\cdots-\Phi_p B^{ps}$, P 是季节自回归阶数; $w(B)$ 是季节移动平均算子, $w(B)=1-w_1 B^s-w_2 B^{2s}-w_3 B^{3s}-\cdots-w_p B^{Qs}$; Q 是季节移动平均阶数; D 是季节求和阶数,即季节差分阶数; s 是季节周期长度,若为月度数据,则 S 取 12;若为季度数据, S 取 4。

模型若为 ARIMA$(1, 1, 1)^4$,则可以写为:

$$(1-\Phi_1 B^4)(1-B^4)Y_t = (1-w_1 B^4)\alpha_t$$

2. ARIMA 的建模步骤

ARIMA 建模包括三个阶段,即模型识别阶段、参数估计和检验阶段、预测应用阶段。其中前两个阶段可能需要反复进行。

ARIMA 模型的识别就是判断 p, d, q 的阶,主要依靠自相关函数和偏自相关函数图来初步判断和估计。一个识别良好的模型应该有两个要素:一是模型的残差为白噪声序列,需要通过残差白噪声检验,二是模型参数的简约性和拟合优度指标的优良性方面取得了平衡,还有一点需要注意的是模型的形式要易于理解。

下面通过一个实例对 ARIMA 模型的具体应用进行说明。表 6-11 是某加油站 55 天燃油剩余数据,其中正值表示燃油有剩余,负值表示燃油不足。对此序列拟合时间序列模型并进行分析。

表 6-11　某加油站 55 天燃油剩余数据

天	1	2	3	4	5	6	7	8	9	10	11
燃油数据	92	-85	80	12	10	3	-1	-2	0	-90	-100
天	12	13	14	15	16	17	18	19	20	21	21
燃油数据	-44	-2	20	78	-98	-9	75	65	80	-20	-85
天	23	24	25	26	27	28	29	30	31	32	33
燃油数据	0	1	150	-100	135	-70	-60	-50	30	-10	3
天	34	35	36	37	38	39	40	41	42	43	44
燃油数据	-65	10	8	-10	10	-25	90	-30	-32	15	20
天	45	46	47	48	49	50	51	52	53	54	55
燃油数据	15	90	15	-10	-8	8	0	25	-120	70	-10

利用 SPSS 软件,对表 6-11 进行拟合时间序列模型和分析:

(1)数据组织。将数据组织成两列,一列是"天数",另一列是"燃油量",输入数据并保存,并以"天数"定义日期变量。

（2）观察数据序列的性质。先做时序图，观察数据序列的特点。按"分析→预测→序列图"的顺序打开"序列图"对话框，将"燃油量"设置为变量，并将所生产的日期新变量"DATE_"设为时间标签轴，生成时序图。然后再做自相关图以和偏自相关图以进一步分析，按"分析→预测→自相关"顺序打开"自相关"对话框，并在"输出"选项组中将"自相关"和"偏自相关"同时选上。

（3）模型拟合。按"分析→预测→创建模型"顺序打开"时间序列建模器"对话框，将"燃油量"选入"因变量"框，并选择"方法"下的"ARIMA"模型。然后设置"条件""统计量""图标"对话框。由于此例是 ARIMA（1，0，0）模型，且无季节性影响，将自回归的阶数设为 1，其余均为 0。

（4）主要结果及分析。通过上述操作可以得到模型的统计量表、ARIMA 模型参数表以及自相关函数和偏自相关函数图。

ARIMA 模型参数表如表 6-12 所示，可以看出，AR（1）模型的参数为-0.382，参数是显著的，常数项为 4.69，不显著。从结果来看，其拟合模型为：

$$x_t - 0.38x_{t-1} = 4.69 + a_t$$

表 6-12   ARIMA 模型参数表

模型				估计	SE	t	Sig.
燃油量模型_1	燃油量	无转换	常数	4.690	5.399	0.869	0.389
			AR 滞后 1	-0.382	0.127	-3.020	0.004

自相关函数和偏自相关函数图如图 6-14 所示。可以看出，残差的自相关和偏自相关函数都是 0 阶截尾的，因而残差是一个不含相关性的白噪声序列。因此，序列的相关性都已经充分拟合了。

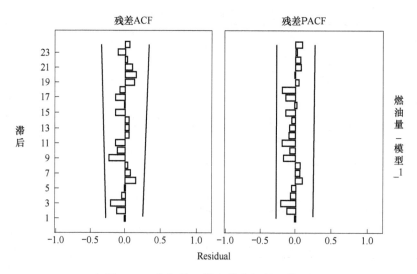

图 6-14   自相关函数和偏自相关函数图

6.4 人工神经网络

在数据爆炸的时代，传统的方法已经无法处理数量大、多元异构、变化迅速的海量数据，并且从中提取有价值的信息。神经网络具有强大的特征提取和抽象能力，可以整合多源信息，处理异构数据，是处理大数据的有力工具。数量庞大的数据为神经网络提供了充分的训练样本，使得处理训练大规模的神经网络成为可能。近些年来，随着学者们不断深入的研究，人工神经网络的应用取得了很大的进步，特别是在模式识别、智能机器人、生物、经济等领域成功地解决了许多现代计算机难以解决的实际问题，表现出了良好的智能特性。

6.4.1 人工神经网络概述

大脑是自然界的一个伟大的奇迹，通过神经元的连接，大脑能够高效快速地处理大量的信息。而人工神经网路（Artificial Neural Network，ANN）就是一种模仿大脑工作的模型。人工神经网络是某些描述性和预测性数据挖掘方法的根基，在多种多样问题的解决上取得了出色的成绩，甚至在面对复杂现象、非常规形式和难以掌握及不遵循任何特殊概率法则的数据时也表现突出。

1. 人工神经网络的基本概念

人工神经网络是采用物理可实现的系统来模拟人脑神经细胞的结构和功能的系统。研究学习人工神经网络的目的是用计算机代替人的脑力劳动。人类的大脑由数以百万个神经元组成，这些神经元传输、处理电信号和化学信号。神经元以一种特殊结构（称为突触）相连，使之可以传输信号。类似地，人工神经网络由大量模拟的神经元组成。预测性的人工神经网络称为有监督学习网络，描述性的人工神经网络称为无监督学习网络。

人工神经网络包含以下三个层次：

（1）输入层。输入层的目的是接收每个观测值的解释属性。通常，输入层中输入节点的数量等于解释变量的个数。输入层的节点是被动的，也就是说它们不会改变数据。节点从输入层收到一个值，并且将其复制到它们的众多输出中。

（2）隐藏层。隐藏层将给定的转换应用于网络内的输出值。在隐藏层中，每个节点连接到从其他隐藏节点或者输入节点发出的入弧，并用出弧与输出节点或者其他隐藏节点相连。

（3）输出层。输出层接收来自隐藏层或者输入层的连接，并返回对应于响应变量预测的输出值。在分类问题中，通常只有一个输出节点。

图 6-15 中的连通图就是一个简单的人工神经网络。该图中，人工神经网络以输入节点开始，该节点组成了输入层，即图中的节点 1 和节点 2。

（1）每个输入节点（1 和 2）类似一个预测变量。

（2）每个输入节点连接到隐藏层的各个节点（节点 1 和节点 2 都与节点 3、节点 4 和节点 5 相连）。

（3）每个隐藏节点（节点 3、节点 4 和节点 5）连接到其他隐藏节点或者输出节点，即图中的节点 6。

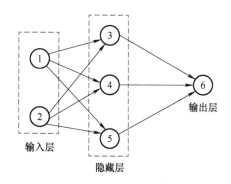

图 6-15　人工神经网络图

2. 人工神经网络的分类

根据网络中神经元的相互连接方式，人工神经网络可分为前馈神经网络、反馈神经网络和自组织神经网络三种。

（1）前馈神经网络。前馈神经网络是一种最简单的神经网络，各个神经元分层排列，每一个神经元只和前一层的神经元相连，接收前一层的输出，并且输出给下一层，各层之间没有反馈。在这种网络中，移动的方向只能是向前：信息从输入节点通过隐藏节点移到输出节点，不允许循环。

（2）反馈神经网络。反馈神经网络是指在网络中至少有一个反馈回路的神经网络，但是只在输出层到输入层之间有反馈，也就是说，每一个输入节点都有可能接收来自外部的输入和来自输出神经元的反馈。

（3）自组织神经网络。自组织神经网络是一种无导师学习网络，通过自动寻找样本的本质属性及内在规律，自组织、自适应地改变网络结构及参数。

3. 人工智能与人工神经网络

人工智能研究人脑的推理、学习等思维活动，解决人类专家才能处理的复杂问题。而人工神经网络则是试图说明人脑结构及其功能，以及一些相关学习的基本规则。尽管它们之间有所区别，但是它们都是研究怎么使用计算机来模仿人脑工作的过程。人工智能与人工神经网络的具体区别如表 6-13 所示。

表 6-13　人工智能与人工神经网络的区别

	人工智能	人工神经网络
研究目的	研究人脑推理、思考等思维活动，解决需要人类专家才能处理的复杂问题	说明有关人脑结构及其功能以及相关学习的基本规律
研究内容	推理方法、知识表示、机器学习	生物的生理机制、信息的存储、传递、处理方式
知识表达方式	人懂→机器懂→人懂	图像等→机器→图像等
知识储存方式	知识库中有事实和规则，随时添加而增大	在网的结构中，网络结构不会随知识增加变化很大
信息传递方式	符号	脉冲形式，以频率表示
信息处理方式	树、网等，一条一条处理	并行结构，与生物信息处理机制一致

6.4.2　人工神经网络模型

神经网络有各种各样的模型，主要有多层感知器（Multilayer Perceptron，MLP）、径向基函数神经网络（RBFNN）和 Kohonen 网络。MLP 和 RBFNN 是输出层有一个或者多个因变量的有监督学习网络，而 Kohonen 网络是用于聚类的无监督学习网路。但是最简单且最经典的便是多层感知器。本小节着重介绍多层感知器。

多层感知器是一种前馈神经网络模型，它将输入的多个数据集映射到单一的输出的数据集上。多层感知器是由简单的相互连接的神经元或节点组成的，它是一个表示输入和输出之间的非线性映射的模型，节点之间通过权值和输出信号进行连接，这些权值和输出信号是一个简单的非线性传递或者激活函数修改的节点输入和的函数。它是许多简单的非线性传递函数的叠加，让多层感知器可以近似非线性函数。其结构如图 6-16 所示。

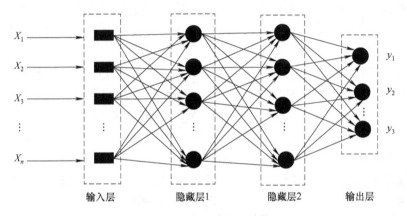

图 6-16　多层感知器结构

多层感知器神经网络特别适合于复杂非线性模型的发现。也就是说，这种函数由多个层次组成：输入变量、输出变量和一个或者多个隐藏层，一个层次中的每个单元连接到前一层次的一组单元。在多层感知器中，神经元以全联通前馈网络的形式按层组织。每个神经元就是一个线性方程，正如线性回归：

$$y_t = w_0 + w_1 x_1 + w_2 x_2 + \cdots + w_n x_n$$

这个方程称为神经网络的传递函数。这一线性加权总和应该有某个阈值，使神经元的输出为 1 或者 0。输入单元的数量总是等于模型中的变量数，如果必要，那么这些变量可以是取代原始定性变量的"指标"变量，通常只有一个输出单元。

多层感知器是非参数估计器，可以用来进行回归和分类。虽然感知器网络中有很多权重需要进行计算，但是没有对类密度或者判别式进行模型假设。偏倚来自网络结构和中间层的非线性偏倚函数，而不是来自对问题的假设。

6.4.3 人工神经网络的训练方法

人工神经网路的训练方法有很多，比如梯度下降算法、演化算法等，其中梯度下降算法使用较多。下面将重点介绍梯度下降算法。

梯度下降算法用于找出函数的局部最小值。这一算法按照函数负梯度的比例接近收敛于局部最小值。相反，为了找到局部最大值，则采用函数正梯度的比例，该过程被称为梯度上升。下面以 MLP 的一个常见特例解释梯度下降算法的运作方式。

如果网络中有 n 个链接，每个权重 n 元组（p_1，$p_2\cdots$，p_n）可以用一个 $n+1$ 维的空间表示，最后一维表示误差函数 c 值集（p_1，$p_2\cdots$，p_n，ε）是 $n+1$ 维空间中的一个"平面"（或者超平面）——"误差平面"，为了最小化误差函数而对权重进行的调整可视为以找出误差平面之上最小点为目标的移动。

在线性模型中，误差平面是定义明确、呈抛物线形状的著名数学对象，最小点可以通过计算找到。神经网络与线性模型不同，它是复杂的非线性模型，误差平面是不规则的，其中峰谷交错，在没有地图可用的情况下，要找出这一平面上的最小点，必须进一步展开探索。

在梯度下降算法中，沿着斜率最大的直线在误差平面上移动，这条直线提供了到达最低点的可能性。然后，必须算出沿着这个斜坡向下的最优速度。如果下降过快，则可能越过最小点或者向错误的方向进发；如果下降过慢，则需要进行的选代太多，无法找到解。正确的速度与平面的斜率和另一个重要参数（学习速率）成正比。学习速率的范围为 0～1，其决定了学习中修改权重的程度。改变这一速率是很有用的，在开始时设定较高的速率（0.7～0.9）以快速探索误差平面，很快逼近最优解（平面的最小值），然后在学习结束时降低速率以尽可能靠近最优解。

下面通过一个简单例子对梯度下降算法进行说明，例如求 $f(x)_{\min} = x^2$。

（1）求解梯度：$\nabla = 2x$。

（2）向梯度反方向移动 x。

（3）循环迭代步骤（2），直到 x 的值变化到使得 $f(x)$ 在两次迭代之间的差值足够小，即直到两次迭代结果的 $f(x)$ 基本无变化，这时 $f(x)$ 也达到了局部最小值。

（4）输出 x，即为 $f(x)$ 最小值。

通过上述 4 个步骤就可以算出 $f(x)$ 的最小值。

【相关案例 6-1】

人工神经网路在医学中的应用实例

人工神经网络（ANN）是医学方面非常热门的一个研究领域。目前，人工神经网络的研究主要集中在人体建模、自动检测、医学专家系统及信号检测（通过心电图、电脑断层扫描、超声波扫描）等。随着研究的深入，人工神经网络将在未来几年内广泛应用于生物医学系统。

（1）信号处理。在生物学信号的检测和分析处理中主要集中对心电、脑电、肌电、胃肠电等信号的识别，脑电信号的分析，医学图像的识别等。

（2）心血管系统的建模与诊断。神经网络可用于模拟人体心血管系统，利用神经网络构建人的心血管系统模型，并将模型与人实际生理测量进行对比，从而对身体健康情况进行诊断。如果这个程序定期进行，就可以在早期检测出潜在的危害，与疾病做斗争的过程就容易得多。人的血管系统模型必须模仿不同生理活动水平下的生理变量（心率、收缩压和舒张压和呼吸率）之间的关系。如果将模型应用于国人，那么该模型便是此人的身体状况模型。

（3）医学专家系统。医学专家系统就是运用专家系统的设计原理与方法，模拟医学专家诊断、治疗疾病的思维过程编辑的计算机程序。它可以帮助医生解决复杂的医学问题，作为医生诊断、治疗的辅助工具。

NeuroSolutions 是一款热门的神经网络仿真软件，它可以协助人们快速建构出想要的神经网络，方便训练、测试网络。NeuroSolutions 提供了 90 种以上的视觉化类神经组件，可让使用者任意连接及合成不同的网络架构以实现类神经网络仿真及专业化应用，这样同时兼具视觉化美感的操作界面及强大功能的专业化软件，是同类产品中表现优异的。

（资料来源：https://www.evget.com/article/2013/4/22/18833.htm。）

本章小结

本章主要介绍了大数据分析方法的类型与步骤、数据挖掘的主要方法、时间序列分析和人工神经网络。数据挖掘的方法方面，主要介绍了关联规则、分类与预测以及聚类。在关联规则部分，讲述了 Apriori 算法和 FP-Growth 算法；在分类与预测中，介绍了决策树；在聚类分析中，分析了 k-means 算法和 k-中心聚类。时间序列分析这一节，主要讲述了时间序列和时间序列分析的相关基本概念，以及随机性序列分析和确定性时间序列分析的主要方法。人工神经网络这一节，主要介绍了人工神经网络的概念、分类、结构，常见的人工神经网络模型——MLP，常用的人工神经网络训练方法——梯度下降算法。

习　题

1. 名词解释
（1）大数据分析；（2）关联规则；（3）分类和预测；（4）聚类分析；（5）时间序列；（6）时间序列分析；（7）人工神经网络

2. 单选题
（1）如果按任务难度和产生价值划分，任务难度和产生的价值最大的大数据分析方法的类型是（　　）。

 A. 描述分析 B. 诊断分析 C. 预测分析 D. 规范分析

（2）描述数据集中趋势的指标有（　　）。

 A. 平均数 B. 极差   C. 分位距   D. 标准差

（3）（　　）的好处在于不需要参照数据的平均值。

 A. 标准差 B. 方差   C. 平均差   D. 离散系数

（4）（　　）是数据集中包含该项集的记录所占的比例。

 A. 置信度 B. 支持度 C. 距离   D. 以上都不是

（5）（　　）是指经常出现在一起的物品的集合。

 A. 频繁项集 B. 关系   C. 有趣关系 D. 数据集

（6）如果不考虑外部信息，那么聚类结构的有良性度量应当采用（　　）。

 A. 均方差 B. 方差   C. 中位数   D. 均值

（7）在时间数列中，数值大小与时间长短有直接关系的是（　　）。

 A. 平均数时间数列   B. 时期数列

 C. 时点数列   D. 相对时间数列

（8）时间序列在一年内重复出现的周期性波动称为（　　）。

 A. 长期趋势 B. 季节变动 C. 循环变动 D. 随机变动

（9）身体的（　　）部分与神经网络的架构类似。

 A. 视网膜 B. 大脑   C. 骨骼   D. 肌肉群

（10）最简单的神经网络由（　　）构成。

 A. 输入层 B. 输出层 C. 隐藏层 D. A 和 B

3. 填空题

（1）按照统计学领域划分，大数据分析方法可以划分为＿＿＿＿、＿＿＿＿、＿＿＿＿。

（2）Apriori 算法的核心性质是＿＿＿＿的所有非空子集必须都是频繁的。

（3）数据分类是一个两阶段过程，即＿＿＿＿和＿＿＿＿。

（4）k-means 算法是一种基于样本间相似性度量的聚类方法，是一种＿＿＿＿方法。

（5）按指标变量的性质划分，时间序列可以分为＿＿＿＿和＿＿＿＿。

（6）人工神经网络包含三个层次，分别为＿＿＿＿、＿＿＿＿、＿＿＿＿。

4. 简答题

（1）大数据分析方法分为哪几个步骤？

（2）FP-Growth 算法的步骤有哪些？

（3）简述决策树的生成过程。

（4）时间序列的特点有哪些？

（5）简述人工神经网络的分类。

（6）表 6-14 为某市 1976—1987 年某种电器的销售额数据。试用一次指数平滑法预测 1988 年该电器的销售额。

表 6-14　某市 1976-1987 年某种电器销售额

年份	销售额（万元）	年份	销售额（万元）
1976	50	1982	51
1977	52	1983	40
1978	47	1984	48
1979	51	1985	52
1980	49	1986	51
1981	48	1987	59

第 7 章

大数据分析工具

本章学习要点

知识要点	掌握程度	相关知识
Python 简介	掌握	Python 的发展历程和特点，Python 在 Windows 环境下的安装和设置
Python 的应用	熟悉	四分位分析法
Tableau 概述	掌握	Tableau 的系列产品和 Tableau 的特点
Tableau 的数据连接	熟悉	数据文件连接、数据库连接的方法
Tableau 的应用	了解	制作"按页面查看"视图、制作"按媒介查看"视图
SAS 概述	了解	SAS 的特点，SAS 运行界面的构成
SAS 功能模块	熟悉	SAS 功能模块的四大分类
SAS 的语句和程序	掌握	SAS 语言的构成、书写，SAS 程序
R 简介	了解	R 的发展历程、特点及安装设置
R 的基本表达	掌握	对象、函数和包

在大数据时代，每天来自商业、农业、工业等各行各业的数据量非常庞大，其组成结构也十分复杂，既有结构化数据也有非结构化和半结构化数据。要想有效地处理和分析这些数据，必须应用大数据分析工具。目前，一些商业机构已经开发了众多的大数据分析工具，用户可以借助它们方便快捷地实现一些常用的数据分析算法。本章介绍四种比较常见的数据分析工具，分别是 Python、Tableau、SAS、R。这些工具的特点不尽相同，用户可以根据实际需要灵活选择。

7.1 Python

自从 20 世纪 90 年代问世以来，Python 已经成为目前最受欢迎的动态编程语言之一，其他还有 Perl、Ruby 等。由于它拥有大量的 Web 框架，近些年非常流行使用 Python 和 Ruby 进行大数据分析。Python 语言常被称作脚本语言，因为它可以用于编写简短的小程序。最近几年，由于 Python 有不断改良的库，逐渐成为大数据分析任务的主流工具之一。

7.1.1　Python 的发展历程和特点

Python 是一种面向对象的动态类型程序语言，起初设计用来编写自动化脚本，随着版本的不断更新和语言新功能的添加，越来越多地用于独立的和大型的项目开发。Python 不仅支持命令式编程和函数式编程，还支持面向对象的程序设计。Python 的语法简洁清晰，拥有支持几乎所有领域应用开发的扩展库。它可以把多种语言编写的程序融合到一起，并且实现无缝拼接，更好地发挥不同语言和工具的优势，满足不同应用领域的需求。下面对 Python 的发展历程和特点进行介绍。

1. Python 的发展历程

Python 是由荷兰人吉多·范罗苏姆发明的。1982 年，吉多·范罗苏姆获得了阿姆斯特丹大学的数学和计算机硕士学位。尽管是一位数学家，但是他更加享受计算机带来的乐趣。用他的话说，虽然拥有数学和计算机双料资质，但他更趋向于计算机方面的研究，并且热衷于与编程相关的工作。Python 的发展历程可以用表 7-1 表示。

表 7-1　Python 的发展历程

1989 年	开始构思一个新的脚本语言编写解释器，以 Python 命名，使用 C 语言开发
1991 年	发布第一个 Python 版本，具有类、函数、异常处理、包含表和词典在内的核心数据类型，以及以模块为基础的拓展系统
1992—1994 年	在 Python 中添加了 Lambda、Map、Filter、Reduce
1999 年	发布了 Python 的 Web 框架之祖——Zope1
2000 年	加入内存回收机制，构成 Python 的框架基础
2004 年	诞生 Web 的框架——Django
2006 年	发布 Python2.5
2008—2020 年	这几年相继发布了多个版本：Python2.6、Python2.7、Python3.0、Python3.1、Python3.2、Python3.3、Python3.4、Python3.5、Python3.6、Python3.7、Python3.8

如表 7-1 所示，Python 的发展历程有几个重要节点。1989 年，吉多·范罗苏姆开始构思一个新的脚本语言编写程序，即 Python 的语言编译器。1991 年，第一个 Python 编译器诞生，它使用 C 语言进行实现，并且能够调用 C 语言的库文件。此时的 Python 已经具有了类、函数、异常处理、包含列表和词典在内的核心数据类型，是以模块为基础的拓展系统。2000 年，Python 实现了完整的垃圾回收，并且支持 Unicode，同时，整个开发过程更加透明，在社区的影响力逐渐扩大。经过近几年的不断完善，Python 目前最新的版本为 Python3.8。

2. Python 的特点

因为 Python 的定位是"优雅""明确""简单"，所以 Python 程序看上去简单易懂。初学者不仅入门容易，而且通过深入学习，还可以编写一些功能非常复杂的程序。Python 的优点有如下几个方面：

（1）简单易学。Python 相对于其他编程语言来说，属于比较容易学习的一门编程语言。它注重的是如何解决问题而不是编程语言的语法和结构。Python 虽然是用 C 语言书写的，但是它摒弃了 C 语言中非常复杂的指针，简化了 Python 的语法结构。

（2）语法优美。Python 力求代码简洁、优美。在 Python 中，采用缩进来标识代码块，通过减少无用的大括号，去除语句末尾的分号等视觉杂讯，使得代码的可读性显著提高。阅读一段良好的 Python 程序就感觉像是在读英语一样，使编程人员能够专注于解决问题，而不用太纠结编程语言本身的语法。

（3）丰富强大的类库。Python 号称自带电池，包含了解决各种问题的类库。用户无论想要实现什么功能，都有现成的类库可以使用。如果一个功能比较特殊，标准库没有提供相应的支持，那么很有可能会有其他相应的开源项目提供了类似的功能。合理使用 Python 的类库和开源项目，能够快速地实现功能，满足业务需求。

（4）应用领域广泛。Python 的另一大优点就是应用领域广泛，工程师可以使用 Python 做很多的事情，如 Web 开发、网络编程、自动化运维、Linux 系统管理、数据分析、科学计算、人工智能、机器学习等。Python 语言介于脚本语言和系统语言之间，根据需要，既可以将它当作一门脚本语言来编写脚本，也可以将它当作一个系统语言来编写服务。

（5）免费开源。Python 是自由/开放源码软件之一。用户可以自由地发布这个软件的备份、阅读它的源代码、把它的一部分用于新的自由软件中。这主要是因为 Python 的开发者希望 Python 能够得到更多优秀的人参与创造并且进行改进。

（6）解释性编程语言。在计算机内部，Python 解释器把源代码转化为字节码的中间形式，然后再把它翻译成计算机使用的机器语言进行运行。实际上，因为用户不需要担心如何编译程序、如何确保连接转载正确的类库，所以这一切使得用户应用 Python 更加简单。此外，Python 程序可以直接复制到另外一台计算机上进行工作，这使得 Python 程序更加易于移植。

虽然 Python 有众多优点，但是也有些许不足之处：运行速度慢，由于 Python 是解释型语言，它的速度可能会比其他语言慢一些，而且对计算机的硬件配置要求高；代码不能加密，若想要发布编写的 Python 程序，实际上就是发布源代码；构架选择太多，Python 没有像 C#这样的官方.NET 构架，也没有像 Ruby 开发的相对集中的架构。

7.1.2 Python 的安装和设置

在不同的操作系统平台上，Python 的安装和设置方式会有些许不同。下面对 Python 在 Windows 系统平台上的安装和设置进行详细介绍。

在 Windows 系统上，安装 Python 有两种方式。第一种是使用 Active State 制作的 Active Python 进行安装，它是专门针对 Windows 的 Python 语言套件。因为 Active Python 软件是收费的，而且通过 Active Python 安装 Python 的更新速度比较慢，所以不推荐使用这种方法。第二种是使用 Python 发布的官方安装程序进行安装，该程序是免费的，而且可以根据自己的需要选择下载的版本。具体的安装和设置步骤如下：

（1）登录 Python 的官方网站（https://www.python.org/downloads/），下载安装包，以最新版本 Python3.8 为例，其下载界面如图 7-1 所示。

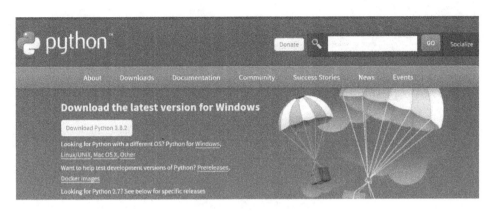

图 7-1　Python 下载界面

（2）在下载的文件夹中找到 Python 的安装文件，双击该文件夹进行安装。如图 7-2 所示，勾选 "Install launcher for all users" 和 "Add Python 3.8 to PATH" 两个选项，然后单击 "Install Now"。

图 7-2　Python 安装界面

（3）完成上述步骤，程序就开始自动安装。等待一段时间之后便可以安装成功，如图 7-3 所示。

（4）安装完成之后，在菜单搜索框里输入 "cmd"，然后在命名行输入 Python。若出现如下代码，则证明 Python 可以正常使用。

```
C:\Users\wen>Python
Python 3.8.2(tags/v3.8.2:7b3ab59,Feb 25 2020,22:45:29) [MSC v.1916 32
bit (Intel)] on win32
Type "help", "copyright", "credits" or "license" for more information.
>>>
```

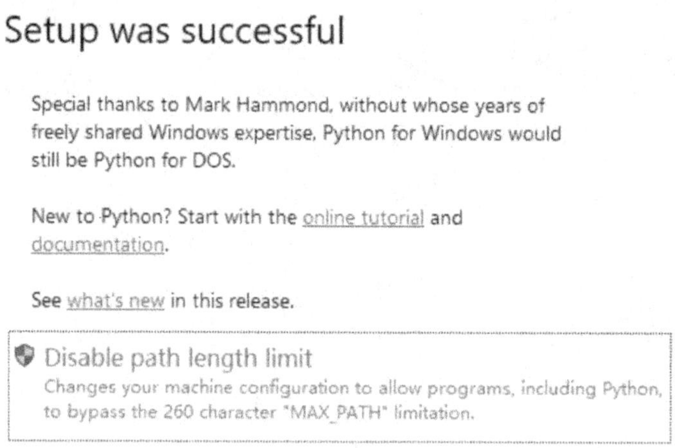

图 7-3 Python 安装成功界面

7.1.3 Python 在金融数据分析中的应用

从 2005 年开始，Python 在金融行业中的应用越来越多，这主要得益于众多成熟的函数库（例如 NumPy 和 Pandas）以及大量经验丰富的 Python 程序员，同时 Python 本身也非常适合搭建交互式的分析环境。下面介绍 Python 在金融大数据分析中的一种常见应用——四分位分析。

1. 四分位分析的概念

四分位分析是统计学中的一种分析方法。该方法是指将全部数据从小到大排列，排列在前 1/4 位置上的数（即 25%位置上的数）叫作第一四分位数，排列在后 1/4 位置上的数（即 75%位置上的数）叫作第三四分位数，排列在中间位置的数（即 50%位置上的数）叫作第二四分位数，也就是中位数值。根据未分组的资料计算四分位数的步骤如下：

（1）确定四分位数的位置。设第一四分位数、第二四分位数、第三四分位数分别为 Q_1、Q_2、Q_3，n 为数据的项数，则 Q_1、Q_2、Q_3 的位置如下：

$$Q_1 = \frac{n+1}{4}$$

$$Q_2 = \frac{2(n+1)}{4}$$

$$Q_3 = \frac{3(n+1)}{4}$$

（2）根据四分位数的位置，确定相应的四分位数。

2. 四分位分析的应用

基于样本分位数的分析是分析师们分析金融大数据的一个重要工具。例如，股票投资组合的性能可以根据各股的市盈率被划入四分位，通过 pandas.qcut 和 groupby 可以非常轻松地实现分位数分析。

在下面的例子中，使用跟随策略或动量交易策略通过 SPY 交易所交易基金买卖标准普尔 500 指数，可以从 Yahoo！Finance 下载历史价格。

```
In [105]: import pandas.io.data as web
In [106]: data=web.get_data_yahoo ('spy', '2006-01-01')
In [107]: data
Out[107]:
<class 'pandas'.core.frame.DataFrame>
DatatimeIndex: 1655 entries, 2006-01-03 00：00：00 to 2012-07-07 00：
00：00
Data columns:
Open        1655    non-null values
High        1655    non-null values
Low         1655    non-null values
Close       1655    non-null values
Volume      1655    non-null values
Adj Close   1655    non-null values
dtypes: float64(5), int64(1)
```

接下来计算日收益率，并编写一个用于将收益率变换趋势信号（通过滞后移动形成）的函数：

```
px=data['Adj Close']
returns=px.pct_change()
def to_index (rets) :
    index= (1+rets) .cumprod()
    first_loc=max(index.notnull.argmax() -1,0)
    Index.values[first_loc]=1
    return index
def trend_signal(rets, lookback, lag):
    signal=pd.rolling_sum(rets, lookback, min_periods=lookback -5)
    return signal.shift(lag)
```

通过该函数，可以创建和测试一种根据每周五动量信号进行交易的交易策略。

```
In [109]: signal=trend_signal(returns, 100, 3)
In [110]: trade_friday=signal.resample('W-FRI').resample.('B',fill_
method='fill')
In [111]: trade_rets=trade_friday.shift(1)*returns
In [112]: to_index (trade_rets) .plot()
```

然后将该策略的收益率转化为一个收益指数，并绘制一张图表，如图 7-4 所示，据此可以为分位数分析提供科学的指导。

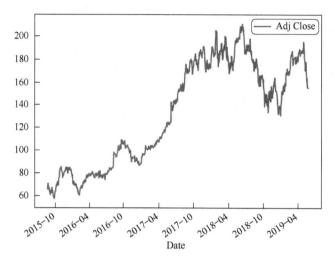

图 7-4　SPY 动量策略收益指数

7.2　Tableau

Tableau 是目前全球最易上手的报表分析工具之一，用户可以使用 Tableau 的拖放界面可视化各种数据，从而获得不同的视图，而且可以轻松地将多个数据库组合在一起，不需要任何复杂的脚本。Tableau 通过个性化的交互可以达到所需要的可视化效果，便于数据的分享、沉淀以及更快速度的优化与迭代，减少数据团队大量的重复工作，释放数据和人员的能量，从而更加有效地发挥数据的作用。本节主要对 Tableau 的系列产品、特点、数据连接和在网站内容分析中的应用进行介绍，对于 Tableau 可视化的具体知识将在本书第 8 章的第 2 节中进行介绍。

7.2.1　Tableau 概述

Tableau 是一款大数据分析软件，具备强大的统计分析扩展功能。它能够根据用户的业务需求对报表进行迁移和开发，实现业务分析人员独立自助、以界面拖拽式的操作方式对业务数据进行简单快速联机分析处理、即时查询等功能。

1. Tableau 产品介绍

Tableau 的系列产品包括 Tableau Desktop、Tableau Server、Tableau Online、Tableau Reader 和 Tableau Public。登陆 Tableau 官网（https://www.tableau.com），可以选择免费试用版，下载安装。

（1）Tableau Desktop。Tableau Desktop 是一款桌面分析软件。通过 Tableau Desktop，轻点几下鼠标就可连接到大部分的数据源。当连接到数据源后，只需用拖放的方式就可以快速地创建交互能视图和仪表板。Tableau 公司开发的这款软件，顺应了用户视觉化的思考习惯。视图间的转变与人的自然思路相符。用户不需深陷在编写脚本的泥潭里，便可创建出美观、信息丰富的可视化图表。

（2）Tableau Server。Tableau Server 是一款商业智能应用程序，用于发布和管理 Tableau Desktop 制作的仪表板，同时也可以发布和管理数据源。Tableau Server 基于浏览器的分析技术，当仪表板做好并且发布到 Server 后，其他同事可通过浏览器或平板电脑看到分析结果。此外，Tableau Server 也支持平板电脑的桌面应用端，这也意味着用户可以随时随地移动办公，时刻掌握公司的运营数据。

（3）Tableau Online。Tableau Online 是 Tableau Server 软件及服务的托管版本，建立在 Tableau Server 相同的企业级架构之上。它让商业分析比以往更加快速轻松，因为用户可以省去硬件的安装时间。利用 Tableau Desktop 发布仪表板后，无论是在办公室、家里还是在旅途中，用户都可以在世界的任何地方利用 Web 浏览器或移动设备查看实时交互的仪表板，并且进行筛选数据、下载查询或将全新数据添加到分析工作中。

（4）Tableau Reader。Tableau Reader 是一款免费的桌面应用程序，用来打开 Tableau Desktop 软件所创建的视图文件。Tableau Desktop 用户创建交互式的数据可视化内容之后，可以发布为打包的工作簿。其他同事则可以通过 Tableau Reader 来阅读这个工作簿，并可以对工作簿中的数据进行过滤、筛选和检验。

（5）Tableau Public。Tableau Public 适合想要在 Web 上分析交互式数据的用户，它是一款免费的服务产品。用户可以将创建的视图发布在 Tableau Public 上，并且将其分享在网页和社交媒体上。

2. Tableau 的特点

Tableau 能够帮助人们认识和理解数据，是一款实现商务智能的展现工具。Tableau 不仅降低了数据分析的门槛，而且为数据分析的结果提供了美观的展现方式。Tableau 之所以受到众多用户的喜爱，是因为有如下几个优点：

（1）简单易用。Tableau 软件简单易学，普通商业用户而非专业开发人员也可以使用这些应用程序，使用拖放界面就可迅速创建图表。为此，IT 团队便可以避免各种数据请求的积压，转而把更多的时间放在战略性的 IT 问题上，而软件用户又可以自己获得想要的数据和报告。

（2）快速高效。在 Tableau 中，用户访问数据只需指向数据源，确定要用的数据表和它们之间的关系，然后单击 OK 按钮进行连接。Tableau 顺应人的本能，用可视化的方式处理数据，所以其巨大的优势就是高效。

（3）轻松实现海量数据融合。Tableau 可以融合不同的数据源，使用者不需要知道数据是如何存储的就可以询问和回答问题。无论数据是在电子表格、数据库、数据仓库还是在其他结构中，用户都可以快速连接到所需要的数据并且使用它。

（4）移动支持和响应式仪表板。Tableau 仪表板具有出色的报告功能，用户可以自定义仪表板，专门用于移动设备或笔记本电脑设备。Tableau 会自动了解用户正在查看哪个设备，并且进行调整以确保将正确的报告发送到正确的设备。

（5）配置灵活。传统的大数据分析工具限制太多，要求组织购买大量最低配置牌照，以满足潜在的需求，而这些又不是实际需求，导致软件的很多配置荒废。然而，

Tableau 在每一个环节都证明了它的价值。组织可以根据需要购买牌照，买一个、十个或者上千个。从本地文件工作的单个用户到通过网络访问众多数据源的大数据分析师，经济实惠的 Tableau 几乎支持所有的配置。

虽然 Tableau 有众多优点，但是也有些许不足之处：基于数据查询，难以处理不规范数据，难以转化复杂模型；静态和单值参数，它始终选择单个值作为参数，每当数据发生变化时，都需要手动更新这些参数；硬件要求高，对于超千万条的数据分析，必须借助于其他 ETL（抽取、转换、加载）工具处理好数据后再进行前端分析。

7.2.2　Tableau 的数据连接

Tableau 可以方便快速地连接到各类数据源，从一般的文件数据（如 Excel、Access、Text File）到存储在服务器上各种数据库文件（如 Oracle、MySQL、IBM DB2、Teradata、Cloudera Hadoop Hive）都可以。下面介绍如何连接一般的文件数据和存储在服务器上的数据库。

1. 数据文件连接

首先，打开 Tableau Desktop，然后选择所要连接的数据源类型。以选择 Excel 数据源为例，单击后出现打开数据源对话框，找到想要连接的数据源位置，打开选择的数据源，出现如图 7-5 所示界面。

图 7-5　实时连接

一般在数据量不是特别大的情况下，通常选择"实时连接"。转到工作表后就将 Tableau 连接到数据源了。此时，会出现维度列表框和度量列表框，这是 Tableau 自动识别数据表中的字段后的分类，维度一般是定性的数据，度量一般是定量的数据。有时，某个字段并不是度量，但是由于它的变量值是定量的数据，也会出现在度量中。

2. 数据库连接

使用 Tableau 连接数据库,步骤非常简单。首先,选择所要连接到数据库的类型,这里选择 MySQL,则会弹出如图 7-6 所示的对话框。之后进行如下操作:

图 7-6　MySQL 对话框

(1)输入服务器名称和端口。

(2)输入登录服务器的用户名和密码。

(3)单击"确定"按钮,进行连接测试。

(4)建立连接后,选择服务器上的一个数据库。

(5)选择数据库中的一个或多个数据表或者用 SQL 语言查询特定的数据表。

(6)对连接到的数据库进行命名,并且在 Tableau 中显示。

7.2.3　Tableau 在网站内容分析中的应用

Tableau 在网站内容分析中的应用非常广泛。通过设置 Tableau 中的部件,灵活地展现首页或者 N 级页面当中不同媒介类型的客户访问量、跳出率等数据,根据实时的趋势数据分析结果及时做出相应的调整及改善,提高工作效率。

1. 制作"按页面查看"视图

在做网站监测时,为了在一张图表上看到不同媒介、不同页面上的独立访问量是多少,可以通过 Tableau 迅速生成这样的报表。具体操作如下。

(1)新建工作簿,连接数据"网站内容评估 xls",转到工作表,并将工作表命名为"按页面查看"。

(2)为"页面""一级页面""二级页面"创建分层结构,命名为"页面分层"。

(3)将"独立访问量"和"页面分层"分别拖至"行"和"列"中,以显示不同页面的独立访问量情况。

(4)右键单击"媒介类型"选择显示"快速筛选器",通过选择不同的媒介来查看该网页的访问量情况,如图 7-7 所示,这样就实现了通过三个维度来查看新访问量的数据情况。

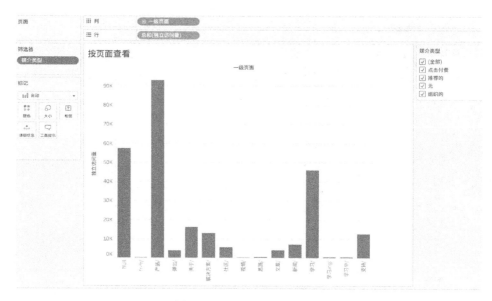

图 7-7 "按页面查看"视图

2. 制作"按媒介查看"视图

接下来创建一个视图，按照媒介的类别来查看网站跳出率情况。多维度钻取或筛选，除了创建分层结构以外，还可以通过设置参数来实现。具体操作如下：

（1）新建工作表，并命名为"按媒介查看"。

（2）把"页面""一级页面"及"二级页面"放进一个参数中——新建参数，命名为"页面选择"，数据类型设为"字符串"。

（3）参数创建后，新建一个字段，命名为"页面向下分层计算器"，此字段是为了作为筛选器，如图 7-8 所示。

图 7-8 创建"页面向下分层计算器"

制作条形图的步骤如下：

（1）将"独立访问量"和"页面向下分层计算器"分别放入"列"和"行"中。

（2）将"媒介类型"拖至"筛选器"，并右键显示筛选器。

（3）将"跳出率"拖至"标记"菜单下方的"颜色"框中，将其度量方式改为平均值。

（4）将"页面分层"及"媒介类型"拖至"详细信息"框，以在工具提示中显示。

（5）编辑"跳出率"的颜色。

（6）将参数"页面选择"的控件显示出来。

如此，该视图就完成了，结果如图 7-9 所示。

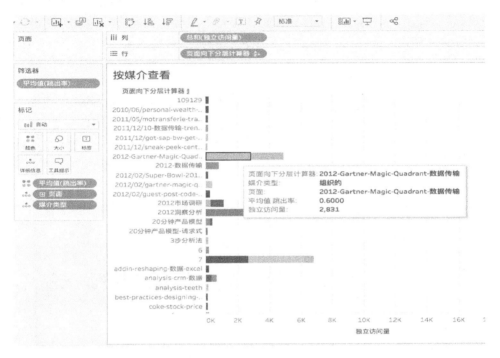

图 7-9 "按媒介查看"视图

从上述图中可以清晰地看出各层级页面下的条形图分布，也可以将"按页面查看"及"按媒介查看"放到一个页面下进行对比分析。当选择不同的页面时，条形图也会随之发生改变，这样就可以灵活地分析不同页面的媒介类型有哪些，并且在条形图还可以看到每个媒介类型的平均跳出率及独立访问量的情况。

7.3 SAS

SAS 全称为 Statistical Analysis System，是一个用于数据分析和决策支持的大型集成式、模块化的组合软件系统。它由美国 SAS 软件研究所开发，具有完备的数据存取、数据管理、数据分析及数据展现的功能。特别是它的统计分析系统，被誉为国际上的标准软件和权威的优秀统计软件包，在科研、教育、金融等领域发挥着重要的作用。

7.3.1 SAS 概述

SAS 由 30 多个专用模块组合而成，但是各个模块之间既相互独立又相互交融与补充，可以根据具体应用建立相应模块的信息分析与应用系统。

SAS 的界面有三个基本窗口，分别是 Editor 编辑窗口（编辑器）、Log 记录窗口（日志）和 Output 结果输出窗口（输出）。其中，Editor 编辑窗口用来编写 SAS 程序，Log 记录窗口用来记录程序运行过程中产生的内容，如运行的数据情况、调用的过程步、程序运行时间等，Output 结果输出窗口用来统计分析的结构。SAS 的界面窗口如图 7-10 所示。

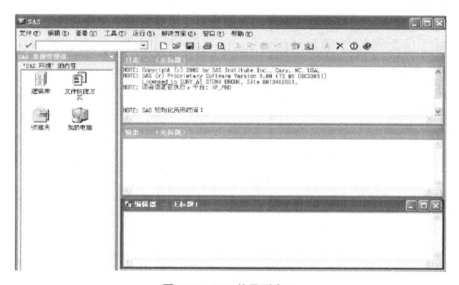

图 7-10　SAS 的界面窗口

SAS 是一个实用性强、功能完善、方便使用、容易学习的计算机软件系统。它不仅具有一般数据管理系统的功能，还提供了一个完善的可编程语言环境，给出了常用的数据处理和复杂计算的算法。SAS 的优点具体有如下几个方面：

1. 统计方法齐全

SAS 提供了从基本统计数的计算到各种实验设计的方差分析、相关回归分析及多变数分析等多种统计分析过程，几乎包括了所有最新的分析方法，其分析技术先进、可靠。分析方法的实现通过过程调用完成，许多过程同时提供了多种算法和选项。

2. 操作简单

SAS 以一个通用的数据步来产生数据集，然后以不同的过程调用完成各种数据分析。其编程语句简洁短小，通常只需几句语句即可完成一些复杂的运算，并且得到满意的结果。结果输出以简明的英文给出提示，统计术语规范易懂，具有初步英语和统计基础即可理解。

3. 画图模块灵活

SAS 画图模块变得越来越灵活和易于使用。在一些分析过程步中，ODS Graphics 可以自动生成一些图形，而不需要额外的代码。这使得用户多了一个选择，既可以使用默认的图表生成图表，又可以自己创造个性化的图表。

4. 资源丰富

SAS 有丰富的网上参考资料、专业的技术支持、一个紧密的用户组及网络社区。SAS 的问题可以直接反映给技术支持部门，他们会与用户一起解决。SAS 还提供联机帮助功能，使用过程中按下功能键 F1，就可以随时获得帮助信息，得到简明的操作指导。

虽然 SAS 有很多优点，但是也有些许不足之处：更新升级较慢；模板语言庞大，对于新手来说，难以掌握；编写自定义函数和详细的宏代码需要深厚的编程知识来确保正确性。

7.3.2　SAS 的功能模块

SAS 是一个组合软件系统，由多个功能模块组成，但是各个模块之间既相互独立又相互交融与补充。其中，Base SAS 是 SAS 的核心，负责数据管理、交互应用环境管理，同时调用其他功能模块，进行用户语言处理。Base SAS 可以为 SAS 的数据库提供丰富的数据管理功能，此外还支持 SQL 语言对数据进行的操作，可以制作复杂的统计报表。

这些功能模块可以分为四大类，分别为数据库及其管理、分析工具、开发展现工具、分布处理与数据仓库。其中，Base SAS 既可以作为数据库及其管理这一类，又可以作为开发展现工具这一类。数据库及其管理这一类包含的功能模块如图 7-11 所示。

在分析工具这一类中，主要的功能模块有六个，分别是 SAS/STAT、SAS/ETS、SAS/QC、SAS/OR、SAS/INSIGHT 和 SAS/CALC。SAS/STAT 是统计分析模块，可以进行各种不同模型或不同特点数据的回归分析，如正交回归、响应面回归等；可以处理实型数据、有序数据和属性数据，并且能够产生各种有用的统计量和诊断信息；可以提供方差分析工具，有处理广义线性模型、主成分分析、典型相关分析、判别分析和因子分析、聚类等的专用过程。SAS/ETS 是经济计量学和时间序列模块，提供丰富的计量经济学和时间序列研究方法，是研究复杂系统和进行预测的工具，同时可以提供方便的模型设定手段、多样的参数估计方法。SAS/QC 是质量控制模块，为质量管理提供一系列工具，也提供菜单系统，引导用户进行标准统计过程控制及试验设计。SAS/OR 是运筹学模块，是强有力的决策支持工具，包含通用的线性规划、混合整数规划和非线性规划的求解。SAS/INSIGHT 是可视化探索模块，提供可视化的数据探索工具，将统计学方法与交互式图形显示融合在一起。SAS/CALC 是电子表格模块，具有财务分析、数值建模、数据整合及管理的能力。

在开发展现工具这一类中，主要包括 Base SAS、SAS/IML、SAS/AF、SAS/EIS、SAS/GRAPH，具体如表 7-12 所示。

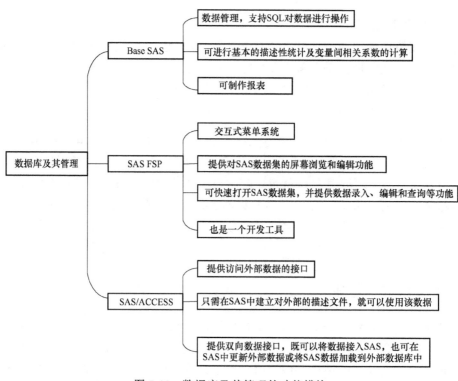

图 7-11　数据库及其管理的功能模块

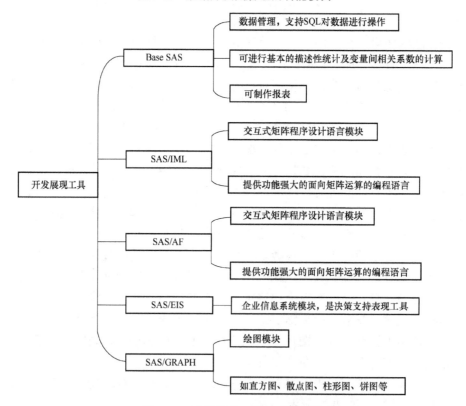

图 7-12　开发展现工具的功能模块

在分布处理与数据仓库这一类，包括的功能模块有 SAS/CONNECT 和 SAS WA。SAS/CONNECT 是分布式数据处理模块，通过 connect 可以使各平台的 SAS 建立内在的关系，实现分布处理，有效利用各平台的数据和资源。SAS/CONNECT 也可以提供远程计算服务、远端数据服务，支持分布处理模式。SAS WA 是企业数据仓库管理模块，它在 SAS 软件的基础上提供了一个建立数据仓库的管理层。这个数据仓库管理层可以定义数据仓库和主题，完成数据的转换、汇总和更新。

7.3.3　SAS 的语句和程序

要想熟练地使用 SAS 这个软件，必须对 SAS 语言的构成、书写以及 SAS 程序进行必要的了解。

1. SAS 语句

SAS 语句就是要求 SAS 执行某种操作或者给 SAS 提供一些信息的命令。SAS 语句由 SAS 关键字、SAS 名称、运算符及特殊字符组成，其书写规则有以下三点：

（1）以 "；" 结尾。

（2）以 SAS 关键字开始。例如：data，proc，input，cards，model，if，keep。

（3）注释语句可用 "*" 开始，或者用 "/*…*/" 表示中间内容是注释语句。

SAS 数据集名和变量名有如下要求：

（1）在 32 个字符之内。

（2）第一个字母必须为字母或者 "_"，第二个以后可以为字母或者数字。

（3）字母不区分大小写。

（4）不能使用空格和%￥#$等特殊字符。

SAS 运算符包括比较运算、算术运算和逻辑运算。SAS 函数的一般形式为：函数名（自变量，自变量，…）。

2. SAS 程序

SAS 程序是指将一系列 SAS 语句按照逻辑顺序排列起来。一个 SAS 程序通常包括两个部分，分别为数据步和过程步。

数据步以 data 语句开头，以 run 语句结束，其主要作用是建立数据集。过程步以 proc 语句开头，以 run 语句结束，主要作用是激活 SAS 过程，对数据进行处理和分析。

SAS 程序的提交方法有以下三种：

（1）通过工具栏提交图标。

（2）run/submit。

（3）使用 F3 功能键。

SAS 程序的储存有以下两种方法：

（1）输入 "file'路径+文件名+扩展名"。例如：file'd:\user\asa1-1.asa\'。

（2）"文件" 菜单—"保存"。

SAS 程序的调用有以下两种方法：

（1）输入"infile'路径+文件名+扩展名"。例如：infile'd:\user\asa1-1.asa\'。

（2）"文件"菜单—"打开"。

【相关案例 7-1】

SAS 在医学统计中的应用

SAS 软件普遍运用在医学统计上。在以苛刻严格著称于世的美国 FDA 新药审批程序中，新药试验结果的统计分析规定只能用 SAS 进行，其他软件的计算结果一律无效，哪怕只是简单的均数和标准差也不行。由此可见 SAS 的权威地位。

SAS 软件在医学统计主要作用是将统计学原理和技术运用到医学科研工作中。在常用医学统计方法的基础上，淡化统计计算的复杂过程，使用 SAS 统计软件包实现统计分析，其中包括运用 SAS 软件包组织数据，输入数据，建立数据文件，进行统计分析，并正确阅读、解释软件包的输出结果。

SAS 软件在医学统计中的具体应用案例如下：

研究者采用随机区组设计进行实验，比较三种抗癌药物对小鼠肉瘤的抑瘤效果。将 15 只患有肉瘤的小白鼠按体重大小配成 5 个区组，每个区组内的 3 只小鼠随机接受三种抗癌药物。以肉瘤重量为指标，实验结果如表 7-2 所示。

表 7-2　不同药物作用后小白鼠肉瘤重量值

配组	A 药	B 药	C 药
1	0.82	0.65	0.51
2	0.73	0.54	0.23
3	0.43	0.34	0.28
4	0.41	0.21	0.31
5	0.68	0.65	0.24

目的：通过运用 SAS 软件分析不同药物的抑瘤效果有无差别。

SAS 程序如下：

```
Data ex6;
do a=1 to 5;
do b=1 to 3;
input x@@;
output;
end;
end;
Cards;
0.82 0.65 0.51
0.73 0.54 0.23
0.43 0.34 0.28
0.41 0.21 0.31
0.68 0.43 0.24
;
```

```
Proc anova;
class a b;
model x=a b;
means b/snk;
Run;
```

运行结果如图 7-13 所示：

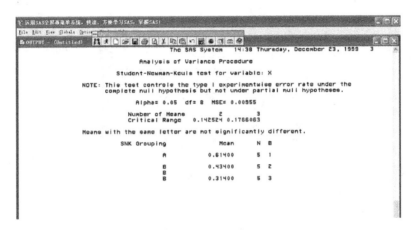

图 7-13　SAS 运行结果

结论：从上述案例可得知，SAS 是一个实用性强、功能完善、使用方便的计算机软件系统。它不仅具有一般数据管理系统的功能，还提供了一个完善的可编程语言环境，特别是以标准过程给出了常用的数据处理和复杂计算的算法。例如，针对医学研究中常见的多元析因设计方差分析存在的问题，SAS 软件给予统计软件技术上的支持。首先利用 SAS 统计软件包，结合实例，编写程序，计算相应的统计量，然后运用 SAS 程序对实例数据由单因素分析及多因素分析，可以得出实例数据中的两个处理因素及其交互作用。因此，研究临床中多元析因设计利用 SAS 软件包进行统计分析的途径，为类似问题的解决提供了方法。

而且在计算复杂的多元统计算法时，用户只需指出过程名及其必要的参数提交系统，就可以得到一张清晰的包括相应算法的全部计算结果和参数的输出表格或图形。SAS 的这一特点极大地方便了非计算机专业人员的计算机应用，因此在医学统计等方面得到了广泛的应用。

（资料来源：https://wenku.baidu.com/view/3e5127ce5fbfc77da269b1cc.html。）

7.4　R

R 是一款免费和代码公开的开源软件，同时也是一个用于统计计算和制图的优秀工具。它诞生于 20 世纪 80 年代，是 S 语言的一个分支，广泛应用于统计领域。通常用 S 语言编写的代码都可以不做修改地在 R 环境下运行。

7.4.1　R 的发展历程和优缺点

R 的发展历程可以分为五个阶段，分别为：思想火花、萌芽、胚胎时期、诞生婴儿期和成长发展期，如图 7-14 所示。

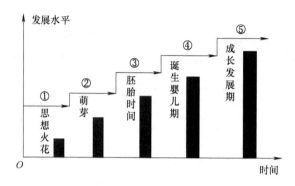

图 7-14　R 的发展历程

1. 思想火花阶段

早期，Ross Ihaka 从一本书中学习到 Scheme 语言，从而产生了浓厚的兴趣；同时，他也获得一版新 S 语言的源代码。经过研究，他发现了 Scheme 和 S 语言之间的异同点。此后，他开始用 Scheme 向别人演示词法作用域，却以失败告终，这促使他产生了改进 S 语言的想法。

2. 萌芽阶段

一段时间后，Ross Ihaka 与 Robert Gentlemen 结交为朋友，他们在商业软件中找不到一个令他们满意的软件，于是决定自己开发一种语言。

3. 胚胎时期阶段

1993 年，Ross Ihaka 和 Robert Gentlemen 将 R 的部分二进制文件放到了卡耐基·梅隆大学统计系的 Statlib 中，并且在 S 语言的新闻列表发布了一个公告。然后有的人开始下载使用并给他们提出反馈意见。1995 年 6 月，R 的源代码正式发布到了自由软件协会的 FTP 上。

4. 诞生婴儿期阶段

随着开发的进行，程序版本的归档成为问题。此时，维也纳工业大学的 Kurt Hornik 建立了 R 程序的归档，使得程序版本的发布更加规范。

5. 成长发展期阶段

R 核心团队在 1997 年中期成立。

R 作为一种统计分析软件，是集统计分析与图形显示于一体的。它可以运行于 UNIX、Windows 和 iOS 操作系统上，而且嵌入了一个非常方便实用的帮助系统。与其他统计分析软件相比，R 具有以下几个优点：

1. 自由开源软件

R 是自由软件，完全免费和开放源代码。在 R 的网站及其镜像中可以下载任何有关的安装程序、源代码、程序包及其源代码、文档资料。标准的安装文件自身就带有许多模块和内嵌统计函数，安装好后可以直接实现许多常用的统计功能。

2. 可编程的语言

R 是一种可编程的语言。因其具有开放的统计编程环境，语法通俗易懂，易被掌握，用户可以用其编制自己的函数来扩展现有的语言，这也是 R 的更新速度比一般统计软件（例如，SPSS 和 SAS）快得多的原因，并且大多数最新的统计方法和技术都可以在 R 中直接得到。

3. 容纳度高

所有 R 的函数和数据集都保存在程序包中。只有当一个包被载入时，它的内容才可以被访问。一些常用的、基本的程序包已经被收入标准安装文件中，随着新的统计分析方法的出现，标准安装文件中包含的程序包也随着版本的更新而不断变化，已经包含的程序包有基础模块、最大似然估计模块、时间序列分析模块、多元统计分析模块和生存分析模块等。

4. 互动性强

R 具有很强的互动性。除了图形输出是在另外的窗口外，R 的输入/输出操作都是在同一个窗口进行的，如果输入语法中出现错误会马上在窗口中弹出提示。它还对之前输入过的命令有记忆功能，可以随时再现、编辑、修改以满足分析者的需要。

5. 用户间交流方便

如果加入 R 的帮助邮件列表，那么每天都可以收到几十份关于 R 的邮件资讯，同时可以与全球一流的统计计算方面的专家讨论各种问题。

6. 扩展性强

R 的库函数以拓展包的形式存在，方便管理和扩展。由于代码的开源性，全世界许多优秀的程序员、统计学家和生物信息学家都加入了 R 社区，为其编写了大量的 R 包来扩展其功能。这些 R 包包含了各行各业数据分析的前言方法，从统计计算到机器学习、从金融分析到生物信息、从社会网络分析到自然语言处理，几乎无所不包。

虽然 R 有众多优点，但也有不足之处，如分析者需要熟悉命令，并且记住常用命令;所有的数据处理都在内存中进行，不适用于处理超大规模的数据；运行速度稍慢。

7.4.2　R 的下载和安装

R 的下载是完全免费的，用户可以通过 https://cran.r-project.org 进行下载。该网站一共提供三个下载链接，分别对应三种操作系统——Windows、Mac 和 Linux。用户可以根据自己的计算机配置选择合适的安装包。接下来，以 Windows 为例介绍安装过程。

（1）进入 https://cran.r-project.org 网站，单击"Download R for Windows"，接着单击"base"，最后单击"Download R 3.6.1 for Windows"，即可下载安装包，如图 7-15 所示。

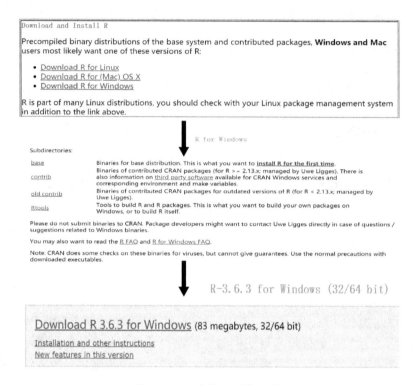

图 7-15　R 安装包下载步骤

（2）选择安装位置。

（3）安装组件，如图 7-16 所示。

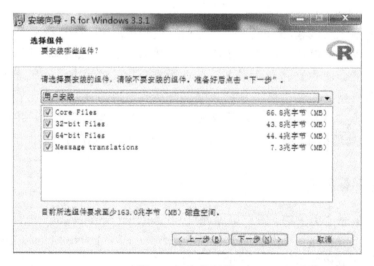

图 7-16　安装组件

（4）启动选项，有自定义启动和接受默认选项两种选择。

（5）安装完成，并且生成快捷方式。

7.4.3　R 的基本表达

在这一节中，主要介绍对象、函数和包三个基本表达。

1．对象

对象是一个容器，用来存放 R 中的数据、函数、操作符、公式、分析结果等。任何一个对象都有自己的名称，对象名称对字母大小写很敏感，例如用 A 和 a 可以表示不同对象。

（1）创建对象。用赋值符（<–或者=）创建对象，例如：

```
> a <- 1
> b = "znufe"
> b
```

（2）列出对象。使用 1s 函数，1s.str 给出对象的基本信息，例如：

```
> 1s()
[1] "a" "b"
> 1s.str()
a : num 1
a : num 1
b : chr  "znufe"
```

（3）删除对象。使用 rm 函数，例如：

```
> rm(a)
> 1s()
[1] "b"
```

2．函数

函数是一种特殊的对象，主要用于操作处理对象。无论函数有没有参数，都要带上一对括号，例如 1s()。函数可以自己定义，也可以使用系统自带的。系统自带的函数存放在库中，库由包组成。

运算符是一种特殊的函数，常见运算符有算术运算符、比较运算符、逻辑运算符和其他运算符。算数运算符是指加、减、乘、除、幂；比较运算符是指大于、大于等于、等于、不等于、小于、不小于；逻辑运算符是指与或非；其他运算符包括赋值符（<–或者=）、提取符（$）、矩阵乘法（%*%）等。

3．包

包用来存放 R 自带的函数和数据集。而包存放在库中，每一个包对应一个文件夹。包按照重要程度可以分为以下三类，其中核心包和推荐包是已经安装好的，贡献包需要根据自己的需求安装。

（1）核心包。核心包一共有 12 个，分别为 base、compiler、datasets、graphics、grDevices、grid、methods、parallel、splines、stats、stats4、tcltk，其中最重要的是 base 包。

（2）推荐包。推荐包一共有 15 个，分别为 KernSmooth、MASS、Matrix、boot、class、cluster、codetools、foreign、lattice、mgcv、nlme、nnet、rpart、spatial、survival。

（3）贡献包。贡献包是三类中最多的，多达几千个，而且一直在扩展。

本章小结

本章主要讲述了大数据分析常用的四种工具：Python、Tableau、SAS 及 R。Python 一节介绍了 Python 的发展历程、特点、在 Windows 环境下的安装方法以及四分位分析法；对于 Tableau，讲述了 Tableau 的系列产品、特点及其在网站内容分析中的应用；在 SAS 一节，概述了 SAS 的功能模块、SAS 语言的语句和程序；对于 R，介绍了 R 的发展历程、特点、安装方法以及 R 的基本表达——对象、函数、包。

习 题

1. 名词解释

（1）Python；（2）Tableau；（3）SAS；（4）SAS 程序；（5）对象；（6）函数

2. 单选题

（1）Python 的 Web 框架之祖是（   ）。

A. Zope1   B. Django   C. lambda   D. filter

（2）下列（   ）不属于 Python 的优点。

A. 简单易学   B. 语法优美   C. 应用领域广   D. 代码不能加密

（3）（   ）发布创建的视图，并将其分享在网页、博客。

A. Tableau Online   B. Tableau Desktop

C. Tableau Public   D. Tableau Server

（4）（   ）是 SAS 的核心，负责数据管理、交互应用环境管理，同时调用其他功能模块，进行用户语言处理。

A. Base SAS   B. SAS/IML   C. SAS/AF   D. SAS WA

（5）SAS 数据集名和变量名要求在（   ）个字符之内。

A. 25   B. 32   C. 36   D. 40

（6）在 R 中，（   ）是已经安装好的，无须用户自己安装。

A.核心包   B. 推荐包   C. 贡献包   D. A 和 B

3. 填空题

（1）Python 是由一位名为_____的荷兰人发明的。

（2）Tableau 是目前全球最易上手的_____工具，用户可以使用 Tableau 的_____可视化任何数据，探索不同的视图。

（3）Tableau 参数是静态的，它始终选择_____作为参数。

（4）数据步以_____开头，以_____结束，其主要作用是建立数据集。

（5）SAS 的界面有三个基本窗口，分别为_____、_____、_____。

（6）R 是一个对所有人免费和_____全部公开的开源软件，同时也是一个用于统计计算和制图的优秀工具。

4. 简答题

（1）简述 Python 的缺点。

（2）简述 Tableau 的优点。

（3）简述 Tableau 的系列产品。

（4）简述 SAS 的优点。

（5）SAS 数据集名和变量名有哪些要求？

（6）简述 R 的下载和安装方法。

第 8 章

大数据可视化

本章学习要点

知识要点	掌握程度	相关知识
数据可视化的概念与发展历程	了解	可视化的概念、发展过程
数据可视化的作用	掌握	可视化的观测、跟踪和分析数据等作用
数据可视化的分类	了解	科学可视化、信息可视化、可视分析学
数据可视化的步骤	了解	可视化的四个具体步骤
基于文本的可视化方法	熟悉	基于标签云、树图、关联的可视化
基于图形的可视化方法	掌握	树状图、桑基图、散点图和折线图等的含义
数据可视化的常用工具	掌握	Tableau 和 Python 的使用方法
大数据可视化的未来发展方向	了解	多视图整合和大屏展示等大数据可视化发展方向
大数据可视化的挑战	熟悉	大数据可视化的数据尺度大、数据质量问题等挑战

　　大数据时代的到来导致每时每刻都有海量数据在不断生成,需要对数据进行及时、全面、快速、准确的分析。随着数据容量的增加和复杂性的提高,人们从大数据中直接获取知识的难度也不断提高,因此对数据可视化的需求也越来越高。本章将从大数据可视化概述、大数据可视化的方法与工具和大数据可视化的发展等方面介绍大数据可视化的相关内容。

8.1　大数据可视化概述

　　数据可视化技术能够更加直观地挖掘、分析和展示大数据,有助于分析人员发现其中的规律,应用范围十分广泛。数据可视化作为大数据的主要理论基础和关键技术,是大数据分析不可或缺的重要手段和工具,已经成为当前大数据分析的重要研究领域。本节在讨论数据可视化的概念和发展历程的基础上,重点介绍可视化在大数据系统中的作用、分类及步骤。

8.1.1　数据可视化的概念与发展历程

　　数据可视化是关于数据视觉表现形式的科学技术研究。数据的视觉表现形式是以

某种概要形式抽取出来的信息，包括相应信息单位的各种属性和变量等。数据可视化
涉及图像处理、计算机辅助设计和计算机图形学、用户界面设计等多个领域，通过表
达、建模，以及对立体、表面、属性、动画的展示，实现对数据的可视化解释。

数据可视化可追溯到 20 世纪 50 年代计算机图形学的早期，首批图形图表在计算
机上被创建出来。美国计算机科学家布鲁斯·麦考梅克等人在 1987 年编写出美国国家
科学基金会报告《科学计算之中的可视化》，强调了新的基于计算机的可视化技术方法
的必要性，对于这一领域的发展起到了积极的促进作用。随着科学技术的发展，计算
机运算能力得到了迅速提升，数值模型的规模越来越大，复杂程度越来越高，医学扫
描仪和显微镜之类的数据采集设备的使用产生了各类体积庞大的数据集，这些数据集
通过可以保存文本、数值和多媒体信息的大型数据库进行收集。因此，需要高级的计
算机图形学技术与方法来处理和可视化这些规模庞大的数据集。

在这一需求下，科学计算之中的可视化变成了科学可视化，前者最初指的是作为
科学计算之组成部分的可视化，也就是科学与工程实践当中对于计算机建模和模拟的
运用。之后，可视化更加关注数据，包括那些来自商业、财务、行政管理、数字媒体
等方面的大型异质性数据集合。20 世纪 90 年代初期，人们开始研究一个新的领域，
称为"信息可视化"，为许多应用领域之中对于抽象的异质性数据集的分析工作提供支
持。21 世纪，"数据可视化"这个涵盖了科学可视化与信息可视化领域的新生术语，
也越来越受到了人们的重视。

总的来讲，数据可视化是利用图形、图像处理、计算机视觉以及用户界面，通
过表达、建模，以及对立体、表面、属性、动画的显示，对数据加以可视化解释的
过程。

8.1.2　数据可视化的作用

数据可视化技术可帮助人们更好地理解和分析数据，在多个领域发挥着重要的作
用，其具体作用如下。

1．观测和跟踪数据

在许多实际应用中，数据量的庞大程度早已超出人脑可以理解和处理的范围，
对于海量的数据，若仍以数值的形式呈现，将无法得到充分和有效的利用。数据可
视化技术可以将动态的数据进行处理，生成实时更新的可视化图表，形象生动地展
示出各种参数的变化过程，从而实现对参数数值的观测和跟踪。例如，图 8-1 是百
度地图显示的北京市实时交通状况，用户据此可对交通状况进行实时观测，合理规
划出行路线。

2．分析数据

数据可视化技术通过实时呈现出数据的分析结果，可以使用户参与到数据分析的
过程中，通过用户的反馈执行后续的操作，实现用户与分析算法的全程交互。用户参
与的可视化分析过程如图 8-2 所示。外部数据首先通过可视化技术被转化为图像展示

给用户，用户在观察分析之后，运用自己在该领域的知识对可视化图像进行认知，从而理解和分析数据的内涵和特征。用户还可以依据分析结果，对系统的设置进行更改，交互地对输出的可视化图像进行调整，根据需求对数据进行分析。

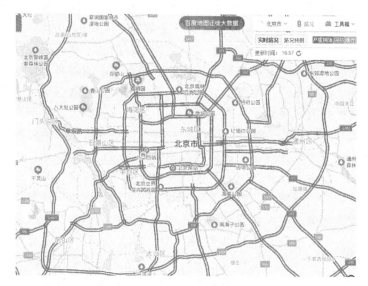

图 8-1　百度地图显示的北京市实时交通状况

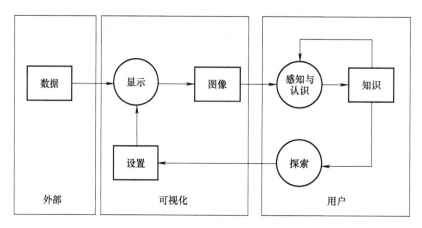

图 8-2　用户参与的可视化分析过程

3. 辅助理解数据

可视化技术通过运用不同的颜色区分不同对象、用动画显示变化过程、用图结构展示对象之间的复杂关系等方式辅助用户理解数据背后的含义。微软亚洲研究院设计开发了人立方关系搜索，它能从超过 10 亿的中文网页中自动抽取出人名、地名、机构名和中文短语，并计算出它们相关的可能性，最终以关系图的形式展示结果。人立方关系搜索除了能提供网页的结果，还能提取出这些网页中包含的人名、地址、机构等信息，按照网络流行度或关系亲密度将所有与关键字相关的信息排序。图 8-3 是使用人立方关系搜索对田径运动员刘翔搜索的结果。该页面展示了与刘翔相关的其他人物，通过单击人物与人物之间的连线可获得两人之间的关系，连线的长短在一定程度上展现了两人之间的相关度大小。

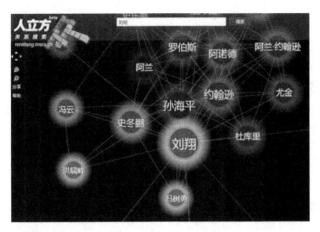

图 8-3　人立方关系搜索对田径运动员刘翔的搜索结果

4. 增加数据吸引力

传统的数据展现方式已经不再具有吸引力，用户需要更加直观、高效的方式。如果能将枯燥的数据制作成具有视觉冲击力和说服力的图像，可增加用户的阅读兴趣，令用户在短时间内消化和吸收内容，大大提高知识理解的效率。人人网曾经对其用户的网购偏好进行了调查，调查结果使用了数据可视化的方式进行展示，如图 8-4 所示。该数据可视化的设计采用了代表男性和女性的图形，这样的设计让分类一目了然。它结合了左浅右深的色彩可视化，同时也采用了面积和尺寸可视化，用不同长度的条形代表不同比例。这些可视化方法的组合使用，大大加强了数据的可理解性。

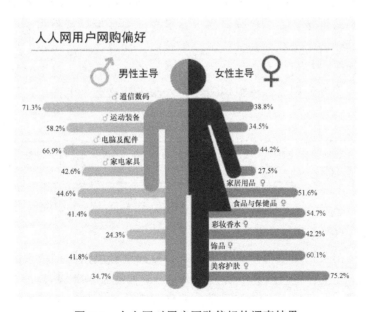

图 8-4　人人网对用户网购偏好的调查结果

8.1.3 数据可视化的分类

数据可视化可以从狭义和广义两个层面进行分类。在狭义上，数据可视化指的是数据用统计图表方式呈现，与科学可视化、信息可视化和可视分析学是平行的概念。而在广义上，科学可视化、信息可视化和可视分析学这三个学科方向通常被看成可视化的三个主要分支。"数据可视化"是这三个分支整合在一起形成的新学科，是可视化研究领域的新起点。随着数据可视化更加广泛地应用，其涵盖的内容也更加丰富。因此，在广义层面上对数据可视化的分类也越来越受关注，本节将在广义的层面上介绍数据可视化的分类。

1. 科学可视化

科学可视化是数据可视化领域最早和最成熟的一个跨学科研究与应用领域，面向的服务领域主要是自然科学，如物理、化学、气象气候、航空航天、医学、生物学等学科，这些学科通常需要对数据和模型进行解释、操作和处理，旨在寻找其中的模式、特点、关系及异常情况。科学可视化面向科学和工程领域，处理科学数据，研究带有空间坐标和几何信息的三维空间测量数据、计算模拟数据和医疗影像数据等，重点探索如何有效地呈现数据中的几何、拓扑和形状特征。

科学可视化的发展方向非常多样，有计算机动画、计算机模拟、视觉通信、界面技术与感知和远程可视化等。根据数据种类的划分，科学可视化可分为体可视化、流场可视化、大规模数据可视化等。针对不同的科学可视化，常用的方法有颜色映射方法、等值线方法、立体图法、层次分割法，以及矢量数据场的直接法和流线法等。

目前，大多数的科学可视化系统采用"可视化流水线"作为理论模型，如图 8-5 所示。在此模型中，变化复杂的多维数据首先通过模拟这一步骤，形成一系列反映研究目标或对象的数据集。经过格式转换、噪声数据清除等一系列预处理操作后，数据集被映射成有一定含义的几何数据。映射完成后，观察者通过形状、颜色、动画等手段挖掘出隐藏在大数据集中有价值的信息，并对绘制后的结果进行解释。若观察者在解释中发现新的问题，则返回模拟步骤，再依次进行这五个步骤，直至得到满意的可视化结果。

图 8-5　可视化流水线

2. 信息可视化

信息可视化由美国斯坦福大学计算机科学专业副教授斯图尔特卡德、美国信息可视化专家约克·麦金利和美国高级研究员乔治·罗伯逊于 1989 年提出，科学家们对信息可视化的研究由此开始并延续到现在。信息可视化处理的对象是抽象的、非结构化数据集（如文本、图表、层次结构、地图、软件、复杂系统等）。与科学可视化相比，信息可视化更关注抽象且应用层次高的可视化问题，一般具有具体问题导向。此类问题中的数据通常不具有空间中位置的属性，因此要根据特定数据分析的需求，决定数据元素在空间的布局。因为信息可视化的方法与所针对的数据类型紧密相关，所以通常按数据类型分为时空数据可视分析、层次与网络结构数据可视化、文本和跨媒体数据可视化、多变量数据可视化这四类。

3. 可视分析学

可视分析学是一门以可视交互界面为基础的分析推理科学，它综合了图形学、数据挖掘和人机交互等技术，以可视交互界面为通道，以达到人机协同完成可视化任务为主要目的，将人的感知和认知能力以可视的方式融入数据处理过程，形成人脑智能和机器智能优势互补和相互提升，建立螺旋式信息交流与知识提炼途径，完成有效的分析推理和决策。图 8-6 展示了可视分析学及其相关学科。

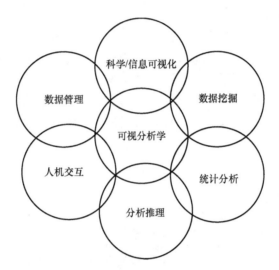

图 8-6　可视分析学及其相关学科

8.1.4　数据可视化的步骤

数据可视化不是简单的视觉映射，而是以数据流向为主线的一个完整流程，它包括确定数据主题、提炼数据、选择正确的图表类型和可视化设计这四个步骤。

1. 确定数据主题

在创建数据可视化项目时，第一步是要明确数据主题，明确这个数据可视化项目将会怎样帮助用户。一个具体问题或某项业务、战略目标的提出，都对应着一个数据可视化的主题。例如某物流公司想要分析包裹的流向、承运量和运输时效等，均可确定相应的数据主题。确定数据主题有助于避免数据可视化项目把无关联的事物混杂在一起。若可视化项目不具有明确的数据主题，用户则易被误导去比较不相干的变量，从而产生困惑。

2. 提炼数据

确定数据主题之后，需要对数据进行提炼。提炼数据的第一个环节是确定数据指标。同样一个业务问题或数据，由于思考视角和组织方式的不同，选择不同的数据指标进行衡量，可得出截然不同的数据分析结果。确定数据指标后，需要基于不同的分析目的，对数据指标的维度进行选择。例如，某物流公司在分析寄件量这一指标时，可以分析一天内的寄件量高峰位于哪个时段，也可以分析一天内寄件量排名前十的城市是哪些。时段、城市是寄件量这一指标的不同维度。

确定了要展示的数据指标和维度之后，需要对指标的重要性进行排序，选择出用户最关注的数据指标和维度。只有确定用户关注的重点指标，才能为数据的可视化设计提供依据，从而通过合理的布局和设计，将用户的注意力集中到可视化结果中最重要的区域，提高用户获取重要信息的效率。

3. 选择正确的图表类型

在确定了用户最关注的数据指标后，选取正确的图表类型有助于用户理解数据中隐含的信息和规律。图表类型的选择取决于所要处理和展现的数据类型，例如数据指标之间存在对比关系，则可采用柱状图、条形图或树图等图表类型；若数据为连续取值且能够体现出趋势时，则适合采用折线图；若数据指标为关联型，则可采用桑基图。以第 2 步提到的物流公司在某天内寄件量排名前十的城市为例，可以使用柱状图来展示这一指标，如图 8-7 所示。

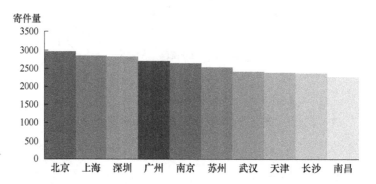

图 8-7　用柱状图展示物流公司某天内寄件量排名前十的城市

4. 可视化设计

在确定图表类型之后，则进入可视化设计和呈现的步骤。在进行可视化布局的设计时，需通过恰当的排版布局，将用户的注意力集中到最重要的区域，提高用户解读信息的效率。对于含有众多指标的图表，有时很难衡量多个指标之间的差异，则需要对关键指标进行放大或采用突出的颜色显示等方式使该指标更为突出。此外，需要合理地利用可视化的设计空间，保证整个页面的不同元素在空间位置上的平衡，并且在选择设计元素上要避免冗余烦琐，提升设计美感。

8.2 大数据可视化的方法与工具

可视化方法是指利用计算机科学，将数据以一种清晰、易理解的形式展示出来，使冗余的数据更加直观形象的方法。可视化工具是辅助用户将数据转化成可视化图表图形的工具。本节将介绍常用的两种大数据可视化方法——基于文本的可视化方法和基于图形的可视化方法，以及 Tableau 和 Python 这两种常用可视化工具的使用方法。

8.2.1 基于文本的可视化方法

文本可视化是数据可视化的一个分支，目前已有许多的研究成果。随着技术的发展和计算机的普及，许多互联网企业、运营商都想将自己的数据可视化，立体地展示给用户，以获取更多的用户支持、广告投资。由于语言不同，可视化工具的底层设计、展示方式也不同，即不同语言的可视化工具不能够通用，需要研究符合本语言的可视化工具。下面将介绍三种基于文本的可视化方法，分别是基于标签云的文本可视化、基于树图的文本可视化和基于关联的文本可视化。

1. 基于标签云的文本可视化

标签云也称为词云、文字云，是词频可视化中最为典型的形式。标签云是关键词的视觉化描述，用于汇总用户生成的标签或一个网站的文字内容。标签常按字母顺序排列，通过字体大小或颜色来体现其重要程度。按形式分，标签云又可以分为平面型和球面型。按作用的不同，标签云可以分为三大类：第一类描述网站的各个独立条目；第二类用于描述网站所有条目的标签情况；第三类是将标签作为一个数据项目的工具，用于表示整个集合中各项目的量。网站采用标签云有利于方便信息管理、促进协作分享、增加参与度等。图 8-8 展现了某网站的标签云可视化，可以看出该网站涉及的标签主要有大数据、数据挖掘和数据分析等。

2. 基于树图的文本可视化

树图也称为树状图或树形地图，其主要目的是展现整体状况。简单而言，树图是一种层次数据可视化的方法，用一定面积的方块表示数据中的个体，方块的大小表示个体的权重，方块的空间位置表示个体之间的关系。树图能够让用户快捷地了解文本中的主题、关键词，区分关键词的权重差异，并能够将这些词语按一定的要求组织起来。有的树图还能提供交互功能，用户单击方块可查看更多、更详细的数据。

树图包括三个方面：基本布局算法、视觉设计和交互设计。基本布局算法有递归算法、贪心策略算法、由内向外布局算法等，这些算法适用于不同的场景，可以展示出不同的效果。在选择布局算法时，需要考虑到算法的稳定性、可读性、连续性等性质。选定布局算法后，需要在一些细节上进行修改，如标签的颜色显示，文字的大小、字体等。最后的交互设计也是图形设计的重要一环，是提高用户体验很好的途径。树图的交互方法有改变权重、改变颜色、切换布局等。图 8-9 展示了某手机卖场 2019 年第一季度各品牌手机的销售量比重树图，其中不同品牌所在方块的面积大小代表了该品牌手机的销售量比重。由图可知，该手机卖场 2019 第一季度，苹果品牌的手机销售量占总销量比重最大。

图 8-8　某网站的标签云可视化

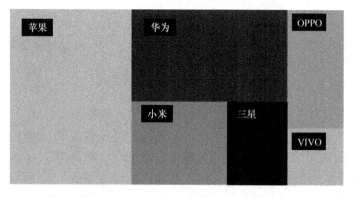

图 8-9　某手机卖场 2019 年第一季度各品牌手机销售量的比重树图

3. 基于关联的文本可视化

基于标签云和树状图的可视化有着直观和美观两大优点，但仅对关键词进行离散的展示，丢失了关键词之间的关联性和文本内容的紧凑性。为了展现文本的多维度信息和关键词之间的关联，可使用基于 FacetAtlas 算法的可视化。FacetAtlas 算法可将有联系的节点紧靠在一起，并与其他节点明显分隔开，将数据形成一个个群组。使用 FacetAtlas 算法可实现对单篇文档词语的可视化、多篇文档词语的可视化和对文档间引文关系的可视化，根据内容的不同制造出不同的图形。如图 8-10 所示，采用 FacetAtlas 算法将某篇小说中不同人物的多个属性转化成节点，并用线条连接，可以使文章人物的性别、出生年份、职业等信息以及各人物之间的共同属性一目了然。

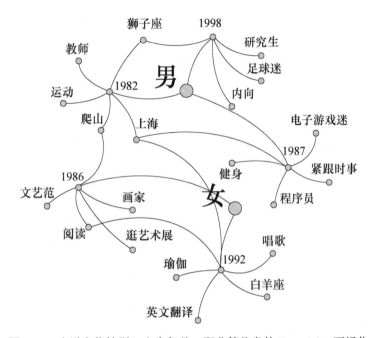

图 8-10　小说人物性别、出生年份、职业等信息的 FacetAtlas 可视化

8.2.2　基于图形的可视化方法

在日常生活中，人们需要对大量的数据进行处理和分析。这些数据往往十分复杂，具有多个维度。基于图形的可视化方法能够将数据各个维度之间的关系直观地在空间坐标系中展现出来，有利于挖掘出数据背后的信息。

1. 桑基图

桑基图，即桑基能量分流图，也叫桑基能量平衡图，是一种特定类型的流程图。桑基图中延伸分支的宽度对应数据流量的大小，通常应用于能源、材料成分、金融等数据的可视化分析。桑基图最明显的特征是所有主支宽度的总和应与所有分出去的分支宽度的总和相等，从而保持能量的平衡。图 8-11 展示了某科技公司的不同产品在各地区销售情况的桑基图。由图可知，该科技公司共销售手机、电脑、移动硬盘和蓝牙耳机这 4 款产品，各款产品分别销往华北、华东、东北等地区。

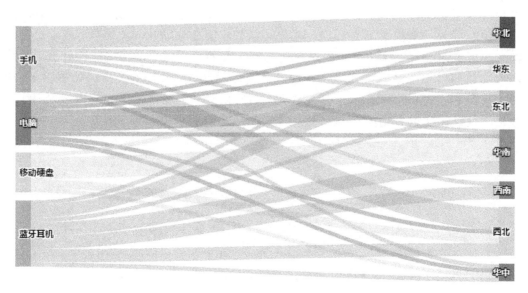

图 8-11　某科技公司的不同产品在各地区销售情况的桑基图

2. 散点图

散点图是指根据数据在直角坐标系中的分布情况绘制而成的图形，能够表示因变量随自变量变化的大致趋势。根据此趋势可以选择合适的函数进行经验分布的拟合，进而找到变量之间的函数关系。散点图适用于展现 2 个或 3 个变量之间的关系，数据量越大，其展示的效果越好。散点图可分为散点图矩阵、三维散点图和 ArcGIS 散点图这三种类型。散点图矩阵可同时绘制各变量间的散点图，从而快速发现多个变量间的主要相关性。三维散点图用于研究三个变量确定的三维空间中变量间的关系。ArcGIS 散点图则在 xy 坐标系中绘制点，揭示数据之间的关系并显示数据的趋势。图 8-12 用散点图展示了某商店顾客对服务的满意度与排队时间的关系，由该散点图可知，随着排队时间的增加，顾客对服务的满意度下降。

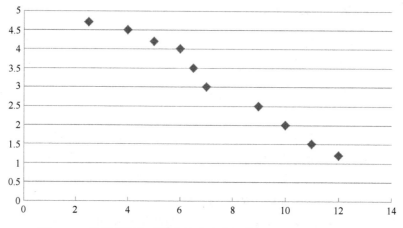

图 8-12　某商店顾客对服务的满意度与排队时间的关系散点图

3. 折线图

折线图能显示出随时间而变化的连续数据，因此非常适用于显示在相等时间间隔下数据变化的趋势。在折线图中，类别数据沿水平轴均匀分布，值数据沿垂直轴均匀分布。图 8-13 展示了某市某个时段的气温预报折线图，通过观察该图，用户能够清晰地了解该时段的气温变化情况。

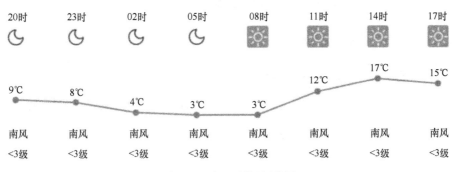

图 8-13　气温预报折线图

折线图还适用于多个二维数据集的比较。图 8-14 所示的折线图从月度同比和月度环比两个角度展示了 2019 年某地区居民消费价格指数的涨跌幅度。

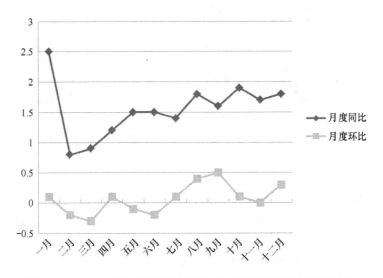

图 8-14　2019 年某地区居民消费价格指数月度涨跌幅度折线图

4. 条形图和柱状图

条形图用直条的长度表示数量或比例，并按时间、类别等一定顺序进行排列，主要用于表示数量、频数或频率等。图 8-15 所示的条形图展示了某科技公司 2019 年度各项产品的销量。

柱状图在本质上与条形图是一致的，只是方向不同，条形图水平延伸，而柱状图则垂直延伸。图 8-16 所示的柱状图展示了某 4 个城市 2019 年度的 GDP（单位：亿元）。

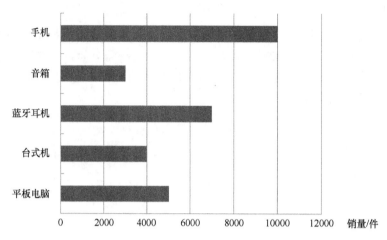

图 8-15　某科技公司 2019 年度各项产品销量的条形图

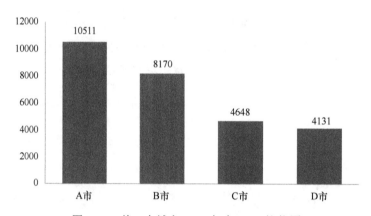

图 8-16　某 4 个城市 2019 年度 GDP 柱状图

5. 饼图

饼图以二维或三维的形式用圆形及圆内扇形的角度来表示数值大小，它主要用于表示一个样本（或总体）中各组成部分的数据占全部数据的比例。饼图可分为三类：普通饼图、复合饼图和分离型饼图。

（1）普通饼图：以二维或三维形式显示每个数值相对于总数值的大小，图 8-17 展示了某公司 2019 年度各季度销售额的占比情况。

（2）复合饼图：将用户定义的数值从主饼图中提取并组合到第二个饼图或堆积条形图的饼图中。例如，图 8-18 展示了某公司 2019 年度不同季度的销售额占比情况，并对第一季度进行了月份的细分。

（3）分离型饼图：显示每一数值相对于总数值的大小，同时强调每个数值。分离型饼图可以用三维格式显示。图 8-19 是展示某公司 2019 年度不同时段销售额占比情况的分离型饼图。

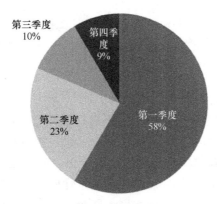

图 8-17　某公司 2019 年度各季度销售额占比情况饼图

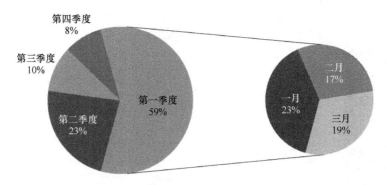

图 8-18　复合饼图

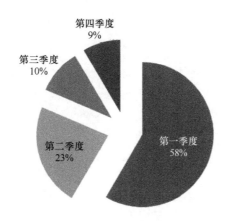

图 8-19　分离型饼图

8.2.3　数据可视化的常用工具

大数据时代，数据每天都在爆炸式增长。可视化工具需要满足爆发的大数据需求，必须能够快速地收集、筛选、分析、归纳和展现决策者需要的信息，并根据数据的变化对可视化的结果进行实时更新。现有的数据可视化工具种类多样，从 Microsoft Excel、Google Spreadsheets 这类入门级工具，到 D3、ECharts 和 Tableau 等信息图表工具，再到 Processing、R 和 Python 等高级分析工具，这些可视化工具被应用于多个领域。在众多可视化工具中，Tableau Desktop 和 Python 被广泛应用，本节将介绍这两种工具的使用方法。

1. Tableau Desktop

Tableau 是新一代商业智能工具软件，不仅广泛用于大数据分析，而且适用于企业和部门进行日常数据报表和大数据可视化分析工作。它将数据连接、运算、分析与图表结合在一起，是数据运算与图表美观的完美结合。在 Tableau 的众多产品中，Tableau Desktop 是一款桌面操作系统上的数据可视化分析软件，因其快速、易用的特点而被广泛使用。它的操作难度低，用户只需将大量数据拖放到数字画布上，即可创建好各种图表。Tableau Desktop 的开始页面如图 8-20 所示。

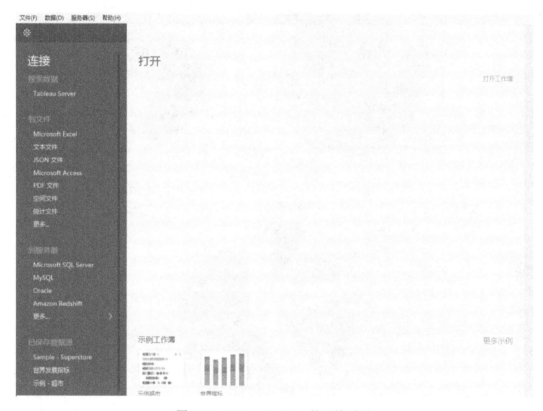

图 8-20　Tableau Desktop 的开始页面

Tableau Desktop 的开始页面由三个窗格组成："连接"、"打开"和"示例工作簿"，可以从中连接数据、访问最近使用的工作簿、浏览 Tableau 社区的内容。Tableau Desktop 有多种连接数据的途径。在"打开"窗口下，用户可以访问最近打开的工作簿。首次打开 Tableau Desktop 时，此窗口为空，随着创建和保存新工作簿，此处将显示最近打开的工作簿。"示例工作簿"下展示了"示例超市"和"世界指标"两个示例，单击"更多示例"可浏览 Tableau 社区的内容。下面将通过一个实例介绍运用 Tableau Desktop 进行可视化的过程。

（1）连接数据源。打开 Tableau Desktop，选择"连接"—"到文件"下方的 Microsoft Excel，在弹出窗口选择 Tableau 自带的数据源"示例–超市.xls"，具体操作如图 8-21 所示。

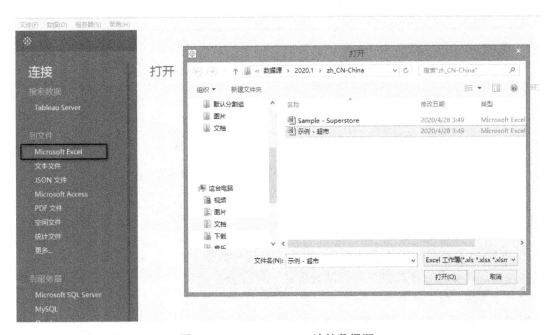

图 8-21　Tableau Desktop 连接数据源

连接该数据源后，如图 8-22 所示，"工作表"窗格下出现"订单""退货"和"销售人员" 3 张表。将"订单"表拖至"将工作表拖到此处"窗口，页面将出现订单表的具体内容，如图 8-23 所示。

图 8-22　选择需要处理的工作表

图 8-23　订单表的具体内容

（2）选择可视化的维度和度量。维度是指观察数据的角度。例如，订单的数据可以从地区这一维度分析，也可以更加细化，从城市的维度来观察。维度是一组离散的值，在统计时可以将维度值相同的记录聚合在一起，然后应用聚合函数做累加、平均、取最大和最小值等聚合计算。聚合运算的结果则称为度量，例如不同地区的订单的数量或销售额。选择的维度和度量不同，其可视化的结果也不同。单击"订单"表左侧的"工作表1"，可得到"订单"表的不同维度和度量。如图 8-24 所示，"订单"表有产品 Id、产品名称、发货日期和国家/地区等维度，以及利润、折扣和数量等度量。为了得到超市在不同地区的销售额的可视化结果，选择"地区"作为维度，"销售额"作为度量。

图 8-24　"订单"表的维度和度量

（3）应用可视化。为了生成超市在不同地区销售额的条形图，将"维度"下的"地区"移动至"行"，将"度量"下的"销售额"移至"列"，在"智能推荐"下选择条形图格式，具体操作如图 8-25 所示。经过这些操作，Tableau Desktop 可生成如图 8-26 所示的超市在不同地区销售额的条形图。通过对该条形图的观察分析，可知超市在不同地区销售额的差异，从而根据地区的不同对销售策略进行调整。

2. Python

Python 不仅是大数据分析任务的主流工具，更因为其扩展库的不断增加和改良，也成为大数据可视化的常用工具之一。Python 有多个专用的科学计算扩展库，如 Matplotlib、NumPy、Pandas、SciPy 和 Pyecharts 等十分经典的科学计算扩展库，它们为 Python 提供了快速数组处理、数值运算及绘图的功能。其中 Matplotlib 是最流行的用于绘制 2D 数据图表的 Python 库，能够在各种平台上使用，可以绘制柱状图、条形图、饼图、折线图等。下面将使用几种不同数据图表来讲解基于 Matplotlib 的数据可视化。

图 8-25　运用 Tableau 生成超市在不同地区销售额的条形图

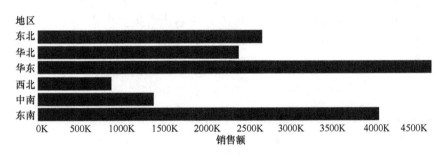

图 8-26　超市在不同地区销售额的条形图

（1）使用 Matplotlib 绘制条形图和柱状图。以某水果店在 2019 年的销售情况为例，表 8-1 展示了该水果店 2019 年度各类水果的销售额，由表可知该水果店出售苹果、香蕉、梨等 8 种水果，且销售额各不相同。

表 8-1　某水果店 2019 年度各类水果的销售额

种类	销售额（元）
苹果	7125
香蕉	12753
梨	13143
猕猴桃	8635
草莓	8320

（续）

种类	销售额（元）
橙子	7546
柚子	5700
樱桃	8520

为了更直观地展现不同水果销售额之间的差异，可以运用 Matplotlib 将该表格的数据转化为条形图，其 Python 代码和注释如下。

```
import matplotlib.pyplot as plt              #导入 Matplotlib 库中的
                                             pyplot 函数
plt.rcParams['font.sans-serif'] =['SimHei']  #设定字体为黑体
fruits = ['苹果','香蕉','梨','猕猴桃','草莓','
橙子','柚子','樱桃']
sales = [7125,12753,13143,8635,8320,7546,     #构建数据
5700,8520]
plt.barh(fruits, sales)                       #引入条形图函数 barh
plt.xlim([5000,15000])                        #设置横轴的刻度范围
plt.xlabel('销售额(元)')                       #添加横轴标签
for x,y in enumerate(sales):
    plt.text(y,x,'%s' %y,va='center')         #为每个条形添加数值标签，
                                              并且纵向顶部对齐
plt.show()                                    #显示绘制的图形
```

运行上述代码，即可得到该水果店 2019 年度各类水果销售额的条形图，如图 8-27 所示。由图可知，该水果店 2019 年度所出售的水果中，梨的销售额最高，而柚子的销售额最低。

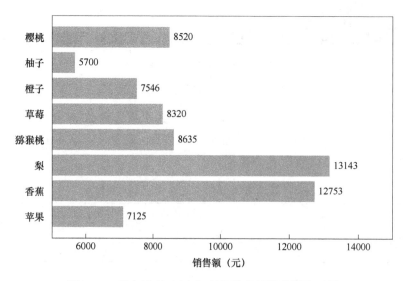

图 8-27　某水果店 2019 年度各类水果销售额条形图

由于柱状图与条形图只是方向不同，因此只需在上述绘制条形图的代码的基础上进行调整，即可得到绘制柱状图的代码。使用 Matplotlib 绘制柱状图的 Python 代码和注释如下。

```
import matplotlib.pyplot as plt              #导入 Matplotlib 库中
                                             pyplot 函数
plt.rcParams['font.sans-serif'] =['SimHei']  #设定字体为黑体
fruits = ['苹果','香蕉','梨','猕猴桃','草莓','
橙子','柚子','樱桃']
sales = [7125,12753,13143,8635,8320,7546,     #构建数据
5700,8520]
plt.bar(fruits, sales)                        #引入柱状图函数 bar
plt.ylim([5000,15000])                        #设置纵轴的刻度范围
plt.ylabel('销售额(元)')                        #添加纵轴标签
for x,y in enumerate(sales):
    plt.text(x,y,'%s' %y,ha='center')         #为每个条形添加数值标签，
                                              并且横向居中对齐
plt.show()                                    #显示绘制的图形
```

运行上述代码，即可得到该水果店 2019 年度各类水果销售额的柱状图，如图 8-28 所示。

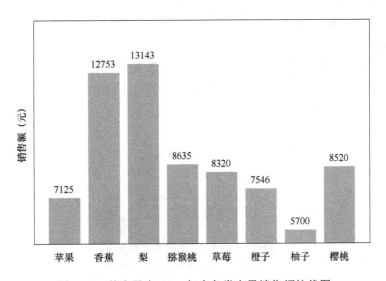

图 8-28　某水果店 2019 年度各类水果销售额柱状图

（2）使用 Matplotlib 绘制饼图。在表 8-1 的基础上，通过计算可得各种水果销售额占总销售额的比重，其具体数值如表 8-2 所示。

表 8-2　某水果店 2019 年度各类水果销售额所占比例

种类	销售额占比
苹果	0.099
香蕉	0.178
梨	0.183
猕猴桃	0.120
草莓	0.116
橙子	0.106
柚子	0.079
樱桃	0.119

　　为了更加清晰地展现出各种水果的销售额占比，可以运用 Matplotlib 将该表格的数据转化为饼图，其 Python 代码和注释如下。

```
import matplotlib.pyplot as plt          #导入 Matplotlib 库中的
                                         pyplot 函数

plt.rcParams['font.sans-serif'] =['SimHei']   #设定字体为黑体

sales=[0.099,0.178,0.183,0.120,0.116,0.106,
0.079,0.119]
fruits= ['苹果','香蕉','梨','猕猴桃','草莓','橙     #构建数据
子','柚子','樱桃']
plt.bar(plt.pie(x = sales, labels = fruits,    #引入饼图函数 pie，并设置
autopct='%.1f%%')                              百分比的格式
plt.show()                                     #显示绘制的图形
```

　　运行上述代码，即可得到该水果店 2019 年度各类水果销售额占比饼图，如图 8-29 所示。由图可知，在该水果店 2019 年度出售的水果中，梨的销售额所占比重最大，香蕉次之，柚子的销售额占比最小。

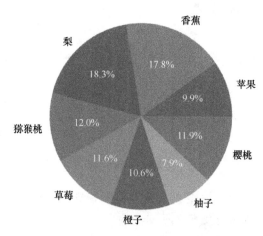

图 8-29　某水果店 2019 年度各类水果销售额占比饼图

（3）使用 Matplotlib 绘制折线图。除了各种水果的销售额及其占比之外，该水果店还统计了各个月份的销售额，如表 8-3 所示。

表 8-3　某水果店 2019 年度各月份销售额

月份	销售额（元）
一月	5203
二月	10020
三月	6350
四月	4020
五月	3420
六月	6106
七月	8079
八月	9119
九月	5201
十月	5115
十一月	5001
十二月	4108

为了反映出水果销售额随月份变化而改变的大致趋势，可以运用 Matplotlib 将该表格的数据转化为折线图，其 Python 代码和注释如下。

```
import matplotlib.pyplot as plt                # 导入 Matplotlib 库中
                                               pyplot 函数
plt.rcParams['font.sans-serif']=['SimHei']     #设定字体为黑体
sales=[5203,10020,6350,4020,3420,6106,
8079,9119,5201,5115,5001,4108]
x =['一月','二月','三月','四月','五月','六月',     #构建数据
'七月','八月','九月','十月','十一月','十二月']
plt.plot(x, sales)                             #引入折线图函数 plot
plt.ylim([3000,12000])                         #设置纵轴的刻度范围
plt.ylabel('销售额(元)')                         #添加纵轴标签
plt.show()                                     #显示绘制的图形
```

运行上述代码，即可得到该水果店 2019 年度各月销售额折线图，如图 8-30 所示。由图可知，该水果店在 2019 年二月是水果销售额的最高峰，八月次之，月份的变化对水果销售额的影响比较明显。

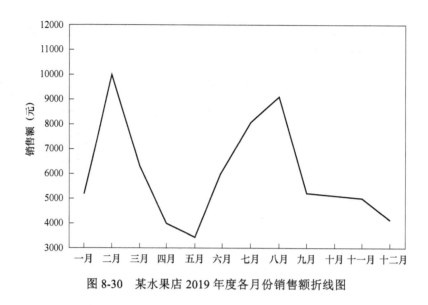

图 8-30　某水果店 2019 年度各月份销售额折线图

8.3　大数据可视化的发展

大数据可视化能够增强数据的呈现效果，帮助用户更加直观地观察数据，进而发现数据中隐藏的信息。前面已经介绍了可视化的概念、方法和工具，接下来将阐述可视化发展方向和面临的挑战。

8.3.1　大数据可视化未来的发展方向

随着大数据可视化技术的发展，大数据可视化被广泛地应用于多个领域，在各行各业发挥着重要的作用。在大数据快速发展的今天，数据正以指数形式快速增长，用户对大数据可视化的需求也越来越多样，大数据可视化技术在未来还将朝着以下这些方向发展。

1. 多视图的整合

多视图整合的目的是实现对不同维度数据关系的探索。多视图整合通过专业的统计数据分析系统设计方法，理清海量数据指标与维度，按主题成体系地呈现复杂数据背后的联系；整合多个视图，展示同一数据在不同维度下呈现的数据背后的规律，帮助用户从不同角度分析数据、缩小答案的范围、展示数据的不同影响等。多视图具备显示结果的形象性和使用过程的互动性，便于用户及时捕捉其关注的数据信息。

2. 数据视图的交互联动

将数据图片转化为数据查询，每一项数据在不同维度指标下交互联动，展示数据在不同角度的走势、比例和关系，可以帮助用户识别趋势、发现数据背后的规律。除了原有的饼状图、柱形图和地理信息图等数据展现方式外，还可以通过图像的颜色、

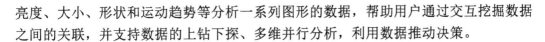

亮度、大小、形状和运动趋势等分析一系列图形的数据，帮助用户通过交互挖掘数据之间的关联，并支持数据的上钻下探、多维并行分析，利用数据推动决策。

3. 实现大屏展示

支持主从屏联动、多屏联动和自动翻屏等大屏展示功能，可实现高达上万分辨率的超清输出，并且具备优异的显示加速性能，支持触控交互，满足用户的不同展示需求。可以将同一主题下的多种形式的数据综合展现在同一个或分别展示在几个高分辨率界面中，实现多种数据的同步跟踪、切换；同时提供触控屏，作为大屏监控内容的中控台，通过简单的触控操作即可在大屏幕上实现内容的查询、缩放和切换，全方位展示企业信息化水准。

8.3.2　大数据可视化的挑战

大数据时代的到来使得大数据可视化受到越来越多的关注，可视化技术也日益成熟。然而，大数据可视化仍存在着如下问题，需要进一步解决，以满足用户的更多需求。

（1）视觉噪声。在数据集中，大多数数据具有极强的相关性，无法将其分离作为独立的对象显示。

（2）信息丢失。虽然可以采用减少可视数据集的方法，但会导致信息丢失。

（3）大型图像感知。大数据可视化不仅受限于设备的长度比和分辨率，也受限于现实中用户的感受。

（4）高速图像变换。用户虽然能够观察数据，却不能对数据强度变化做出反应。

（5）高性能要求。静态可视化对性能要求不高，因为可视化速度较低；然而动态可视化对性能要求会比较高。

同时，大数据可视化面临着如下 5 个方面的挑战。

（1）数据尺度大，已超出单机、外存模型甚至小型计算集群处理能力的极限，而当前软件和工具运行效率不高，需探索全新思路解决该问题。

（2）在数据获取与分析处理过程中，易产生数据质量问题，需特别关注数据的不确定性问题。

（3）数据快速动态变化常以流式数据形式存在，需寻找流数据的实时分析与可视化方法。

（4）面临复杂高维数据，当前的软件系统以统计和基本分析为主，分析能力不足。

（5）多源数据的类型和结构各异，已有方法对非结构化数据和异构数据的支持不足，网络数据可视化分析是推理求解异构数据内在关系的最重要的方法。

以上 5 方面的挑战逐渐成为今后大数据可视化研究的热点与方向，相关科研人员将进一步开展研究，有望在可视化分析与高效数据处理等问题上获得更大突破。

本章小结

本章介绍了大数据可视化的相关知识。8.1 节首先介绍了数据可视化的概念与发展历程；其次介绍了数据可视化的四个具体作用以及数据可视化的分类；最后介绍了数据可视化的四个步骤。8.2 节介绍了基于文本和基于图形的这两种可视化方法，并对 Tableau 和 Python 这两种常用的数据可视化工具的使用方法进行了讲解。8.3 节介绍了大数据可视化未来发展的三个方向以及面临着的五个挑战。大数据可视化在大数据分析中具有极其重要的作用，是提升用户数据分析效率的有效手段。通过本章的学习，读者可以对大数据可视化有基本的了解和认识，为以后的工作和学习打下坚实的理论基础。

习　题

1. 名词解释

（1）数据可视化；（2）可视化流水线；（3）可视分析学；（4）标签云；（5）树图；（6）桑基图

2. 单选题

（1）以下学科中，（　　）与可视分析学无关。

A. 数据管理　　　B. 数据挖掘　　　C. 人机交互　　　D. 人文社科

（2）下列（　　）的特征是始末端的分支宽度总和相等。

A. 桑基图　　　　　　　　B. 折线图

C. 条形图　　　　　　　　D. 柱状图

（3）散点图的基本类型不包括（　　）。

A. 散点图矩阵　　　　　　B. ArcGIS 散点图

C. 三维散点图　　　　　　D. 复合散点图

（4）（　　）能显示出随时间而变化的连续数据。

A. 散点图　　　B. 折线图　　　C. 饼图　　　D. 柱状图

（5）柱状图和条形图的本质是相同的，只是方向不同。在延伸方向上，柱状图为（　　）延伸。

A. 水平　　　　B. 斜上方　　　C. 垂直　　　D. 斜下方

（6）以下的可视化工具中，（　　）是入门级工具。

A. Excel　　　B. R　　　C. D3　　　D. ECharts

3. 填空题

（1）可视化具有＿＿＿＿、＿＿＿＿、＿＿＿＿、＿＿＿＿四项作用。

（2）基于文本的可视化可分为＿＿＿＿＿、＿＿＿＿＿、＿＿＿＿＿三类。

（3）＿＿＿＿＿可将有联系的节点紧靠在一起，并与其他节点明显分隔开，将数据形成一个个群组。

（4）饼图可分为＿＿＿＿＿、＿＿＿＿＿、＿＿＿＿＿三类。

（5）＿＿＿＿＿是一款桌面操作系统上的数据可视化分析软件，因其快速、易用的特点而被广泛使用。

（6）＿＿＿＿＿是最流行的用于绘制 2D 数据图表的 Python 库，能够在各种平台上使用，可以生成多种图形。

4．简答题

（1）数据可视化可分成哪几类？

（2）数据可视化可分为几步？

（3）什么是基于文本的可视化方法？

（4）数据可视化的常用工具有哪些？

（5）大数据可视化技术的发展方向有哪些？

（6）数据可视化面临着哪些挑战？

第9章

大数据安全

本章学习要点

知识要点	掌握程度	相关知识
大数据安全的概念	熟悉	保密性、完整性、可用性
造成大数据安全问题的原因	熟悉	分布式集中存储、大数据平台安全机制、新型虚拟化网络、网络攻击
大数据安全问题的分类	掌握	大数据平台安全、大数据自身安全、大数据应用安全
大数据隐私问题发展历程	了解	隐私变化的特征和挑战
大数据隐私保护政策	了解	国内外隐私保护相关法律
大数据安全防护方法	熟悉	大数据生命周期防护体系、监管体系
大数据安全防护技术	掌握	数据加密、数字签名、访问控制、安全审计、数据溯源、APT 检测技术
大数据隐私保护技术	掌握	数据隐藏、数据脱敏、数据发布匿名、基于差分隐私的数据发布

大数据安全是涉及技术、法律、监管、社会治理等领域的综合性问题，其影响范围涵盖国家安全、产业安全和个人合法权益等。大数据在数量规模、处理方式、应用理念等方面的革新，不仅导致大数据平台自身安全需求发生了变化，还带动了大数据安全技术的创新，同时大数据隐私问题也越来越受到人们的关注。本章主要内容包括大数据安全概述、大数据隐私问题以及大数据安全技术等相关内容。

9.1　大数据安全概述

当前，全球大数据产业正值活跃发展期，非关系型数据库、分布式并行计算以及机器学习、深度挖掘等新型数据存储、计算和分析关键技术快速更新，大数据在电信、互联网、金融、交通、医疗等行业创造巨大商业价值和应用价值的同时，也逐渐成为各个国家的基础战略资源和社会基础生产要素。与此同时，大数据的安全问题备受关注。大数据因其蕴藏的巨大价值和集中化的存储管理模式成为网络攻击的重点目标，针对大数据的勒索攻击和数据泄露问题日趋严重，全球大数据安全事件呈频发态势。因此，在充分发挥大数据在推动产业转型升级、提升国家治理现代化水平等方面的重要作用的同时，也要深刻认识大数据安全的重要性和紧迫性，认清大数据安全挑战，积极应对复杂严峻的安全风险，加速构建大数据安全保障体系。

9.1.1　大数据安全的概念

大数据安全是指确保数据的保密性、完整性和可用性，不受到信息泄漏和非法篡改的安全威胁影响。

1. 保密性

保密性又称为机密性，是指禁止非法用户在没有授权的情况下访问、获取数据，避免数据遭受破坏或泄露而造成安全隐患，数据加密、数据隐藏、访问控制等是实现机密性要求的常用手段。

2. 完整性

完整性是指在传输、存储数据的过程中，确保数据不被未授权者篡改、损坏、销毁，或在篡改后能够被迅速发现。常见的保证完整性的技术手段是数字签名。

3. 可用性

可用性是指保证合法用户在需要时可以使用所需的数据，并且数据在传输过程中没有失真，使用数据的过程是可控的，常见手段有备份与恢复技术、防火墙技术等。

大数据安全的这 3 个要素相互依存，保障这 3 个要素的技术与管理手段也是交叉应用的，因而不能简单地认为某个单一要素即是数据安全的核心。相反，数据安全的核心是保障数据在其全生命周期的各个阶段都能做到高度可控，从技术保护与管理手段上尽可能隔绝各类威胁因素，不受信息泄露、非法篡改和使用失控的安全威胁影响。

9.1.2　造成大数据安全问题的原因

大数据安全问题渗透在数据采集、存储、传输、处理等大数据全生命周期的各个环节，安全问题的形成原因非常复杂，既有外部攻击，也有内部泄露，既有传统技术存在的安全缺陷，也有新技术引发的安全风险，主要体现在以下几个方面：传统数据安全防护技术的缺陷、大数据分布式存储的风险、大数据平台安全机制的不足、新型虚拟化网络技术的局限，以及新型高级网络攻击的威胁，如图 9-1 所示。

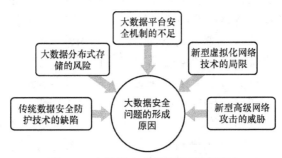

图 9-1　大数据安全问题的形成原因

1. 传统数据安全防护技术的缺陷

目前，针对大数据平台的网络攻击手段正在悄然变化，攻击目的已经从单纯的窃取数据、瘫痪系统，转向干预、操纵分析结果，攻击效果已经从直观易察觉的系统宕机、信息泄露转向细小难察觉的分析结果偏差。同时，基于大数据海量、多源、动态的特征，以及大数据环境分布式、组件多、接口多的特点，传统的基于监测、预警、响应的安全防护技术难应对大数据安全问题的动态变化。例如，传统数据访问控制技术无法解决跨组织的数据授权管理和数据流向追踪问题，难以对数据接收方的数据处理活动进行实时监控和审计，极易造成数据滥用的风险。因此，传统数据安全防护技术的缺陷导致其有效性不足，大数据安全问题便更容易发生。

2. 大数据分布式存储的风险

目前，云计算基础设施被广泛应用于大数据系统的构建，云计算的虚拟化技术能有效提升资源利用率、实现资源共享，但是这也导致了大数据的安全问题。由于大数据在云端的分布式集中存储和处理，使得安全保密风险也向云端集中，一旦云端服务器受到攻击，海量信息可在瞬间被集中窃取。同时，大规模的分布式存储和计算架构也增加了安全配置工作的难度，对安全运维人员的技术也提出了更高的要求，一旦出错，会影响整个系统的正常运行。

3. 大数据平台安全机制的不足

大数据时代，数据平台大多是基于 Hadoop 体系结构的，但是这种体系结构在自身安全机制方面存在局限性。首先，在 Hadoop 体系结构中，用户的身份鉴别和授权访问等安全保障能力比较薄弱，它依赖于 Linux 的身份和权限管理机制，身份管理仅支持用户和用户组，权限管理仅有可读、可写和可执行三个，不能满足基于角色的身份管理和细粒度访问控制等新的安全需求。其次，在安全审计方面，Hadoop 只有分布在各组件中的日志记录，没有原生安全审计功能，需要使用外部附加工具进行日志分析。此外，由于 Hadoop 是开源的，因此缺乏严格的测试管理和安全认证，对组件漏洞和恶意后门的防范能力不足，存在漏洞和恶意代码。

4. 新型虚拟化网络技术的局限

为应对大数据环境下网络架构的可扩展性需求，以软件定义网络（Software Defined Network，SDN）和网络功能虚拟化（Network Function Virtualization，NFV）为代表的新型网络虚拟化技术近年来发展迅速。SDN 和 NFV 通过在一个基础网络架构中实现多种异构的虚拟网络，能够极大地提高基础网络设备的资源利用率，但是也带来了新的安全问题。SDN 的架构自下而上通常分为转发层、控制层和应用层。转发层集中管理所有网络设备，进行数据处理、转发和分配，控制层以通用接口的方式与转发层进行数据传输通信，实现数据资源的管理编排以提供网络服务，应用层包括各种不同的业务应用。而在这三层架构中，通用接口的开放性会引发漏洞暴露和接口滥用的问题，从而遭受更多的网络攻击，如图 9-2 所示。同样，NFV 公开部署时通常会外包给第三方虚拟化平台，如云平台，而共享、非可信和虚拟化的环境，使得 NFV 的管理编排和安全运行面临着很大的威胁。

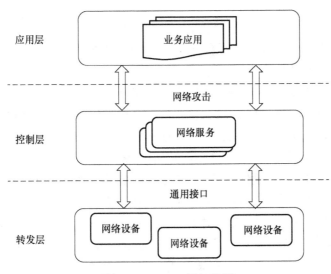

图 9-2　SDN 三层架构图

5. 新型高级网络攻击的威胁

大数据具有的巨大潜在价值使之在各行业领域的应用中被广泛重视，也使得它更容易成为攻击者的重点目标，而且大数据存储、计算、分析等技术的快速发展也催生了很多新型、高级的网络攻击手段，如高级可持续攻击（Advanced Persistent Threat，APT）。攻击者将 APT 代码长期隐蔽在大数据中，大数据的价值低密度性，使得安全分析工具难以聚焦在价值点上，因此 APT 的发现难度更大，攻击也更加精准，严重威胁着网络安全。

9.1.3　大数据安全问题的分类

大数据安全主要包括三个层面：大数据平台安全、大数据自身安全和大数据应用安全（如图 9-3 所示）。大数据平台不仅要保障其基础组件安全，还要为在其上运行的数据和应用程序提供安全保障机制；大数据自身安全是指在收集大数据时要确保大数据的真实性、可靠性和完整性；大数据应用安全则重点体现在用户隐私保护方面。

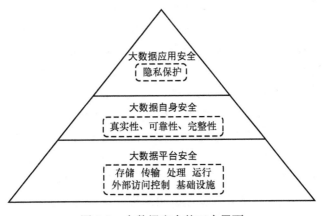

图 9-3　大数据安全的三个层面

1. 大数据平台安全

大数据平台安全包括大数据平台在存储、传输大数据，外部访问控制，运行计算以及基础设施等方面的安全问题。

（1）大数据存储安全。在大数据时代，数据拥有者大多不再选择由自己存储数据，而是采用云存储技术，以多副本、多节点、分布式等形式存储在大数据云平台。但是云存储平台并不是完全可信的，用户数据面临着被非法入侵、泄露或篡改的风险。其次，在大数据的存储平台上，数据量的指数级增长，对各种类型和各种结构的数据进行数据存储，会引发多种应用进程的并发且频繁无序的运行，极易造成数据存储错位和数据管理混乱，为大数据后期的处理带来安全隐患。

（2）大数据传输安全。数据传输的信道具有一定的开放性，这导致大数据传输环节面临着数据失真、泄漏、篡改以及被数据流攻击者利用等风险。例如，即使多个数据集在传输环节各自进行脱敏处理，但由于数据集的关联性，攻击者仍然可通过关联分析等手段获取脱敏数据，造成个人数据泄漏的风险。因此，需要加强数据信息交换过程的保护，保证数据传输过程中的安全，避免非法用户对数据的传输线路和数据通信的站点进行攻击，而导致网络的可用性被破坏、数据信息被截取和泄露。

（3）大数据平台访问控制安全。大数据的应用范围十分广泛，通常要被来自不同组织或部门、不同身份与目的的用户访问，实施访问控制是基本的安全需求。在大数据场景中，需要实施身份和权限管理，然而对未知的大量数据和用户进行角色预设十分困难，给大数据平台的访问控制、受控共享提出了挑战，主要体现在：

1）用户数量庞大，增加了对访问者描述的难度。

2）数据的结构种类繁多，有结构化数据、半结构化数据、非结构化数据等。

3）大数据分析应用种类很多，访问需求复杂且动态变化，需要更细粒度的访问控制策略。

（4）大数据运行计算安全。目前，越来越多的企业或组织以数据流动为基础，协同参与产业链的联合，数据的流动使数据突破了组织和系统的界限，从而能够汇聚跨系统的多方数据进行联合运算。但是各种数据应用背景不同，频繁的数据共享和交换促使数据流动路径变得错综复杂，再加上大数据的分布式、虚拟化处理模式，这些都使得数据在分析和处理过程中面临着被盗取的威胁。因此，必须对数据运行、计算、流转等过程进行安全防护，防止个人信息、商业机密或独有数据资源被恶意窃取，保证在合作过程中数据的机密性和安全有序、互联互通。

（5）大数据基础设施安全。大数据基础设施是确保大数据安全运行的基础，为大数据平台组件的运行提供所需的存储、传输、网络等资源，包括物理资源和虚拟化资源。攻击者往往会通过非授权访问、在网络传输过程中破坏数据完整性、造成信息泄露和丢失、传播网络病毒等方式对大数据基础设施造成安全威胁，进而破坏大数据基础设施的正常运行。因此，在进一步促进网络设施空间布局协同发展、完善大数据基础设施建设用地、加快拓展网络宽带、提升信息传输和交换能力的同时，还需要保障大数据基础设施安全，以应对资源共享与虚拟化带来的安全威胁，如虚拟机和虚拟机监控器的安全、虚拟化网络的安全等。

2. 大数据自身安全

大数据具有来源广泛、类型多样、数据量增长速度快等特点，给大数据自身的安全提出了更高的要求。一方面需要保障数据源的真实可信性，防止源数据被伪造或刻意制造，并且考虑时间、数据版本变更等因素导致的数据失真，避免分析者做出错误或不准确的结论，从而影响决策判断力。例如，一些购物网站上的虚假评论混杂在真实评论中，使得用户无法分辨，误导用户可能去选择某些劣质商品或服务。另一方面需要保障数据源的可靠性和完整性，尽可能减小数据采集过程中由于人工干预带来的误差，确保数据不被篡改、损坏，避免影响后期数据分析结果的准确性。

3. 大数据应用安全

大数据在各行业的应用和发展态势强劲，不断突破学科壁垒和行业界限，促进各个领域的优质资源高效汇集起来，显现出巨大的商业价值。但是大数据在应用过程中尚存在一些安全问题，例如数据共享、数据外包过程中的数据泄露和破坏，大数据市场资格认证和准入机制的缺乏以及受到持续关注的用户隐私保护问题。隐私保护是指利用去标识化、匿名化、密文计算等技术保障个人数据在处理、流转过程中不被泄露。大数据时代的隐私保护不仅仅是保护个人隐私权，还包括在个人信息收集、使用过程中保障对个人信息的自主决定权利，即用户应有权利决定自己的信息如何被使用，从而实现用户可控的隐私保护。但是实践中，许多网络信息平台在商业利益诱惑下，在未征得用户同意的情况下，将所收集的用户隐私信息数据用于其他用途或是出售给第三方，导致了大量隐私信息泄露。同时，在缺乏成熟的数据保护技术、数据保护意识不强、保护力度不足的情况下，个人隐私信息也极易泄露并且存在被恶意使用的风险，对用户的隐私造成了极大的侵害。

【相关案例 9-1】

2019 年国内外数据泄露事件盘点

2019 年国内外大规模的数据泄露事件频频发生，呈现爆发递增的趋势。据安全情报供应商 Risk Based Security（RBS）的报告，2019 年 1 月 1 日至 2019 年 9 月 30 日，全球披露的数据泄露事件有 5183 起，泄露的数据量达到了 79.95 亿条记录。RBS 列举了全球 2012 年至 2019 年的数据泄露情况，如图 9-4 所示。从数据泄露事件的数量来看，整体呈现出递增趋势，其中 2019 年泄露事件（5183）比 2018 年（3886）上涨 33.3%。从数据泄露涉及的记录数量看，2017 年至 2019 年三年均在一个高点，其中 2019 年与 2017 年泄露数量接近，而 2019 年泄露记录数量（79.95 亿）比 2018 年（37.66 亿）上涨 112%。

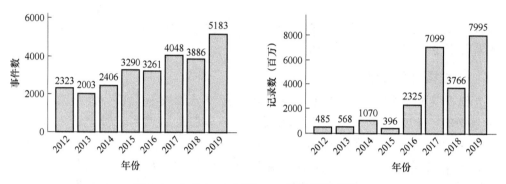

图 9-4　全球 2012 年至 2019 年数据泄露情况

1. 国内主要数据泄露事件

（1）2019 年 2 月，由于中国深网视界科技有限公司的 MongoDB 数据库未做访问限制，直接被开放在互联网上面，超过 250 万人的数据可被获取，68 万条数据发生泄露，数据类型包括身份证信息、人脸识别图像及图像拍摄地点等。

（2）多家企业 2019 年前 3 个月出现数起简历信息泄露事故，主要原因是 MongoDB 和 ElasticSearch 服务器安全措施不到位，无需密码就能访问获得数据，或者由于防火墙的配置错误导致。

（3）2019 年 4 月，哔哩哔哩公司（B 站）后台源码泄露涉及多个用户密码。其后台源码被上传至 GitHub，出现一个名为 openbilibili/go-common 的代码仓库，短短 6 小时已经获得 6000 多个 Star 和 Fork，代码包含了很多配置文件、密钥、密码等敏感信息。

（4）2019 年 7 月，中国智能家居公司欧瑞博（Orvibo）的产品数据库暴露在互联网上，该数据库无任何密码防护，运行在物联网（IoT）管理平台。该数据库超过 20 亿条日志，包括了从用户名、Email 地址、密码到精确位置等内容。

（5）2019 年 9 月，全球医疗 PACS（影像归档和通信系统）约 600 个未受防护的服务器暴露于互联网，其中，中国有 14 个未受防护的 PACS 服务器系统，泄露了近 28 万条数据记录。这些数据记录大多包括患者姓名、出生日期、检查日期、调查范围、成像程序的类型、主治医师、研究所/诊所和生成的图像数量等。

2. 国外主要数据泄露事件

（1）2019 年 10 月，美国数据公司 People Data Labs 和 OxyData.io 的 Elasticsearch 服务器暴露涉及泄露了 12 亿人的敏感信息，里面包含了超过 4TB 的数据。泄露的数据包括姓名、电子邮件地址、电话号码、LinkedIn 和 Facebook 的个人信息。从数据泄露记录来看，12 亿级别，为该年度报道的国外最大数据泄露事件。

（2）2019 年 12 月，美国短信服务商 TrueDialog 管理的一个数据库被泄露，该数据库包含数年来企业向潜在客户发送的数千万条短信，包含短信内容、电话号码和客户的用户名和密码。该数据库包含 10 亿个记录，影响 1 亿多美国公民。据悉，该数据库不受在线防护，数据以纯文本格式保存，由 Microsoft Azure 托管，并在 Oracle Marketing Cloud 上运行。

（3）2019 年 2 月，美国电子邮件验证公司 Verifications.io 的一个不受防护的服务器公开了 4 个在线 MongoDB 数据库，其中包含了 150GB 的详细营销数据以及 8 亿多个的电子邮箱地址，不仅包含个人消费者的数据，而且还有类似"商业情报"的数据，如不同公司的员工收入数据。

（4）2019 年 5 月，印度某公司在 Amazon AWS 上托管的可公开访问的 MongoDB 数据库中，泄露了约 2.75 亿条包含印度公民详细个人信息的数据，包含姓名、性别、出生日期、电子邮件、手机号码、教育程度、专业信息（雇主、工作经历、技能、职能领域）、现有工资等信息。

（5）2019 年 3 月，美国第一资本投资国际集团（Capital One）泄露 1.06 亿信用记录。一个名叫佩奇·汤普森的黑客潜入了 Capital One，使用 Amazon 提供的云服务（AWS）。据美国司法部称，汤普森利用了一个配置错误的 Web 应用程序防火墙来获取信息，导致本次 1.06 亿信息被泄露，包括姓名、地址、邮政编码、电话号码、电子邮件地址、生日和自我报告的收入；某些情况下，还会暴露客户的信用评分、信用限额、余额、付款历史和联系信息。

（6）2019 年 5 月，优衣库泄露了超过 46 万名客户的数据。优衣库的母公司迅销集团在一份声明中表示，"2019 年 5 月 10 日，除客户以外的第三方未经授权登录公司运营的在线商店网站"。由于存在漏洞，黑客访问了在线购物网站客户的数据，涉及超过 46 万名客户，泄露数据包括他们的姓名、地址和联系方式。优衣库表示此次事件不包括中国地区的用户数据。

3. 国内外重大数据泄露事件分析与解读

（1）2019 年数据泄露非常严峻，8 起上亿级大规模重大泄露事件中累计泄露数量超过 60 亿，其中国内有 2 起，国外为 6 起，如图 9-5 所示。

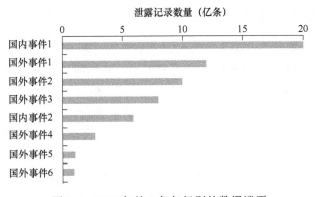

图 9-5　2019 年的 8 起亿级别的数据泄露

（2）数据泄露类型分布如图 9-6 所示。从泄露的数据类型来看，泄露最多的是个人基本信息，具体包括姓名、住址、出生日期、身份证件号码和电话号码等；其次是用户账号密码信息；最后三类是三种敏感信息，包括生物识别敏感信息、收入敏感信息和医疗敏感信息。生物识别敏感信息是一种新的数据类型，包括人脸识别、虹膜和指纹等信息，这与近年来 AI 安防广泛推广应用有关。另外，IoT 日志等新泄露趋势值得关注。

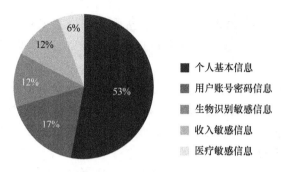

图 9-6 数据泄露类型分布

（资料来源：https://cloud.tencent.com/developer/article/1574163）

9.2 大数据隐私问题

大数据隐私问题一直是互联网领域最受关注的焦点之一。随着大数据技术的发展，人们似乎没有隐私可言，个人基本情况、消费行为信息、偏好信息、实时位置等隐私信息被收集、利用甚至泄露，人们对此越来越担忧，也给隐私保护技术和手段带来了巨大的挑战。因此，实施大数据环境下的隐私保护势在必行。其次，在大数据产生、分析、应用的整个生命周期中，也需考虑隐私保护与数据利用的冲突问题，即如何保证在大数据的分析使用过程中，挖掘出更多的价值，同时保障用户的隐私不被泄露，以达到数据利用和隐私保护这二者之间的较好的平衡。

9.2.1 大数据隐私问题的发展历程

早在 1890 年，美国著名学者沃伦与布兰戴斯在《隐私权》一书中就清晰地提出了"隐私权"的概念。他们将隐私权定义为"不受干涉"或"免于侵害"的独处的权利。这意味着隐私具有个体自决性，即个人具有决定隐私的对象、范围等的能动性，个人享有不被他人干涉和个人不愿被公开的信息被防护的权利。经过一百多年的社会发展，人类对隐私的认识也在不断深化，隐私权也被视为公民的一项基本人格权利。然而互联网的发展使隐私信息越来越透明，个体为了获得一定的使用便利，会主动或被动地公开传递个人的隐私信息，给隐私保护带来了很大的困难。例如，互联网公司通过《用户协议》，让用户允许公开自己更多的数据，如通讯录、短信、照片等，尝试从用户信息中挖掘出商机，并尽可能地避免法律责任。总体来看，大数据时代的隐私问题的变化呈现如下特征：

1. 隐私范围扩大且难以界定

随着大数据技术和应用的不断发展，隐私不再只是姓名、性别、联系方式等个人属性信息，它还扩展到了用户在媒体信息行为中留下的行为痕迹信息、位置信息、消费信息、社会网络关系信息等个人行为信息。因此，隐私的概念是随着信息技术的发展而变化的，隐私保护范围难以界定。

2. 隐私权利归属复杂

大数据作为一种资源，个人、相关组织和政府都有一定权利去收集、控制和处理。在个人层面上，要求得到充分防护隐私的权利；同时，大数据相关企业和组织也同样具有信息产权，即在网络上通过合法方式搜集用户信息的权利；而政府则拥有以整个国家为主体而产生的所有数据。这些数据虽然本质上是由普通个人所产生的数据集合体，但在大数据时代仍然形成了不同级次、范围、性质的权利归属。

3. 隐私保护困难

大数据时代信息技术的发展突破了时间和空间的界限，藏匿于隐私数据背后的商业价值、政治价值、社会价值等，使得隐私侵犯成为更普遍、更有利可图的行为，侵犯个人隐私的形式也越加复杂多样。对于界定是否构成侵权行为，根据目前的法律无法准确判断。例如，用户在网络上通常使用昵称，而未进行身份认证，这种匿名方式使受害人很难收集证据并找到真正的侵权人。

9.2.2　大数据隐私保护政策

随着大数据的安全问题越来越引起人们的重视，美国、欧盟、日本等众多国家和地区都颁布了相关法律法规和政策以推动大数据应用中的隐私保护，如表 9-1 所示。

表 9-1　外国和地区数据隐私安全防护相关政策法律

年份	国家和地区	内容	说明
1970	德国	《联邦数据防护法》	对信息泄露的惩处
1974	美国	《隐私权法》	基础法
1986	美国	《电子通信隐私法》	保证用户个人的通信安全
1995	欧盟	《个人数据防护指令》	防护个人数据的最低标准
2002	欧盟	《关于在电子通信领域个人数据处理及保护隐私权的指令》	电子商务消费者隐私权
2003	日本	《个人信息保护法》	个人信息防护法律依据
2009	美国	《2009 个人隐私与安全法案》《数据泄漏事件通报法案》	数据泄漏通报标准
2012	美国	《消费者隐私权力法》	消费者隐私拥有权
2013	欧盟	《数据防护基本条例》	严格数据保障机制
2015	美国	《网络安全信息共享法案》	保障网络空间安全
2017	法国	《防护个人数据法案》	未成年人数据防护
2019	欧盟	《通用数据防护条例》	向欧盟居民提供商品服务的境外数据处理

1. 美国针对隐私保护的主要相关政策

1974 年，美国参众两院通过了《隐私权法》，该法是美国行政法中保护公民隐私权和了解权的一项重要法律，就行政机关对个人信息的采集、使用、公开和保密问题做出详细规定，以此规范联邦政府处理个人信息的行为，平衡公共利益与个人隐私权之间的矛盾。该法中的个人信息是指包含在某一记录系统中的个人记录，个人记录是指行政机关根据公民的姓名或其他标识而记载的一项或一组信息，涉及教育、经济活动、医疗史、工作履历以及其他一切关于个人情况的记载。其中，"其他标识"包括别名、相片、指纹、音纹、社会保障号码、护照号码、汽车执照号码，以及其他一切能够用于识别某一特定个人的标识。

1986 年，美国颁布了《电子通信隐私法》，它是有关保护网络上的个人信息的一部数据保护立法。《电子通信隐私法》涵盖了声音通信、文本和数字化形象的传输等所有形式的数字化通信，它不仅禁止政府部门未经授权的窃听，还禁止所有个人和企业对通信内容的窃听，同时还禁止对存储于计算机系统中的通信信息未经授权的访问，以及对传输中的信息未经授权的拦截。

2009 年，美国参议院司法委员会通过了两个有关建立数据泄漏通报标准的法案：《2009 个人隐私与安全法案》《数据泄漏事件通报法案》。《2009 个人隐私与安全法案》建立了风险评估、漏洞检测以及对访问敏感信息的控制和审计的相关标准，同时也有条款规定了在出差及在非工作时间的数据保护措施，规定在数据泄漏时需及时通报执法部门、信用报告机构和受影响的个人。《数据泄漏事件通报法案》要求美国联邦政府机构以及业务范围跨州的企业在发生数据泄漏事件时必须通知所有信息可能被或者已经被访问、获取的当事人。

2. 欧盟针对隐私保护的主要相关政策

1995 年，欧盟发布了《防护个人享有的与个人数据处理有关的权利以及个人数据自由流动的指令》（简称《个人数据防护指令》），为欧盟成员国防护个人数据设立了最低标准，该指令规定了个人数据的处理方式，包括对个人数据的收集、记录、组织、存储、更改、检索、咨询、使用、传输、披露、提供、擦除或破坏。

2002 年，欧盟理事会和欧洲议会共同颁布了新的《关于在电子通信领域个人数据处理及保护隐私权的指令》，该指令于 2004 年 4 月起在欧盟成员国生效实行，是欧盟基于电子商务及互联网发展现状而制定的旨在规范电子商务消费者隐私权保护的最新立法。该指令包含一系列专门针对电子通信领域个人信息处理和隐私权保护的特别规范，其中部分内容对欧盟电子商务指令的规定也做了进一步的补充和完善。

2019 年 5 月，欧盟正式实行《通用数据防护条例》，改革并取代了《数据防护指令》，旨在防护欧盟公民免受隐私和数据泄露的影响，并对组织处理隐私和数据防护方面的工作方式提出了全新的要求，以更严的标准和更高的水平防护欧盟居民的个人信息。该条例不仅适用于欧盟地区的组织，还适用于进入欧盟市场的域外企业。《通用数据防护条例》的要点是一方面拓宽了个人数据的范围，将一些可能出现的网络标识符纳入其中（如 IP 地址），并认可了更多的个人数据权力，包括 20 多项新的数据主体权利，例如被遗忘权、个人数据的复制权、个人信息泄露后的通知义务、处理个人信息的知情权等；另一方面对数据控制者的数据收集、存储、使用和披露等行为规定了严苛的责任，要求其在收集个人信息前取得信息所有者的明确许可，加固防火墙和其他

加密技术，做好充分的安全防护准备，一旦发生个人数据泄露事件，公司必须在 72
小时之内向监管部门报告。

3. 日本针对隐私保护的主要相关政策

2003 年 5 月，日本政府发布了《个人信息保护法》，它是一部对于个人信息持有
和处理组织的规制法。它直接约束的是组织，组织在利用消费者的个人信息时，需要
告知使用用途，并有通知、发布的义务。事实上，几乎所有的企业都为了保证消费者
的个人信息安全制定了相关的安全对策，并发布在各自的网站上。依据网站上的个人
信息安全对策，个人信息的利用者、消费者和企业之间形成了一种合同约定，据此可
以追究企业的合同责任。之后陆续又公布了《行政机关个人信息保护法》《独立行政法
人个人信息保护法》《信息公开、个人信息保护审查会设置法》，以及《伴随〈行政机
关持有个人信息保护法〉等实施的有关法律的准备法》，与《个人信息保护法》构成"个
人信息保护法关联五法案"。根据其规定，但凡能够追索到具体个人的信息，都应该以
保密为常态、公开为例外。

4. 我国针对隐私保护的主要相关政策

我国也高度重视大数据安全与隐私保护问题，从 2009 年起陆续出台了很多隐私保
护相关政策，如表 9-2 所示。

表 9-2　我国数据隐私安全防护相关政策

年份	内容	说明
2009	《中华人民共和国侵权责任法》	隐私权
2013	《电信和互联网用户个人信息防护规定》	收集、使用个人信息的规则和信息安全保障措施要求
2015	《促进大数据发展行动纲要》	健全大数据安全保障体系
2015	《中华人民共和国刑法修正案（九）》	网络个人隐私信息刑法防护
2016	《中华人民共和国国民经济和社会发展第十三个五年规划纲要》	大数据安全管理制度
2016	《中华人民共和国网络安全法》	全面规范网络空间安全管理、基础性法律
2017	《中华人民共和国民法总则》	个人信息自主权
2018	《信息安全技术个人信息安全规范》	个人信息安全
2019	《数据安全管理办法（征求意见稿）》	网络运营者行为规定

2009 年出台的《中华人民共和国侵权责任法》（以下简称《侵权责任法》），第一
次正式将隐私权作为一项独立的民事权利加以保护，并从 2012 年开始先后出台了一系
列政策法规加强对个人信息的保护。

2013 年 7 月，工业和信息化部公布了《电信和互联网用户个人信息防护规定》，
明确电信业务经营者、互联网信息服务提供者收集、使用用户个人信息的规则和信息
安全保障措施要求。

2015 年 8 月，国务院印发了《促进大数据发展行动纲要》，提出要健全大数据安
全保障体系，完善法律法规制度和标准体系。

2015 年 11 月,《中华人民共和国刑法修正案（九）》新增了"侵犯公民个人信息罪""拒不履行信息网络安全管理义务罪""非法利用信息网络罪""帮助信息网络犯罪活动罪"，为网络个人隐私信息提供了刑法防护。

2016 年 3 月，第十二届全国人民代表大会第四次会议表决通过了《中华人民共和国国民经济和社会发展第十三个五年规划纲要》，提出把大数据作为基础性战略资源，明确指出要建立大数据安全管理制度，实行数据资源分类分级管理，保障安全高效可信应用。

2016 年 11 月，全国人民代表大会常务委员会发布了《中华人民共和国网络安全法》（以下简称《网络安全法》）。《网络安全法》的第四章明确规定了网络运营者对个人信息的严格防护要求，从个人信息收集、使用以及防护的角度进行了规定，要求在对数据进行收集之前取得用户的同意，不得违反约定收集与所提供服务无关的个人信息，并采取数据分类、重要数据备份和加密等技术措施确保收集的个人信息安全，防范数据泄露。总体而言，《网络安全法》是我国第一部全面规范网络空间安全管理方面问题的基础性法律，是我国网络空间法治建设的重要里程碑，是依法治网、化解网络风险的法律重器，是让互联网在法治轨道上健康运行的重要保障。

2017 年 10 月，《中华人民共和国民法总则》对隐私、个人信息、数据防护进行了针对性的规定，确认了个人信息自主权，明文规定自然人的个人信息受法律防护，任何组织和个人需要获取他人个人信息的，应当依法取得并确保信息安全，不得非法收集、使用、加工、传输他人个人信息，不得非法买卖、提供或者公开他人个人信息。

2018 年 5 月，全国信息安全标准化技术委员会正式实施了《信息安全技术个人信息安全规范》，旨在针对个人信息面临的安全问题，规范个人信息控制者在收集、保存、使用、共享、转让、公开披露等信息处理环节中的相关行为，遏制个人信息非法收集、滥用、泄漏等乱象，最大限度地保障个人的合法权益和社会公共利益。

2019 年 5 月，国家互联网信息办公室会同相关部门研究起草了《数据安全管理办法（征求意见稿）》（以下简称《征求意见稿》）。《征求意见稿》在《中华人民共和国网络安全法》的基础上，覆盖数据全生命周期，系统地规定了网络运营者数据收集、数据处理使用、数据安全监督管理等方面的要求，就大众关心的个人信息收集、广告精准推送、账户注销难、自动化洗稿、算法歧视、爬虫抓取、APP 过度索取权限等经常涉及隐私的问题做出了明确规定。

从以上政策可以看出，我国在个人信息防护方面也开展了长期有效的工作，对保护个人信息隐私起到了积极的作用，但是仍需要进一步完善隐私保护条例，例如明确数据控制者的核心义务与责任，增强风险防御能力，同时加大隐私保护的力度，尽可能保障公民隐私免受他人非法侵害，提高公民权利意识，从而树立崭新的社会道德风尚，促进精神文明建设。

【相关案例 9-2】

区块链与隐私保护

自 2016 年 12 月，《"十三五"国家信息化规划》首次提出"要将区块链作为战略技术加以应用，以抢占新一代信息技术的主导权"。区块链（Blockchain）是分布式数据存储、点对点传输、共识机制、加密算法等计算机技术的新型应用模式。区块链是一个共享的、不易篡改的分类账本，本质上是一种均匀分布式的数据安全网络。其信息是对所有人开放，这也意味着单方面的信息窃取将毫无意义。

1. 区块链的基本特点

（1）去中心化：区块链技术不依赖额外的第三方管理机构或硬件设施，没有中心管制，除了自成一体的区块链本身，通过分布式核算和存储，各个节点实现了信息自我验证、传递和管理。去中心化是区块链最突出最本质的特征。

（2）开放性：区块链技术基础是开源的，除了交易各方的私有信息被加密外，区块链的数据对所有人开放，任何人都可以通过公开的接口查询区块链数据和开发相关应用，因此整个系统信息高度透明。

（3）独立性：基于协商一致的规范和协议（类似比特币采用的哈希算法等各种数学算法），整个区块链系统不依赖其他第三方，所有节点能够在系统内自动安全地验证、交换数据，不需要任何人为的干预。

（4）安全性：只要不能掌控全部数据节点的51%，就无法肆意操控修改网络数据，这使区块链本身变得相对安全，避免了主观人为的数据变更。

（5）匿名性：除非有法律规范要求，单从技术上来讲，各区块节点的身份信息不需要公开或验证，信息传递可以匿名进行。

2. 区块链对隐私保护的作用

隐私权是一项基本人格权利，防护隐私不但是对个人尊严的尊重，同时也是人类文明进步的标志。从根本上来说，解决公民隐私权的问题，就是要让公民掌握处理隐私数据的权利，而区块链的分布式账本、非对称加密、不可篡改、去中心化或多中心化等特性，为公民赋权提供了有效的技术支撑和实现路径，从而有助于解决公民隐私泄露的部分难题。

1）区块链能够增强公民对自身隐私的控制。依据"谁控制、谁使用，最大价值就属于谁"的原则，在大数据时代下，个人信息的收集、挖掘、利用被牢牢地掌控在网络服务提供商手中。公民个人不具备个人信息的控制权，这就导致信息的最大价值也不归属于个人。而区块链可以让用户保留对个人信息的控制权，从而体现防护个人身份的独到优势。这种控制主要表现在三个方面：首先，公民可以在区块链上创建一套独立的身份，控制了这个身份就能有效防护好自己的隐私。其次，区块链分布式存储的方式，使得各节点上的工作量证明等共识算法形成强大的算力，因而能有效抵御外部的攻击。数据存储方式的改变，允许公民完全控制他们的个人数据信息。最后，区块链上的交易数据对所有用户都是开放且透明的，便于个人紧密追踪自身数据的使用情况，从而加强对个人信息的监控。

2）区块链凭借多中心的架构降低用户隐私泄露的风险。目前的中心化服务器架构都经由一个中心化的根服务器传输数据与指令，而区块链将重塑互联网间数据的传输方式。这种传输方式具有三个优势：首先，区块链采用分布式的网络结构，这使得设备之间能够保持共识，而无须与中心服务器和数据库进行验证。其次，这种架构没有中心数据服务商，也就不存在批量用户信息泄露的问题。即使一个或者少量节点被攻破，整个网络的体系也依然是稳定的。最后，区块链中各个节点之间地位平等，通过中继转发的方式彼此联系。信息的传输分散在各节点之间，而不必经过一个集中的环节，从而降低了公民信息泄露的风险。

3）区块链可以防止第三方对个人隐私的窃取。区块链通过控制第三方对个人身份的侵入，保障公民的隐私无法被其他用户窃取。这是因为区块链可以创建一个数据网络交易，非交易者不能通过其他途径（除交易人透露信息以外的途径）对用户的数据进行访问。此外，区块链的非对称加密技术，为使用者分别配备用于公开接受信息的公钥和用于解密私密消息的私钥。私钥采用高级加密的策略，可以有效限制他人的访问。此外，私钥只能单项加密而不能反向解密，进而起到防止个人隐私遭到第三方窃取的作用。

（资料来源：http://www.21ic.com/iot/smart/data/201912/925377.htm）

9.3 大数据安全技术

针对大数据安全的三个方面,大数据安全的防护首先需要充分利用各种防护技术,加固大数据平台安全体系；其次可通过构建大数据安全防护体系，保障大数据本身在各个生命周期的安全；最后也需要健全相关管理制度来约束数据各方相关者的行为，增强公众自我隐私保护意识。

9.3.1 大数据安全相关技术

随着大数据的发展，针对大数据的安全防护技术也不断完善和创新，目前的关键技术有数据加密技术、数据真实性分析与认证技术、访问控制技术、数据溯源技术、安全审计技术、APT 检测技术等。

1. 数据加密技术

为了保证数据的机密性，越来越多的公司和个人用户选择对数据进行加密。数据加密技术的基本思路是将原始信息（或称明文）经过加密密钥及加密函数转换，变成无意义的密文，实现信息隐蔽，而接收方利用解密函数、解密密钥将密文还原成明文，如图 9-7 所示。

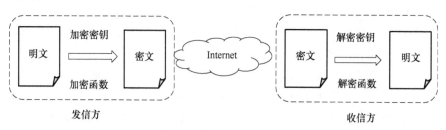

图 9-7 数据加密和解密原理图

明文（Plain Text）：没有加密的原始数据。

密文（Cypher Text）：加密以后的数据。

加密（Encryption）：把明文变换成密文的过程。

解密（Decryption）：把密文还原成明文的过程。

密钥（Key）：一般是单词、短语或一串数字，是用于加密和解密的钥匙。

随着互联网的发展和云计算的诞生，人们在密文搜索、匿名电子投票和多方计算等方面的需求日益增加，并将数据以密文形式存储在云端服务器。云计算虽然具有低成本、高性能和便捷等优势，但是从安全角度讲，它存在的问题是如何保证数据的私密性，用户还不敢将敏感信息直接放到第三方云上进行处理。一般的数据加密技术，用户是不能对密文做任何操作的，只能进行存储、传输，否则会导致错误的解密，甚至解密失败，因此不能满足对除明文外的密文进行处理的需求。而同态加密和可搜索加密可以在一定程度上解决以上难题。

（1）同态加密（Homomorphic Encryption）。同态加密是基于数学难题的计算复杂性理论的密码学技术，对经过同态加密的数据进行处理得到一个输出，将这一输出进行解密，其结果与用同一方法处理未加密的原始数据得到的输出结果是一样的。与一般加密算法相比，同态加密除了能实现基本的加密操作之外，还能实现密文间的多种计算功能，即先计算后解密可等价于先解密后计算，这个特性对于保护信息的安全具有重要意义。

本质上，同态加密是指这样一种加密机制：对明文进行环上的加法和乘法运算再加密，与加密后对密文进行相应的运算，结果是等价的。由于这个良好的性质，人们可以委托第三方对数据进行处理而不泄露信息，如图 9-8 所示。具有同态性质的加密函数是指两个明文 a、b 满足 $Dec(En(a)\odot En(b))=a\oplus b$ 的加密函数，其中 En 是加密运算，Dec 是解密运算，$\odot$、$\oplus$ 分别对应明文和密文域上的运算。当 $\oplus$ 代表加法时，称该加密为加同态加密；当 $\odot$ 代表乘法时，称该加密为乘同态加密。

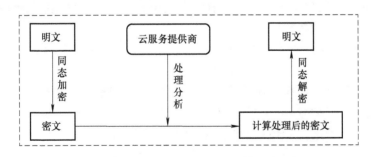

图 9-8　同态加密的数据处理过程

用户采用同态加密对明文进行加密，并将加密后的数据发送至第三方云，充分利用云服务器的计算能力，实现数据处理分析；待第三方处理后将结果返回给用户，这个结果只有用户自身可以进行解密。整个过程第三方云平台无法获知任何有效的数据信息，各种数据分析过程也不会泄露用户隐私。因此，同态技术可以在云环境下实现对明文和密文信息的运算，而不会泄露隐私。

同态加密技术具有以下一些优势：

1）计算复杂性方面，可以先对多个密文进行计算之后再解密，不必对每一个密文解密，从而避免花费高昂的计算代价。

2）通信复杂性方面，可以实现无密钥方对密文的计算，即密文计算无须经过密钥方，这样通过转移计算任务，平衡了各方的计算代价，从而减少通信代价。

3）安全性方面，可以实现让解密方只能获知最后的结果，而无法获得每一个密文的消息，从而提高信息的安全性。

（2）可搜索加密（Searchable Encryption）。用户需要寻找包含某个关键字的相关信息时，会遇到如何对在云端服务器的密文进行搜索操作的难题。传统的搜索技术是基于明文的搜索技术，即将所有密文数据下载到本地进行解密，然后在明文上进行关键字搜索，但是这种操作不仅因为很多不需要的数据浪费了庞大的网络开销和存储开销，而且用户也因为解密和搜索操作需要付出巨大的计算开销，不适用于低带宽的网络环境。另一方面，无论查询用户提交的关键字还是服务器数据库中的数据信息都是以明文形式给出的，这就造成了很严重的信息泄露，因为任意恶意服务器都可以获取查询用户的查询关键字、查询结果等信息，严重危害个人的安全和隐私。可搜索加密技术解决了以上难题，它是一种基于密文进行关键字搜索查询的方案，在这种模式下，可通过密码学的基本技术来保证用户的隐私信息和人身安全。

可搜索加密技术作为近年来发展的一种支持用户在密文上进行关键字查找的密码学原语，具有如下优势：

1）安全性：可证明安全，即不可信服务器仅仅通过密文不能获得有关明文的任何信息；控制搜索安全，即不可信服务器不能在没有合法用户的认证下进行搜索；隐藏查询安全，即用户向服务器发起有关一个关键字的查询，同时不必向服务器表明关键字是什么；查询独立安全，即不可信服务器在整个搜索的过程中除了查询结果之外，不会获得搜索关键字的内容或任何明文信息。

2）访问效率：用户不需要为了没有包含关键字的文件浪费网络开销和存储空间；对关键字进行搜索的操作交由云端来执行，充分利用了云端强大的计算能力。

3）资源节约：用户不必对不符合条件的文件进行解密操作，节省了本地的计算资源。

因此，在应用上，可搜索加密技术非常适用于云端隐私数据的防护，不会降低对云端数据的提取和使用效率。在云端隐私数据的高效共享方面，可搜索加密也能发挥巨大作用，可以有效地支持最基本形式的隐私数据共享，即文件的发送和接收。

2. 大数据真实性分析与认证技术

为保证大数据的真实可信性，需要对大数据的发布者做认证检测，如利用数字签名、数字水印、口令等认证技术，近年来，指纹、人脸等生物识别等方式也在各个领域投入使用。另外，随着数据挖掘技术的发展，一种基于数据挖掘的认证技术也应运而生。

（1）数字签名（Digital Signature）。数字签名是一种通过密码技术对电子文档形成的签名，结合了哈希算法等公钥加密技术。它类似现实生活中的手写签名，但数字签名并不是手写签名的数字图像化，而是加密后得到的一段数字串，如十六进制形式的一串字符"A00117EFF3132……3CB2"，目的是保证发送信息的真实性和完整性，防止欺骗和抵赖的发生。数字签名要能够实现网上身份的认证，必须满足以下三个要求：

1）接收方可以确认发送方的真实身份。

2）接收方不能伪造签名或篡改发送的信息。

3）发送方不能抵赖自己的数字签名和发送的内容。

数字签名的基本原理是：每个人都有一对数字身份，其中一个只有本人知道，称为私钥；另一个是公开的，称为公钥，公钥必须向接受者所信任的人注册，一般是身份认证机构，注册后身份认证机构给发送者授予数字证书。一般来说，公钥用于加密而私钥用于解密，或用私钥实现数字签名而用公钥来验证签名。哈希函数的输入为任意长度的消息 M，输出为一个固定长度的散列值，称为消息摘要（Message Digest）。哈希函数是消息 M 的所有位的函数并提供错误检测能力，即消息中的任何一位或多位的变化都将导致该散列值的变化。

数字签名的过程如下：发送报文时，发送方用一个哈希函数从报文文本中生成数字摘要，然后用发送方的私钥对这个摘要进行加密，这个加密后的摘要将作为报文的数字签名和报文一起发送给接收方。数字签名的验证过程如下：接收方首先用自己的公钥来对报文附加的数字签名进行解密，再用与发送方一样的哈希函数从接收到的原始报文中计算出报文摘要，如果两个摘要相同，那么接收方就能确认该数字签名是发送方的。图 9-9 给出了数字签名及验证过程。

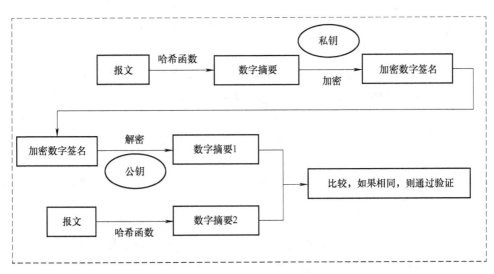

图 9-9　数字签名及验证过程

（2）数字水印（Digital Watermark）。数字水印是一种应用计算机算法嵌入载体文件的防护信息。数字水印技术是一种基于内容的、非密码机制的计算机信息隐藏技术，它将标识信息（即数字水印）以难以察觉的方式直接嵌入数据载体内部，原载体的使用价值不容易被探知和再次修改，但是可以被生产方识别和辨认，用以确定数字产品的所有权或检验数字内容的原始性。该技术多用于多媒体、文本文件和软件等版权防护等。这些隐藏在载体中的信息，可以帮助确认内容创建者、购买者，传送隐秘信息或者判断载体是否被篡改等。因此，数字水印技术是防护信息安全、实现防伪溯源、版权防护的有效办法，是信息隐藏技术研究领域的重要分支和研究方向。

数字水印的嵌入过程中，将密钥、原始图像和水印信息作为嵌入算法的输入，输出含水印的图像。在某些水印系统中，水印可以被精确地提取出来，这一过程被称作水印提取。通过提取出的水印的完整性，可判断原始数据的完整性。如果提取出的水印发生了部分的变化，说明原始数据被篡改，而且还能通过变化的水印的位置来确定原始数据被篡改的位置。水印在提取时可以需要原始图像的参与，也可以不需要原始图像的参与。数字水印的嵌入和提取过程如图 9-10 所示。

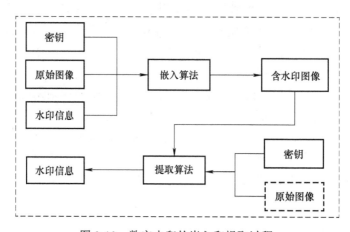

图 9-10　数字水印的嵌入和提取过程

数字水印技术具有以下特点：

1）安全性：数字水印的信息是安全的，难以篡改或伪造；同时，有较低的误检测率，当原内容发生变化时，数字水印会发生变化，从而可以检测原始数据的变更；另外，数字水印对重复添加有很强的抵抗性。

2）隐蔽性：数字水印是不可知觉的，而且不影响被保护数据的正常使用，不会降低数据质量。

3）鲁棒性：是指在经历多种无意或有意的信号处理过程后，数字水印仍能保持部分完整性并能被准确鉴别。

4）敏感性：是指经过分发、传输、使用过程后，数字水印能够准确地判断数据是否遭受篡改，进一步地，可判断数据篡改位置、程度甚至恢复原始信息。

（3）基于数据挖掘的认证技术。基于数据挖掘的认证技术指的是收集用户行为和设备数据，并对这些数据进行分析，通过鉴别操作者行为及其设备使用信息来确定其身份。相比数字签名和数字水印技术，该技术具有以下优点：

1）安全性：利用大数据技术所能收集的用户行为和设备特征数据是多样的，包括用户使用系统的时间、经常使用的设备、物理位置信息、用户操作习惯、用户消费数据等。通过对这些数据的分析能够建立用户行为特征轮廓，而攻击者很难在方方面面都模仿到用户行为，两者之间必然存在一个较大偏差，因此，攻击者模仿的用户信息很难被认证通过，具有良好的安全性。

2）减轻了用户负担：用户行为和设备特征数据的采集、存储和分析都由认证系统完成，避免了由于用户所持有凭证不同而带来的种种不便，极大地减轻了用户负担。

3）更好地支持各系统认证机制的统一：基于数据挖掘的认证技术可以让用户在整个网络空间采用相同的行为特征进行身份认证，而避免不同系统采用不同认证方式带来的麻烦。

虽然基于数据挖掘的认证技术具有上述优点，但是它也存在一些有待于解决的问题：

1）初始阶段的认证问题：基于数据挖掘的认证技术建立在大量用户行为和设备特征数据分析的基础上，而初始阶段不具备大量数据，因此无法分析出用户行为特征，或者分析的结果不够准确。

2）用户隐私问题：为了保证数据的有效性，基于数据挖掘的认证技术需要长期持续地收集大量的用户行为和设备特征数据，如何在收集和分析这些数据的同时确保用户隐私，也是亟待解决的问题。

3. 访问控制技术

在大数据的环境下，如何确保合适的数据及属性能够在合适的时间和地点让合适的用户访问和利用，是大数据访问和使用阶段面临的主要问题。传统的访问控制模型都存在着一些的缺陷，不能满足更高效、更精细、更灵活的访问控制环境。主要的访问控制技术有基于角色的访问控制、基于属性加密的访问控制、基于风险的访问控制等技术。

（1）基于角色的访问控制（Role-Based Access Control，RBAC）。基于角色的访问控制是实施面向企业安全策略的一种有效的访问控制方式，其基本思想是，对系统操作的各种权限不直接授予具体的用户，而是在用户集合与权限集合之间建立一个角色集合，即一个用户拥有若干角色，每一个角色拥有若干权限，这样就构造成用户–角色–权限的授权模型。在这种模型中，用户与角色之间、角色与权限之间一般是多对多的关系。其模型如图 9-11 所示。

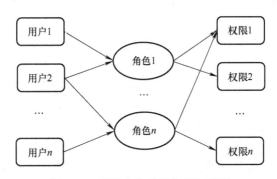

图 9-11　基于角色的访问控制模型

一旦用户被分配了适当的角色后，该用户就拥有此角色的所有操作权限。这样做的好处是不必在每次创建用户时都进行分配权限的操作,只要分配用户相应的角色即可,而且角色的权限变更比用户的权限变更要少得多,这样将简化用户的权限管理,减少系统的开销,降低管理开销,提高企业安全策略的灵活性。

基于角色的访问控制的缺点是:它只能在一定的程度上解决特定系统的安全问题,在分布式环境下存在严重的管理规模和控制粒度问题,并不能发挥让人满意的效果;同时,它不能抵抗合谋攻击,即多个成员联合起来解密资源。

(2)基于属性加密的访问控制(Attribute-Based Encryption Access Control,ABE)。在云计算、物联网等新型计算环境下,为了用户可以放心地将自己的数据交付给数据服务提供商,除对用户的访问操作进行控制外,还需考虑对数据本身的保护。基于属性加密的访问控制实现了对数据机密性的访问控制,它的基本思想是用一系列可描述的属性集来描述用户的身份信息(称为主体属性)和资源信息(称为资源属性),加密者在加密时设定访问规则,并以密文的形式存储在服务器上(称为权限属性)。当接收者向服务器进行身份认证时,需要出示与自身属性相关的信任证书,当接收者拥有的属性超过加密者所描述的预设门槛时,用户便可对资源进行解密,将服务器对应的资源发送给接收者。其模型如图 9-12 所示。

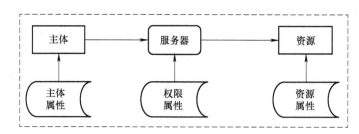

图 9-12 基于属性加密的访问控制模型

基于属性加密的访问控制的优点有:

1)具有强大的表达能力,它将用户身份的表达形式从唯一标识符扩展到多个属性,从而可以从不同的视角描述主体。

2)将访问结构融入属性集合,数据拥有者不需为每一用户分发属性密钥,只需要通过访问结构进行权限管理,从而大幅度降低了权限管理的复杂度,实现了一对多的加密文件访问控制。

3)数据拥有者对数据具有完全的控制权,可以指定能够访问加密数据的用户。

基于属性加密的访问控制存在的缺点有:

1)数量繁多的属性集导致属性计算需要消耗大量时间。

2)新型计算环境下用户具有的属性频繁变化,带来了属性集需要频繁更新的问题,耗费了大量的计算资源。

(3)基于风险的访问控制。由于大数据应用系统的复杂性,通常会存在一些特定的访问需求在设计策略时没有考虑,或者访问需求的变化引起访问控制策略不再适合等。如果严格按照预先定义的策略执行访问控制,将产生授权不足无法完成业务的情况。基于风险的访问控制能够解决这一问题。基于风险的访问控制不再严格地按照预先分配的权限进行访问控制，而是衡量访问行为所带来的风险是否能为系统接受。因此，当发生一些未预料到的访问行为时，若其风险是可接受的，则仍然可以允许该访问。这对于大数据应用来说是非常必要的，极大地提高了其可用性。

4. 数据溯源技术

由于大数据的多样化及网络欺诈行为的频繁发生，数据的真实性越来越被重视，必须通过追踪相关日志、参数、网络包等信息记录数据的来源以及在生命周期各阶段的状态，来确保数据的真实可靠性和可追溯性，以便为后期的挖掘分析提供辅助支持。常用的数据溯源技术有标记法、反向查询法等。

（1）标记法。标记法是指用标注的方式来记录原始数据的一些重要信息，如原始信息的背景、作者、时间、出处等，并让标注和数据一起传播，最后通过查看目标数据的标注来获得数据的溯源。标注法具有实现简单、容易管理等优点，但是它的缺点是只适合小型系统，对于大型系统而言，很难为细粒度的数据提供详细的数据溯源信息；此外它还需要额外的存储空间，对存储造成很大的压力。

（2）反向查询法。反向查询法通过构造原函数的反函数对查询求逆，由结果追溯到原数据，更适合于细粒度数据。与标注法相比，它需要的存储空间更小，并且追踪比较简单，只需存储少量的元数据就可实现对数据的溯源追踪。其缺点是用户需要提供反函数和相对应的验证函数，而并不是所有函数都具有反函数，因此具有一定局限性，实现起来相对比较复杂。

5. 安全审计技术

由于大数据具有易复制性，在发布数据进行数据共享之前，需要对其进行有效的审计，确保数据的完整性、真实性和有效性，以降低云平台服务的信任风险，并在数据安全事件发生后为数据溯源提供支撑。大数据的安全审计技术的基本思想是记录用户的访问过程和各种行为。审计内容包含纳入企业安全管控平台的业务、资源、海量数据等，遵循审计依据，重点对账号、授权、认证、访问控制、重要操作、敏感信息等六个方面实行审计，以形成审计数据并加以分析，从而实时地、不间断地监视整个系统以及应用程序的运行状态，及时发现系统中可疑的、违规的或危险的行为，进行警报和采取阻断措施，并对这些行为留下记录。由于在大数据环境下会产生海量日志，传统安全审计所采用的审计日志存储和分析的技术便不再适用，如基于日志的审计技术、基于网络监听的审计技术、基于网关的审计技术、基于代理的审计技术等。此时，可采用的基于大数据的安全审计技术有：基于规则的安全审计、基于统计的安全审计、基于特征自学习的安全审计。

（1）基于规则的安全审计。基于规则的安全审计方法的基本思想是：将已知的攻击行为进行特征提取，之后放入特征数据库中，当进行安全审计分析时，将收集到的网络数据与特征数据库中的特征进行比较匹配，判断是否出现网络攻击行为，对此采取相应的响应机制，如图9-13所示。

（2）基于统计的安全审计。基于统计的安全审计的基本思路是：统计正常情况下对象的统计量描述，如网络流量的平均值、方差等，根据经验设定临界值，即正常数值和非正常数值的分界点，然后将实际产生的统计量数值与临界值对比，从而判断是否受到网络攻击，并采取相应的响应机制，如图 9-14 所示。

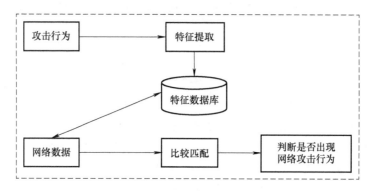

图 9-13　基于规则的安全审计

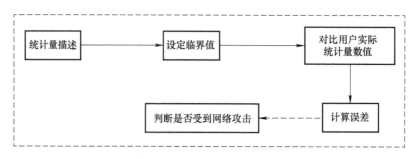

图 9-14　基于统计的安全审计

（3）基于机器自学习的安全审计。对于已知的入侵模式，基于规则和统计的安全审计方法能较好地应对，但不适用于未知的入侵模式。而基于机器自学习的安全审计能通过数据挖掘分析和关联分析，对未知的入侵模式提供更快的异常活动检测，更有针对性地观察事件行为趋势，从而对可疑行为进行预警。

6. APT 检测技术

APT 也称高级可持续威胁攻击，是指某组织对特定对象展开的持续有效的攻击活动，主要特点是有组织、目标明确、持续性、破坏力大、隐蔽性强，如图 9-15 所示。

与传统网络攻击相比，APT 的检测难度主要表现在以下三个方面：

（1）先进的攻击方法。攻击者能适应防御者的入侵检测能力，不断更换和改进入侵方法，具有较强的隐藏能力，攻击入口、途径、时间都是不确定和不可预见的，使得基于特征匹配的传统检测防御技术很难有效检测到它。

（2）持续性攻击与隐藏。APT 通过长时间攻击成功进入目标系统后，通常采取隐藏策略进入休眠状态，待时机成熟时，才偶尔与外部服务器交流，系统察觉不到

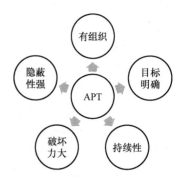

图 9-15　APT 的主要特点

明显异常，这使得基于单点时间或短时间窗口的实时检测技术和会话频繁检测技术也难以成功检测出异常攻击。

（3）长期驻留目标系统，保持系统的访问权限。攻击者一旦侵入目标系统便会积极争取目标系统或网络的最高权限，实现程序的自启功能。同时，攻击者会在目标网络中基于已控制的网络主机实现横向转移和信息收集，规避安全检测，扩大被入侵网络的覆盖面，寻找新的攻击目标。一旦其找到了想要攻击的最终目标和适当传送信息的机会，攻击者便会通过事先准备好的隐藏通道获取信息、窃取数据或执行破坏活动，且不留痕迹。

现有的许多基于网络大数据分析的攻击检测技术可以用以检测 APT。常用的 APT 检测技术主要有网络流量异常检测、主机恶意代码异常检测和社交网络安全事件挖掘等。

（1）网络流量异常检测。网络流量异常检测技术使用数据流抓取工具采集网络数据流信息，以此作为输入，并提取和选择用于检测异常的数据属性，然后通过统计分析、数据挖掘和机器学习等方法，发现异常信息。但网络流量异常检测技术的数据源种类较为单一，容易漏过宽时间域内的 APT。

（2）恶意代码异常检测。恶意代码异常检测技术通过数据挖掘技术建立恶意代码特征数据库，然后对海量样本程序的特征进行关联分析，从而识别代码是否具有恶意行为。它可以有效检测数量快速增长的未知恶意程序。

（3）社交网络安全事件挖掘。社交网络安全行为挖掘是指从社交网络海量数据中挖掘分析用户正常行为模式、社交关系网、用户间的信任关系等社会属性，通过在线监控将违背行为模式和信任关系的异常行为归纳为威胁事件，并据此快速定位攻击者的不轨行为和社会属性，进而为攻击检测、计算机取证和信息安全防护提供指导和依据。

【相关案例 9-3】

301 医院医疗大数据安全的"八大技术防护手段"

自 2016 年上半年开始，医疗大数据骤然升温。2016 年 6 月下旬，《国务院办公厅关于促进和规范健康医疗大数据应用发展的指导意见》的出台具有里程碑意义。文中指出，强化标准和安全体系建设，强化安全管理责任，妥善处理应用发展与保障安全的关系，增强安全技术支撑能力，有效防护个人隐私和信息安全。同时指出，面对医疗数据的"万无一失，一失万无"的高要求，安全防护作为一个复杂的技术和管理问题，将成为医疗大数据的核心技术和首要问题。

1. 医疗大数据所面临的安全风险

目前，医疗行业所面临的安全风险日益增加，首先是医疗数据泄漏事件不断发生。2016 年，两百多名艾滋患者因信息泄漏而遭遇诈骗；同年，深圳多家医院万名产妇因数据泄漏而遭遇推销；在过去几年，"统方"等医疗数据滥用案例屡见不鲜等。其次是大数据环境下安全风险及影响增大，随着数据的集中、数据量大等原因导致目标明显，泄漏后果更为严重。同时由于应用环境的多元化，泄露风险增加，而且泄露后果将涉及个人隐私、医院秘密乃至国家机密。

在面对不同场景下医疗大数据，要把握其安全问题的特点。在区域卫生业务应用系统、区域卫生数据管理与再利用、医院数据中心业务数据管理、医院数据整合与再利用"四大场景"中，医疗大数据拥有不同的安全特点，其中医院内部大数据的整合利用成为关注的重点。不同场景下医疗大数据的安全重点见表9-3。

表9-3 不同场景下医疗大数据的安全重点

场景	典型应用	安全重点
区域卫生业务应用系统	健康医疗数据共享、居民服务	防网络攻击、隐私保护
区域卫生数据管理与再利用	管理决策、第三方数据共享	隐私保护、数据资产防护
医院数据中心业务数据管理	各类业务系统	防滥用、防篡改
医院数据整合与再利用	科研应用、管理决策	隐私保护、数据资产防护

针对医疗大数据的使用主要有两种方式，一是对病例检索系统、患者随访系统、专病数据库系统等应用系统的使用，其安全防护相对容易；二是"裸"数据访问服务，包含数据整合、数据预处理、数据分析建模、可视化等，其安全防护相对困难，面临的安全风险主要是隐私暴露、数据盗取、数据遗失和非法利用。同时，安全防护既要防外（针对合作单位、外部厂商），又要防内（针对科室用户、技术人员）。由于医疗行业的数据和其他行业不太一样，大部分医疗数据不会放在网络上，所以对内防控更为重要。

医疗大数据环境下的安全管理有"四大难点"：①数据使用者多样化；②数据使用方式的多样化；③数据需求的多样化；④技术环境的多样化。面对上述难点问题，医院要建立防护体系，其重点是数据安全。

2. 医疗大数据的"八大技术防护手段"

（1）建立集中化的平台与服务机制。建设统一的平台可改变各自为政的局面，将数据资源集中管理，可避免分散流失。处理能力统一提供，可减少脱机下载。数据安全统一防护，可降低安全风险。数据服务有序开展，可规范数据利用。

（2）去隐私，降低数据敏感度。其手段主要有：对于文本数据，将姓名、居住地等敏感信息进行隐藏，通过采用自然语言处理技术进行识别与替换；对于医学影像数据，可将结构化数据替换掉，对模拟影像使用模版来遮蔽。不同患者数据项的常用处理方式见表9-4。

表9-4 不同患者数据项的常用处理方式

数据项	常用处理方式
患者ID	变换
姓名	匿名、重新生成
出生日期	去除
身份证号	去除
居住地	泛化
联系电话	去除

（3）按资源需求授权分解安全风险，将数据资源"化整为零"。原始医疗数据拥有内容全、范围大以及每个研究所需数据范围有限的特点，要为不同的专科、病种建立数据资源库，为每个临时研究抽取、建立数据资源库，按照独立的数据资源进行授权。

（4）虚拟桌面建立安全围墙。医院首选虚拟桌面，将数据处理部署于服务器上，杜绝数据从本地复制。其次是受控计算机，通过封锁 USB 端口、邮件等方式控制数据的复制。

（5）数据库审计追踪使用行为。面对数据访问随意性大，"控"比较困难，"监"重于"控"。对数据库订立前置规定和事后审计规定，审计日志的安全分析是关键。

（6）堡垒机实现运维监控。对运维操作的监管是数据安全的重要方面。应用堡垒机技术，实现对运维操作的记录与回放，以及对运维权限的统一管理。

（7）网络隔离划分安全区域。采用按照不同的安全等级划分网络、通过防火墙限制访问权限等手段在网络层面进行权限管理。

（8）物理安全防止底层漏洞。物理安全是最基础的安全防护，其技术实现最简单，但造成的安全后果更严重，也最易被忽视。其防护的内容主要包括机房安全、机柜安全、服务器和网络连接等。

3. 医疗大数据的防护制度的建立

除要落实"八大技术防护手段"之外，制度管理要与防护技术相辅相成。人防与技防同等重要，但是离开管理，技术防护体系将会失效。建立安全制度非常重要，其规范了能做什么、不能做什么，规定了工作职责和安全责任，并规定了违规后的处罚办法。其次，要形成管理闭环，检查是否按照规定进行落实，定期检查审计日志。

除了制度管理的建设，还要建立安全风险评估与持续改进机制。安全风险评估的建立要参照国家标准 GB/T 20984—2007《信息安全技术　信息安全风险评估规范》，结合医疗大数据应用方式特点，对数据资源分布、平台构成、数据利用过程等进行分析，对可能的威胁进行识别，提出有针对性的防护措施。通过定期开展评估分析，发现漏洞及环境变化，提出改进措施，建立持续改进的机制，最终实现在安全与便利之间、风险与投入之间取得平衡。

数据安全是医院开展医疗大数据应用的基础性问题。医疗大数据具有用户类型复杂、访问权限随机、使用方式多样、技术多元化等特点，安全防护难度大。医疗大数据的安全管理需要针对其风险特点，多种技术并用，技术与管理并重，监、控、管相结合，实现方便应用与风险防控的统一，为医疗大数据利用保驾护航。

（资料来源：http://www.zgszyx.org/Articles/ZiXunCon.aspx?ID=7469）

【相关案例 9-4】

联通大数据安全体系

当前，大数据已经成为推动经济发展、优化社会治理和政府管理、改善人民生活的创新引擎和关键要素。但在数据的流通共享、使用等环节，由于缺乏有效安全的管理手段，为不法分子提供了牟利空间。对此，联通大数据公司在符合国家安全要求、防护用户隐私的前提下构建了一套自主可控的大数据安全体系，为公司业务健康发展保驾护航。

联通大数据安全体系以"数据安全"为核心,从安全技术、安全组织、安全策略、安全运营四个方面构建自主可控大数据安全体系,贯穿业务全生命周期、数据全生命周期及系统全生命周期,如图 9-16 所示。具体措施包括:组建了一支专业的、100%自主可控的安全技术团队;制定了覆盖符合国家标准和国家信息系统安全等级防护要求的 50 个安全规章制度和标准;整合了大数据能力开放平台、BaaS 平台(大数据区块链服务平台)、统一访问控制和审计系统、数据加密解密系统、大数据追踪溯源系统、大数据出口网关系统等 15 个安全防护系统;覆盖了数据合作方引入、模型评估、代码评估、数据评估、系统上线安全评估和数据出口审核的大数据安全技术审查和评估步骤,贯穿了事前、事中、事后的大数据业务安全运营流程。自大数据安全体系在公司内部上线运营以来,公司安全风险大幅降低,多次预防和阻止了数据信息的滥用和泄露,起到了实际的安全防护效果,为公司业务的展开提供了有效的安全支撑。

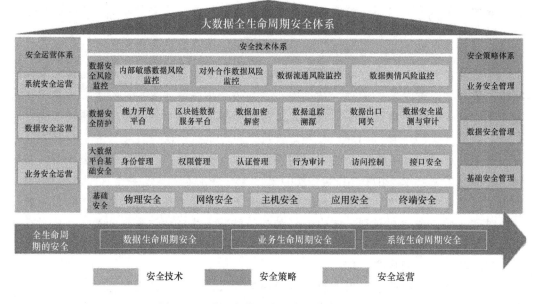

图 9-16 联通大数据全生命周期安全体系

该方案针对数据分发、流转与共享中存在的安全问题,创新地提出了有效的解决方案。例如:

(1)针对在数据分发与流通过程中可能会发生数据随意二次转发,数据文件泄露一旦泄漏很难追溯到数据泄露源头等问题,联通大数据自主研发大数据追踪溯源系统,应用创新的追踪溯源算法,摆脱了对文件格式的依赖,通过对流通的数据内容进行标识,即使数据在不同文件格式的载体之间被复制传播,依然能够通过内容成功溯源数据的泄露源头。

(2)针对企业数据输出缺乏统一管理和统一安全控制等问题,通过数据安全网关产品实现数据流转审批、数据自动分发下载、数据流转监控、敏感数据自动发现、数据流转情况统计等功能，实现企业数据输出归口管理统一化、数据审批流程电子化、敏感数据检测自动化，确保数据输出安全合规。

保障数据安全是落实国家大数据战略的重要前提。联通大数据公司始终秉承数据价值观，在确保自身的数据安全的同时，亦面向政务、金融、文旅交航等各行业客户的大数据安全防护输出可复制的安全管理经验和技术能力。

（资料来源：http://vr.sina.com.cn/news/hz/2019-07-26/doc-ihytcitm4799600.shtml）

9.3.2　大数据隐私保护技术

大数据安全防护技术确保了大数据的机密性、完整性和可用性，隐私保护是指在此基础上，进一步保证个人隐私信息不发生泄露。目前应用最广泛的隐私保护技术有数据隐藏、数据脱敏、数据发布匿名、基于差分隐私的数据发布等。

1. 数据隐藏

由于大数据的多样性和动态性等特点，即使是经过匿名处理后的数据，通过关联分析、聚类、分类等数据挖掘方法后，依然可以分析出用户的隐私。数据隐藏是一种针对数据挖掘的隐私保护技术，目的是在尽可能提高大数据可用性的前提下，防范数据发掘方法所引发的隐私泄露。在数据隐藏方面的研究分为数据扰动和安全多方计算两种方法，数据扰动又包括数据交换和随机化，如图 9-17 所示。

图 9-17　数据隐藏技术

（1）数据扰动（Data Perturbation）。数据扰动的思想是对数据进行变换，使其中敏感信息被隐藏，只呈现出数据的统计学特征。数据交换即在记录之间交换数据的值，保留某些统计学特征而不保留真实数值。随机化是指在原始数据中添加一些噪声，然后发布扰动后的数据，从而隐藏真实数值，达到了防护隐私的目的，但扰动后的数据仍然保留着原始数据的分布信息，通过对扰动后的数据进行重构，可以恢复原始数据分布信息。

（2）安全多方计算（Secure Multi-Party Computation，SMC）。安全多方计算是指针对无可信第三方的情况下，允许多个数据拥有者进行协同计算，输出计算结果。该计算方式确保各个参与者只能得到既定的输出结果，参与者的任何隐私信息不会被泄露。安全多方计算的数学描述为：有 n 个参与者 P_1，P_2，$\cdots$，P_n，要以一种安全的方式共同计算一个函数，这里的安全是指输出结果的正确性和输入信息、输出信息的保密性。每个参与者 P_n 有一个自己的保密输入信息 X_n，n 个参与者要共同计算一个函数 $f(X_1, X_2, \cdots, X_n)=(Y_1, Y_2, \cdots, Y_n)$，计算结束时，每个参与者 P_i 只能了解 Y_i，不能了解其他方的任何信息。安全多方计算的技术架构如图 9-18 所示。

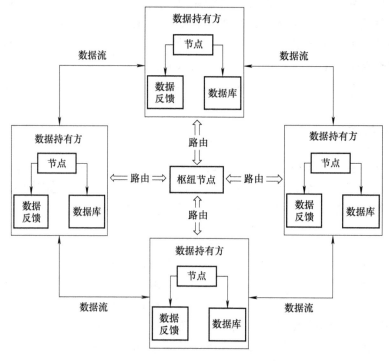

图 9-18　安全多方计算的技术架构

当一个安全多方计算任务发起时，枢纽节点传输网络及信令控制。每个数据持有方可发起协同计算任务。通过枢纽节点进行路由寻址，选择相似数据类型的其余数据持有方进行安全的协同计算。参与协同计算的多个数据持有方的安全多方计算节点根据计算逻辑，从本地数据库中查询所需数据，共同就安全多方计算任务在数据流间进行协同计算。在保证输入隐私性的前提下，各方得到正确的数据反馈，整个过程中本地数据没有泄露给其他任何参与方。

安全多方计算技术主要涉及参与者间协同计算及隐私信息防护问题，其特点包括输入隐私性、计算正确性及去中心化等特性。

1）输入隐私性：在安全多方计算过程中，必须保证各方私密输入独立，计算时不泄露任何本地数据。

2）计算正确性：各参与方通过安全多方计算协议进行协同计算，计算结束后，各方得到正确的数据反馈。

3）去中心化：传统的分布式计算由中心节点协调各用户的计算进程，收集各用户的输入信息，而安全多方计算中，各参与方地位平等，不存在任何有特权的参与方或第三方，提供一种去中心化的计算模式。

安全多方计算技术在需要秘密共享和隐私保护的场景中具有重要意义，其主要适用的场景包括数据可信交换、数据安全查询、联合数据分析等。

1）数据可信交换：安全多方计算理论为不同机构间提供了一套构建在协同计算网

络中的信息索引、查询、交换和数据跟踪的统一标准，可实现机构间数据的可信互联互通，解决数据安全性、隐私性问题，大幅降低数据信息交易成本，为数据拥有方和需求方提供有效的对接渠道，形成互惠互利的交互服务网络。

2）数据安全查询：使用安全多方计算技术，能保证数据查询方仅得到查询结果，但对数据库其他记录信息不可知。同时，拥有数据库的一方不知道用户具体的查询请求。

3）联合数据分析：随着多数据技术的发展，社会活动中产生和搜集的数据和信息量急剧增加，敏感信息数据的收集、跨机构的合作以及跨国公司的经营运作等，给传统数据分析算法提出了新的挑战，已有的数据分析算法可能会导致隐私暴露，数据分析中的隐私和安全性问题得到了极大的关注。将安全多方计算技术引入传统的数据分析领域，能够在一定程度上解决该问题，其主要目的是改进已有的数据分析算法，通过多方数据源协同分析计算，使得敏感数据不被泄露。

2. 数据脱敏（Data Masking）

数据脱敏是指对某些识别到的敏感信息按脱敏规则进行数据的变形，实现对敏感隐私数据的可靠保护。在涉及客户安全数据或者一些商业性敏感数据的情况下，需要在不违反系统规则条件下，对真实数据进行改造并提供测试使用，如身份证号、手机号、卡号、客户号等个人信息都需要进行数据脱敏。识别数据对象中的敏感信息时，通常采用自动化敏感信息识别技术和机器学习方法，构建已知敏感信息知识库，而后对疑似敏感信息进行匹配。

3. 数据发布匿名

数据发布匿名是匿名技术在数据发布中的应用，在确保所发布的数据在公开可用的前提下，隐藏数据记录与特定个人之间的对应联系，从而防护个人隐私。典型的数据发布匿名技术有 k-匿名、l-diversity 匿名、m-invariance 匿名等，下面以 k-匿名为例进行介绍。首先引入四个概念：

（1）标识符：能直接确定一个个体的属性，如用户 ID、姓名等。

（2）准标识符集：通过和外部表连接来间接确定一个个体的最小属性集，如 {省份，出生时间，性别，邮编}。

（3）链式攻击：攻击者通过对发布的数据和从其他渠道获取的外部数据进行链接操作，以推理出隐私数据。

（4）数据泛化：用较高层次的概念替换较低层次的概念，从而汇总数据，例如把年龄的具体数值范围替换为青年、中年和老年。

数据发布中隐私保护对象主要是用户敏感数据与个体身份之间的对应关系，通常采用删除标识符的方式，使得攻击者无法直接标识用户。但攻击者通过其他包含个人信息的开放数据库获得准标识符集进行链式攻击，也可获取个体的隐私数据。因此，为解决链接攻击所导致的隐私泄露问题，k-匿名方法应运而生。k-匿名通过对数据进行泛化，发布精度较低的数据，使得同一个准标识符集至少有 k 条记录，观察者便无法通过准标识符连接记录。

例如，表 9-5 给出了一个原始信息表，表中虽然隐去了姓名信息，但是攻击者通过邮编和年纪，依然可以定位一条记录。例如通过获取到某一用户的邮编为 47677，年纪为 29，来确定该用户所患病为 Heart Disease。而利用 k-匿名技术对准标识符集进行泛化后，同一准标识符集对应多条记录，如表 9-6 所示，对邮编和年纪进行数据隐藏，使得第 1～3 行、第 4～6 行、第 7～9 行组成的准标识符集各自有 3 条记录，即形成 3-匿名模型，这时攻击者即使知道某一用户的具体邮编为 47606，年龄 27，也无法确定用户患的是哪一种疾病。

表 9-5 原始信息表

用户 ID	邮编	年纪	病种
1	47677	29	Heart Disease
2	47602	22	Flu
3	47679	27	Cancer
4	47905	43	Flu
5	47909	52	Heart Disease
6	47906	47	Cancer
7	47605	30	Heart Disease
8	47673	36	Cancer
9	47607	32	Cancer

表 9-6 经过 k-匿名处理后的信息表

用户 ID	邮编	年纪	病种
1	476**	2*	Heart Disease
2	476**	2*	Flu
3	476**	2*	Cancer
4	479**	>40	Flu
5	479**	>40	Heart Disease
6	479**	>40	Cancer
7	476**	3*	Heart Disease
8	476**	3*	Cancer
9	476**	3*	Cancer

因此，在防护个人隐私数据时，k-匿名技术具有以下优点：攻击者无法知道某个人是否在公开的数据中；给定一个人，攻击者无法确认他是否有某项敏感属性；攻击者无法确认某条数据对应的是哪个人。但是 k-匿名技术也存在经匿名处理的数据其可用性可能严重下降的问题。

4. 基于差分隐私的数据发布

差分隐私（Differential Privacy）是密码学中的一种手段，当从统计数据库查询数据时，能在保留统计学特征的前提下去除个体特征，最大限度减少识别用户隐私记录的机会，同时保证个人隐私的泄露风险不超过预先设定的风险阈值。常用的差分隐私的方法是对数据加入噪声进行扰动。

根据数据隐私化处理实施者的不同，差分隐私可分为中心化差分隐私（Centralized Differential Privacy，CDP）和本地化差分隐私（Local Differential Privacy，LDP）。

（1）中心化差分隐私。中心化差分隐私的处理流程为：数据收集者将多源客户端原始数据汇集到第三方数据中心，并由数据中心进行满足差分隐私的数据扰动，对外发布扰动数据后即可用于统计数据查询。中心化差分隐私处理流程框架如图 9-19 所示。

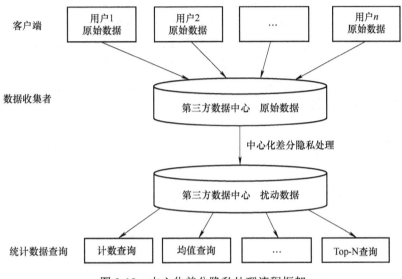

图 9-19 中心化差分隐私处理流程框架

（2）本地化差分隐私。本地化差分隐私是针对第三方数据收集者的隐私处理操作的非可信性提出的，首先由客户端的用户在本地进行满足差分隐私的数据扰动，再将扰动数据发送给收集者，最后汇集在第三方数据中心，如图 9-20 所示。

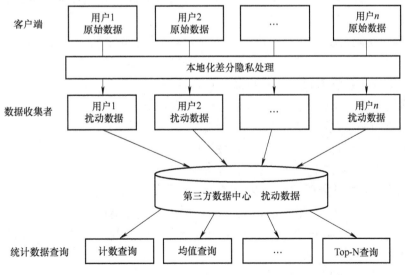

图 9-20 本地化差分隐私处理流程框架

本章小结

本章围绕大数据安全问题，阐述了大数据安全概念、大数据安全问题形成原因、大数据安全问题分类、隐私问题发展历程、隐私保护相关政策等内容，重点论述了大数据安全和隐私保护技术。大数据安全防护中，在数据采集阶段，主要关注数据的真实性分析与认证；在数据存储阶段，主要工作是保障数据的机密性和可用性；在数据传输阶段，重点考虑加密防护手段；在数据挖掘阶段，主要是身份认证和访问控制；在大数据发布阶段，关注的重点是安全审计技术，保证数据的溯源性。隐私保护在大数据应用的各个环节都应被重视，同态加密、安全多方计算、数据发布匿名、差分隐私发布等是隐私保护的核心技术。

习　题

1. 名词解释

（1）数据签名；（2）数据扰动；（3）安全多方计算；（4）同态加密；（5）数字水印技术；（6）差分隐私

2. 单选题

（1）在传输、存储数据的过程中，确保数据不被未授权者篡改、损坏、销毁或在篡改后能够被迅速发现，是大数据安全的（　　　）。

A. 保密性　　　　B. 完整性　　　　C. 可用性　　　　D. 真实性

（2）以下（　　）是针对第三方数据收集者的隐私处理操作的非可信性提出的。

A. 安全多方计算　　　　　　　B. 数据扰动
C. 中心化差分隐私　　　　　　D. 本地化差分隐私

（3）下列（　　）不是关于 APT 的正确描述。

A. 长期驻留目标系统，保持系统的访问权限
B. 网络流量异常检测技术的数据源种类较为单一
C. APT 中恶意代码伪装性和隐蔽性很高
D. 有组织、无特定目标、破坏力大、持续时间长

（4）以下关于 k-匿名技术的说法中，正确的是（　　　）。

A. k-匿名通过对数据进行概括和隐匿，发布精度较高的数据
B. k-匿名使得同一个准标识符至少有 k 条记录，观察者能够通过准标识符连接记录
C. k-匿名处理后攻击者无法知道某个人是否在公开的数据中，也无法确认某条数据对应的是哪个人
D. 经 k-匿名处理后的数据可用性较高

（5）（　　　）除了能实现基本的加密操作之外，还能实现密文间的多种计算功能。

A. 数字水印　　　　B. 数字签名　　　　C. 同态加密　　　　D. 可搜索加密

（6）（　　　）对数据进行变换，使其中敏感信息被隐藏，只呈现出数据的统计学特征。

A. 安全多方计算　　　　　　　　　B. 数据扰动

C. 随机化操作　　　　　　　　　　D. 数据脱敏

3. 填空题

（1）大数据安全具有保密性、_____和可用性的特点。

（2）数据存储阶段需要保证数据的_____和可用性。

（3）数字签名的时候用密钥，验证签名的时候用_____。

（4）基于角色的访问控制需要建立用户－角色、_____的映射。

（5）发生数据安全事件后，安全审计为_____提供支撑。

（6）可搜索加密技术是一种基于_____进行关键字搜索查询的方案。

4. 简答题

（1）简述大数据安全问题分类。

（2）简述大数据安全问题的形成原因。

（3）大数据安全相关技术有哪些？

（4）大数据隐私保护技术有哪些？

（5）简述 APT 的定义和特点。

（6）简述基于角色的访问控制的基本思想。

第 10 章

大数据的应用

本章学习要点

知识要点	掌握程度	相关知识
物流大数据	熟悉	定义、分类及作用
物流大数据的应用	掌握	物流配送中心选址、库存预测、运输配送优化
智慧物流	熟悉	智慧物流的定义、特点及业务运营模式
电子商务大数据	了解	电子商务大数据的概念
电商大数据的应用	掌握	推荐服务、大数据营销
医疗大数据	了解	医疗大数据的来源、分类及特点
医疗大数据的应用	熟悉	智慧医疗、流行性疾病监控预警、健康管理、药物研发

随着大数据技术的飞速发展，大数据的应用已经融入各行各业中。在物流行业中，基于大数据技术的智慧物流有效提升了物流系统的运作效率；在医疗行业中，大数据技术的应用，能够实现智慧医疗、流行性疾病监控预警、健康状况监测及药品研发等；在零售业中，大数据以互联网为依托，运用人工智能等先进技术，对商品的生产、流通与销售过程进行升级，进而重塑业态结构与生态圈，并对线上服务、线下体验及现代物流进行深度融合，形成一种零售新模式。大数据对各行各业的渗透，大大推动了社会生产和生活。本章主要介绍大数据在物流行业、电子商务行业和医疗行业中的具体应用。

10.1 大数据在物流行业中的应用

物流大数据是在物联网、互联网、云计算等信息技术的支持下产生的。大数据技术在物流行业中的应用，不仅促进了物流各环节的信息共享以及物流行业与其他行业的高效协作，还极大地提高了社会资源的利用率。将大数据应用到物流行业，并不仅仅是运用大数据技术来处理行业中庞大的数据信息，更是要将大数据中所蕴含的知识融合到物流体系中去，促进物流行业向智能化方向发展。智慧物流将是世界物流业的发展趋势，是物流业发展的新业态。大数据在物流行业的应用主要体现在物流配送中心选址、库存预测、运输配送路线优化等方面。

10.1.1　物流大数据概述

大数据已经渗透到物流领域的各个环节之中,并给物流的发展带来了更多的机遇。物流行业在货物周转、车辆追踪、仓储等各个环节中都会产生海量的数据。分析这些物流大数据,将有助于人们深刻认识物流活动背后的规律,优化物流过程,提升物流效率。

1. 物流大数据的定义与分类

物流需要对大量数据进行分析整理来支撑各项活动的开展,以便能够将物流各项活动的开展状态及时准确地描述,进而使整个系统系统化和完整化,方便物流过程的控制和管理。所谓的物流大数据就是指运输、仓储、搬运装卸、包装及流通加工等环节中涉及的数据、信息等。通过集合物流领域的海量数据,对其进行实时数据分析,可以为物流企业提供消费者行为分析及预测、智能仓储规划、物流配送优化、物流中心选址等决策支持。

基于大数据在物流行业的应用,要想充分利用物流大数据,首先需要借助于现代先进技术如物联网、移动互联网去获取各个物流活动中的物流数据,然后通过科学的技术手段对获取的数据进行储存、分析及可视化处理,挖掘出新的价值,最终将数据服务于物流行业的各个环节。

随着大数据的作用越来越明显,对物流过程中的海量数据进行采集、存储和分析是将大数据应用到物流活动中的关键。在进行物流大数据处理应用之前,需要将物流中的海量数据进行分类梳理,进而为大数据在物流行业中的应用提供基础。物流大数据从层面上可划分为三类,分别是物流业务数据、供应链物流数据和商物管控数据,如图 10-1 所示。

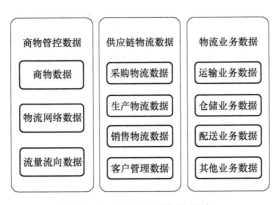

图 10-1　物流大数据的分类

(1)微观层面——物流业务数据。微观层面的物流数据来源于基本的物流业务,对每个业务的数据结果进行分析整理,就可以从微观的角度了解物流活动的基本情况。物流业务数据由运输业务数据、仓储业务数据、配送业务数据和其他业务数据构成。

(2)中观层面——供应链物流数据。供应链物流是将物流放在供应链中进行分析,是为了顺利实现与经济活动有关的物流，协调运作生产、供应活动、销售活动和物流活动，进行综合性管理的战略机能，是一种中观层面的物流活动。供应链物流数据由采购物流数据、生产物流数据、销售物流数据和客户管理数据构成。

（3）宏观层面——商物管控数据。宏观层面上从商品流通物流这个角度来分析物流数据，能够得到各商品种类的流量流向数据，并从宏观上了解物流数据的大体概况。在宏观层面整合、处理、分析商品管理数据有助于对不同商品品类的具体流量流向有清晰认识，掌握物流数据的整体状况，用于指导物流企业经营管理的各个方面。商物管控物流数据由商物数据、物流网络数据、流量流向数据构成。

2. 物流大数据的作用

通过对物流数据的跟踪和分析，可以根据实际情况为物流企业提供智能化的决策和建议。大数据在物流企业中发挥的作用贯穿了整个物流企业的各个环节，主要表现在物流决策、物流企业行政管理、物流客户管理及物流智能预警等过程中。

（1）大数据在物流决策中的作用。在物流决策中，大数据技术应用涉及竞争环境分析、物流供给与需求匹配、物流资源优化与配置等。在竞争环境分析中，为了达到利益的最大化，需要对竞争对手进行全面的分析，预测其行为和动向，从而了解在某个区域或某个特殊时期应该选择的最佳合作伙伴，通过合作获取更大效益；在物流供给与需求匹配方面，需要分析特定时期、特定区域的物流供给与需求情况，从而进行高效、合理、精准的物流供给与需求匹配管理；在物流资源优化与配置方面，主要涉及运输资源、存储资源等。物流市场有很强的动态性和随机性，需要实时分析市场变化情况，从海量的数据中提取当前的物流需求信息，同时对已配置和将要配置的资源进行优化，实现对物流资源的合理利用。

（2）大数据在物流企业行政管理中的作用。大数据对物流企业员工的选择、评价、培训等精细化管理等同样也发挥着重要作用。大数据分析能够挖掘隐藏在事物背后规律性的内容，这样就可以指导企业有预设地开展各项行政管理工作。例如，在人力资源方面，在招聘新员工时可以通过大数据技术全面深入分析应聘者的个性、行为、岗位匹配度等因素，从而筛选出最适合岗位需要的人才；在日常管理中，也可以通对在职人员的团队忠诚度、工作满意度等方面进行大数据分析，实现合理有效的人才管理。

（3）大数据在物流客户管理中的作用。在物流客户管理中，大数据的应用主要表现在客户对物流服务的满意度分析、老客户的忠诚度分析、客户的需求分析、潜在客户分析、客户的评价与反馈分析等方面。对于广大物流企业来说，通过大数据分析客户的行为习惯，可以使物流服务对象的市场推广投入、供应链投入和促销投入回报最大化。利用先进的统计方法，物流企业可以通过对用户历史记录的分析来建立模型，预测其未来的行为，进而设计具有前瞻性的物流服务方案，整合最佳资源，提高与客户合作的默契程度以避免客户的流失。此外，物流企业不仅可以通过大数据挖掘现有存量用户的价值，还可以通过大数据更高效地获得新用户。

（4）大数据在物流智能预警中的作用。物流业务具有突发性、随机性、不均衡性等特点，通过大数据分析，企业可以精准定位消费者偏好，根据消费者可能的物流服务诉求，提前做好货品调配，合理规划物流路线方案等工作，从而提高物流高峰期间物流的运送效率，为用户带来更好的物流服务体验，进而达到降本增效的目的。

此外，物流大数据的应用还可以提高物流行业管理的透明度。通过物流大数据分析促进物流信息交流开放与信息共享，可以使物流从业者、物流管理机构的绩效更透明，同时也可以间接地促进物流服务质量的提高。

10.1.2　物流大数据的应用

物流企业正一步一步地进入数据化发展的阶段，物流企业间的竞争逐渐演变成数据间的竞争。大数据能够使物流企业有的放矢，甚至可以做到为每一个客户量身定制符合他们自身需求的服务，从而创新整个物流业的运作模式。目前大数据在物流行业的应用主要包括以下几个方面。

1. 物流配送中心的选址

在配送中心选址中，利用大数据综合考虑交通运输、物流配送资源空间分布、历史快递包裹物流方向等因素，同时借助空间地图，物流企业可以更好地选定配送中心空间和地址，对物流配送服务的盲区或薄弱区域进行划分与预判，从而最优化仓储位置的空间分布，提高工作效率。

影响物流中心科学选址的主要因素有企业自身的经营特点、企业经营的商品特点，以及配送地点的交通状况等。物流企业可以通过数据挖掘和分析等技术对不同地区消费者的消费习惯、消费水平进行分析归纳，根据消费者日常的浏览记录、收发件地址以及快件数量对消费者的未来消费行为进行预测；同时结合企业自身经营模式、企业经营的商品特点和配送路线的交通状况等信息，利用大数据分析的结果，制定出最佳配送路线，在地图上面做出分类、聚类的点，以此作为最优的配送中心地址，从而对物流配送中心进行合理有效的安排与管理，解决因盲目选址、配送路线过长等造成的物流配送成本过高、配送资源浪费等问题。

2. 库存预测

通过互联网技术和商业模式的改变，可以实现生产者直接与顾客对接的供应模式。这样的改变，从时间和空间两个维度都为物流业创造新价值奠定了很好的基础。通过消费需求等相关信息的大数据分析运算，对区域仓储商品品类进行有针对性的分配和优化，可以有效避免缺货断货；同时建立透明化的物流追踪系统，通过仓储网络的数据共享、物品全程监控，实现物流的动态管理，进行自动补货，优化区域货品调配，降低物流成本，提高货品调度反应速度。

运用大数据分析商品品类，系统会自动调用用来促销的和用来引流的商品。同时，系统会自动根据以往的销售数据建模和分析，以此判断当前商品的安全库存，并及时给出预警，而不再是根据往年的销售情况来预测当前的库存状况。以菜鸟网络为例，其运营方能够通过对以往货物需求量、商家信息、备货量等数据的提取和分析，依托大数据技术对物流数据进行有效的挖掘和处理，实现物流信息的高效流通，为商家管理库存、备货销售提供精准参考。

利用大数据技术可以实现自动补货。根据商品的历史销售数据，企业可以利用大数据分析预测技术预测出各个商品的库存临界值，在商品的库存达到警戒线时，系统就会选择能满足订购要求和条件的供货商进行自助下单，快速及时地补货。大数据技术的此项功能降低了消费者在下订单时出现无货现象的可能性，能及时满足消费者的需要，提高消费者的满意度。大数据技术自动补货流程如图10-2所示。

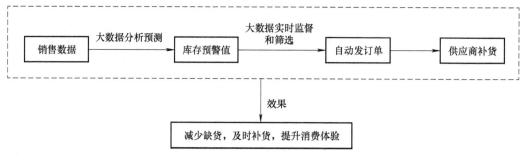

图 10-2　大数据技术自动补货流程

3. 运输配送优化

现代物流企业可以利用大数据存储技术、大数据智能分析和物联网等技术进行物流运输线路的规划和物流配送方案的制定。

在物流运输路线的规划上，首先在 RFID 技术、GPS 技术、GIS 技术与传感技术结合的基础上，可以通过接收读取 RFID 标签信息来实现运输车辆及运输货物的识别、定位、跟踪及状态感知等。运输人员和用户可随时查询货物状态，实现在途管理的可视化与透明化。其次，根据货物在途状态数据、车辆实时状态分布数据和历史车辆数据等，企业可以对现有的调度方案进行调整，对车辆进行合理调配，缓解网点货物量不均衡的情况。对货物所在地、消费者所在位置、当时的交通状况、天气情况等因素进行分析，对运输过程中的风险因素做出科学评价，可以制定最优的运输路线，保障物流的畅通和高效运作。例如，全球最大的速递货运公司之一 DHL，通过对末端运营大数据的采集，实现全程可视化的监控，在运输途中会根据即时交通状况和 GPS 数据实时更新配送路径，做到更精确的取货和交货，对随时接收的订单做出更灵活的反应，以及向客户提供有关取货的精确信息。另外，车辆在配送时，需要借助物流大数据掌握实时的车辆位置信息、油耗情况、平均车速、天气情况等，分析线路拥堵状况，及时优化行车路线，调配车辆，还可避免因恶劣气候导致物流阻塞。

大数据背景下，配送方案的制定是实现配送动态化的最重要的一环。配送方案的实现首先通过对配送过程所涉及的各种数据进行采集，使数据能够及时、有效地被捕捉；其次通过畅通的数据传输网络和复杂的存储技术，实现数据的传输存储；最终通过大数据分析技术根据实际情况对物流配送方案进行动态调整，制定经济合理的配送方案。基于大数据的物流配送方案的制订将会在很大程度上降低物流配送的成本，提高物流配送的效率，同时客户也会享受到更加舒适贴心的个性化服务，进而实现企业和用户利益最大化。

【相关案例 10-1】

UPS 的 Orion 系统：道路优化与导航集成

联合包裹速递服务公司（United Parcel Service，UPS）是全球最大的快递承运商与包裹递送公司之一，同时也是专业的运输、物流、资本与电子商务服务的领导性的提供者。UPS 在全球拥有 1050 万个客户及 45.4 万名员工，车队数量 11.6 万，每日航空班次 2242 次，可向 220 多个国家和地区的客户提供服务。2017 年 UPS 财务报告显示，其总包裹量为 51 亿件，总营收 658.7 亿美元，营业利润 75.3 亿美元。

2017 年，UPS 营业成本为 583 亿美元，其中全年购买运输费用为 110 亿美元，占其总营业成本的 18.87%，这个成本占比在快递行业是相当低的，这主要得益于 UPS 在运用大数据运筹学开展业务方面处于快递行业的前沿，最典型的应用案例就是 Orion 系统。

21 世纪初，UPS 研发了一个名为 Orion 的道路优化与导航集成系统（On-Road Integrated Optimization and Navigation），并于 2009 年开始试运行，目前已经更新到第五代。据了解，该算法相当于近 1000 页的代码。使用 Orion 系统优化路线结果如图 10-3 所示。

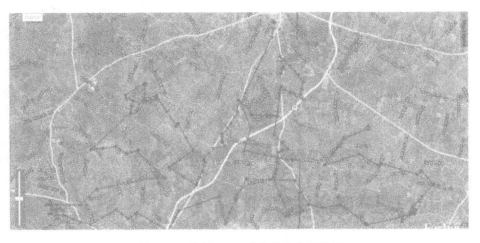

图 10-3　使用 Orion 系统优化路线结果

Orion 系统依靠 UPS 多年配送积累的客户、司机和车辆数据和每个包裹使用的智能标签，再与每台车的 GPS 导航仪结合，实时分析车辆、包裹信息、用户喜好和送货路线数据，可以分析实况下一个任务的 20 万种可选路线，并能在 3 秒内找出两点间的最佳路线。此外，Orion 系统也会根据不断变化的天气情况或事故随时改变路线。基于这种动态优化的车队管理系统所能实现的降低成本、减少时间、降低减排量的效果都是非常显著的。举个例子，Orion 系统发现十字路口最易发生意外、红绿灯最浪费时间，只要减少通过十字路口次数，就能省油、提高安全，依此数据分析，UPS 一年送货里程大幅减少 4800km，等于省下 300 万加仑[⊖]的油料及减少 3 万 t 二氧化碳排放，安全性和效率也大大提高了。

另一个著名的应用案例就是通过 Orion 系统大数据分析实现配送末端最优路径的规划，提出了尽量"连续右转环形行驶"的配送策略，因为左转会导致货车在左转道上长时间等待，不但增加油耗，而且发生事故比例也会上升。这项规划为 UPS 实现每年节省燃油成本 5000 万美元，并增加包裹配送 35 万件，这都是商业效率和效能的重要指标，尤其有利于持续发展。

（资料来源：https://baijiahao.baidu.com/s?id=1611395892559904785&wfr=spider&for=pc）

10.1.3 大数据背景下的智慧物流

在大数据技术的支持下，人与物流设备之间、设备与设备之间形成更加密切的结合，结合成一个功能庞大的智慧物流系统，实现物流管理与物流作业的自动化与智能化。可以说，大数据技术是构建智慧物流的基础。

1. 智慧物流的概念

智慧物流是指利用集成智能化技术，使物流系统能够模仿人的智能，具有思维、感知、学习、推理判断和自行解决物流中某些问题的能力，从而实现物流资源优化调度和有效配置、物流系统效率提升的现代化物流管理模式。

为了建立一个面向未来的具有先进化、互联化和智能化三个特征的供应链，IBM 公司于 2009 年提出了智慧供应链的概念。中国物流技术协会信息中心由此延伸出了智慧物流的概念。智慧物流概念的提出顺应历史潮流，也符合现代物流业发展的自动化、网络化、可视化、实时化跟踪与智能控制的发展新趋势。

传统的物流在各个环节都是彼此孤立存在的，由此引发一系列问题，其中最大的弊端就是信息化程度不高、信息不畅通。大多数传统的物流企业并没有建立完整的信息系统，很多环节仍旧采用人工的管理方式，这样不仅会增加工作量，还会造成管理困难。各个部门、企业之间无法及时地进行数据交换、实现信息共享，从而无法达成共识来应对市场变化带来的问题，导致成本增加，不利于企业之间的竞争。而智慧物流的出现给物流行业带来了多种颠覆性创新。在智慧物流体系中，物流活动的开展基于实体要素的全程数据化，效率由数据驱动。传统物流与智慧物流的比较如表 10-1 所示。

表 10-1 传统物流与智慧物流的比较

比较项目	传统物流	智慧物流
信息状态	信息孤立	信息畅通共享
订单生产	纸质订单	电子订单
各部门运作方式	个体单一运作	一体化运作

⊖ 1 加仑=3.785L

（续）

比较项目	传统物流	智慧物流
管理方式	人工管理	可视化、智慧化管理
服务内容	保管、库存控制、运输	核心业务，服务和价值增值服务
服务功能	主要提供仓储和运输业务	智能仓储、智能运输、智能配送、智能加工
技术应用	技术单一化且落后	多种信息技术
追求目标	规模生产、低成本服务	规模定制、个性化服务
交易方式	直线型	网络型

2. 智慧物流的特点

在大数据背景下，智慧物流将物联网、传感网与现有的互联网整合起来，以精细、动态、科学的管理，提升了整个物流系统的智能化和一体化水平。智慧物流的特点如图 10-4 所示。

（1）信息联通。2016 年，国家发展和改革委员会在《"互联网+"高效物流实施意见》中指出，要推动政府物流数据信息向全社会公开，完善信息交换开放标准体系，促进物流、快递等企业间物流信息以及企业商业信息与政府公共服务信息的开放对接，实现物流信息互联互通与充分共享。基于互联网的物流新技术、新模式、新业态已成为行业发展的新动力，如涌现出的"互联网+"智能仓储、"互联网+"高效运输、"互联网+"便捷配送、"互联网+"末端基础设施共享等智慧物流生态模式。

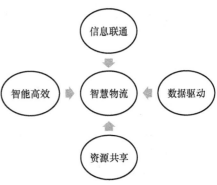

图 10-4　智慧物流的特点

（2）数据驱动。随着互联网技术的发展，依托国家交通运输物流公共信息平台，形成了物流大数据中心。此外，京东、菜鸟、百度等纷纷推出物流云服务应用，也为物流大数据提供了重要保障。以大数据为基础的智慧物流，使得仓储、运输、配送等环节智能化水平显著提升，如从物流网点的智能选址到运输路线的最优配置，从运输车辆装载率的最高化到"最后一公里"的优化配送等，从点到线、线到面，数据分单和数据派单等技术的应用，都可通过海量的物流数据分析来挖掘更多潜在的商业价值。

（3）资源共享。智慧物流的基本原则是"互联互通、开放共享"。基于物流大数据分析洞察各企业、各环节的物流运作规律，通过物联网技术及时传递供应链上下游企业的物流信息，打通信息壁垒，实现供应链高效协同，提高供应链精益化管理水平，创造更多的共享经济。如以菜鸟驿站为例，为有效解决"最后一公里"难题，菜鸟驿站通过与高校、社区便利店、连锁超市、物业等合作设立的代收代存的末端网点，既有效解决了末端配送的效率低和成本高的问题，也改变了快递包裹末端配送服务杂、乱、差的局面。

（4）智能高效。智慧物流的核心目标是降本增效。随着货物跟踪定位、无线射频识别、可视化、机器人、移动信息服务等新兴技术在物流行业的广泛应用，物流智能化水平不断提高。例如，菜鸟网络研发的仓内智能搬运机器人可以自动驮着拣货车前往指定货架；申通快递的全自动快递分拣机器人"小黄人"可以 24 小时不间断分拣，每小时可完成 18000 件货品的分拣；京东推出的无人机送货改变了物流业传统的配送模式。

3. 智慧物流的业务体系

业务运营为数据运营提供数据资源，数据运营为业务运营提供决策依据和运营方向。大数据背景下智慧物流业务体系如图 10-5 所示。

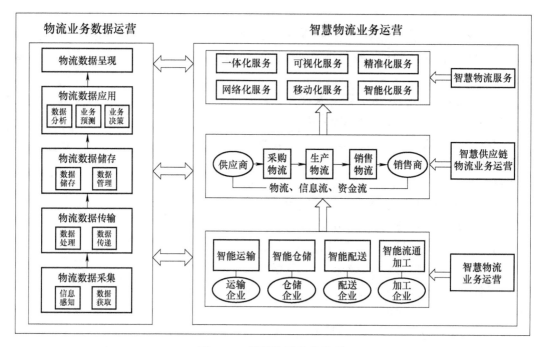

图 10-5 智慧物流业务体系

（1）物流业务数据运营部分。

1）物流数据采集。物流数据采集是指通过感知技术和大数据技术对物流基础数据的采集，包括物流信息感知和数据获取两个环节。先运用智慧感知技术捕捉物流业务运行中的各种基础数据，再运用大数据采集技术收集和获取这些数据，放置在智慧物流业务系统中，为云计算和智能决策等提供数据基础。

2）物流数据传输。物流数据传输是指运用大数据技术和媒介将采集到的数据进行初步处理和传递，包括物流数据处理和物流数据传递两个环节。在物流数据处理环节，运用大数据预处理技术对已接收数据进行辨析、抽取和清洗，获取有价值的数据，将复杂数据转换成单一的或者可以处理的构型，进而通过传输网络将数据传递至物流云计算平台。

3）物流数据储存。物流数据储存是指采用云计算、大数据技术对物流信息进行大规模储存和运算，包括物流数据存储和物流数据控制两个环节。先按照业务需求建立物流数据仓库，将接收到的物流数据源进行格式化，进行集成化收集和处理，正确地放到物流数据仓库中。然后通过物流云计算技术对物流数据资源进行调用和管理，实时处理物流信息，监控物流状态，为互联网用户提供数据存储、运算、交互等服务。这个阶段完成物流数据的储存、复杂运算和实时处理，为智慧物流数据分析奠定基础。

4）物流数据应用。物流数据应用是指运用大数据分析技术对已有物流数据进行分析，进而进行物流业务预测和决策，具体包括物流数据分析、物流业务预测和物流业务决策三个环节。通过对海量客户数据和商品数据运用关联分析技术和聚类分析技术等进行数据挖掘，进行客户关系分析、商品关联分析和市场聚类分析，可以为智慧物流业务预测和决策提供有效数据支持，帮助进行精准预测和科学决策。

5）物流数据呈现。物流数据呈现是指将物流数据呈现于 PC 浏览器、平板计算机、智能手机等终端设备上。企业可以通过应用程序发布物流信息，客户可以通过智能设备客户端查询物流信息，实现物流数据的人机交互。

（2）智慧物流业务运营部分。

1）从微观层面来看，智慧物流业务运营是从物流企业的角度出发，智慧物流业务涵盖智能运输、智能仓储、智能配送和智能流通加工环节。

智能运输业务运营将先进的信息技术、数据通信技术、传感器技术、自动控制技术等综合运用于物流运输系统，对运输车辆和货物进行实时跟踪，及时在线更新状态数据，实现运输过程的可视化和智能化管控。

智能仓储业务运营运用自动分拣系统和信息技术，可以实现入库环节物流信息的采集和收集，入库流程的安排，库内货位信息、实时动态情况的监管和定期盘点，出库环节备货、理货、交接、存档和信息采集与传输的自动化和智能化处理。

智能配送业务运营利用物联网感知技术、定位技术采集配送车辆、路线、环境、订单等数据，进行线路优化和资源的智能匹配，运用移动互联网技术将配送信息直接传递给客户终端，为客户提供实时配送跟踪。

智能流通加工业务运营涵盖再包装、计量、分拣、贴签、组装等一系列作业流程。加工流通企业可运用智能设备和智能系统进行智能化作业。

2）从中观层面来看，智慧供应链物流业务运营是从供应链物流的角度出发，包括原材料采购、加工生产、成品送达客户全过程所形成的采购物流、生产物流、销售物流运营。

具体来说，从供应链上游的需求管理、生产计划、供应商管理和相应的采购作业、生产控制追踪和订单管理，到下游的分销商管理、销售订单管理、库存控制及运输配送，再到终端客户管理的过程中，智慧物流通过对采购量、采购对象、渠道、客户类型及分布等相关数据的采集和分析，对采购物流、销售物流和客户管理进行管理及优化。智慧物流供应链业务运营将采购物流系统、生产物流系统与销售物流系统、客户管理系统智能融合，形成智能的供应链管理。

3）从宏观层面来看，智慧物流服务是以客户为中心，为客户提供高效快捷的物流服务。大数据背景下，智慧物流业务运营和数据运营完成了实时、快速的交互，使智慧物流业务体系整体运营高效有序，最终为客户提供高效、便捷的智慧物流服务。

4. 智慧物流的应用

智慧物流有着广泛的应用，国内许多城市围绕智慧港口、多式联运、冷链物流、城市配送等方面，着力推进物联网在大型物流企业、大型物流园区的系统级应用。将无线射频识别技术、定位技术及相关的软件信息技术集成到生产及物流信息系统领域，探索利用物联网技术实现物流环节的全流程管理，开发面向物流行业的公共信息服务平台，优化物流系统的配送中心网络布局。分布式仓储管理及流通渠道建设能够最大限度地减少物流环节、简化物流过程，能够提高物流系统的快速反应能力。此外，通过跨领域信息资源整合，建设基于卫星定位、视频监控、数据分析等技术的大型综合性公共物流服务平台，发展供应链物流管理。

【相关案例 10-2】

Amazon 借助大数据给物流降本增效

有数据显示，2018 年，Amazon 在美国的零售额可能达到 2582.2 亿美元，这将占到美国电子商务领域 49.1%的市场份额。而排在第二位的 eBay 仅有 6.6%，远远落后于 Amazon。

Amazon 是第一个将大数据推广到电商物流平台运作的企业，其利用人工智能和云技术进行仓储物流的管理，创新推出了预测性调拨、跨区域配送、跨国境配送等服务，并由此建立了全球跨境云仓。可以说，大数据应用技术是 Amazon 提升物流效率、应对供应链挑战的关键。Amazon 物流运营体系的强大之处在于，它已把仓储中心打造成全世界最灵活的商品运输网络，通过强大的智能系统和云技术，将全球所有仓库联系在一起，以此做到快速响应，并能确保精细化运营。

（1）智能入库。智能预约系统通过供应商预约送货，能提前获知供应商送货的物品，并相应调配好到货时间、人员支持及存储空间。收货区将按照预约窗口进行有序作业，货物也将根据先进先出的原则，按类别存放到不同区域。

入库收货是 Amazon 大数据采集的第一步，为之后的存储管理、库存调拨、拣货、包装、发货等每一步操作提供数据支持。这些数据可在全国范围内共享，系统将基于这些数据在商品上架、存储区域规划、包装推荐等方面提供指引，提高整个流程的运营效率和质量。

（2）智能存储。Amazon 开拓性地采用"随机存储"的方式，打破了品类之间的界限，按照一定的规则和商品尺寸，将不同品类的商品随机存放到同一个货位上，不仅提高了货物上架的效率，还最大限度地利用了存储空间。

此外，在 Amazon 运营中心，货架的设计会根据商品品类有所不同，所有存储货位的设计都是基于后台数据系统的分析得来的。例如，系统会基于大数据的信息，将爆款商品存储在距离发货区比较近的地方，从而减少员工的负重行走。

（3）智能拣货与订单处理。在 Amazon 的运营中心，员工拣货路径由后台数据系统给出，系统会为其推荐下一个要拣的货在哪儿，确保员工不走回头路，而且所走的路径是最短的。

此外，大数据驱动的仓储订单运营非常高效，Amazon 中国运营中心最快可以在 30 分钟之内完成整个订单的处理，从订单接收、快速拣选到快速包装等一切工作都由大数据驱动。由于 Amazon 后台数据系统的运算和分析能力非常强大，因此能够实现快速分解和处理订单。

（4）智能分仓和智能调拨。Amazon 作为全球大云仓平台，智能分仓和智能调拨拥有独特的技术含量。在 Amazon 中国，全国 10 多个平行仓的调拨完全是在精准的供应链计划的驱动下进行的。

1）通过独特的供应链智能大数据管理体系，Amazon 实现了智能分仓、就近备货和预测式调拨。该体系不仅用在自营电商平台，在开放的"Amazon 物流+"平台中的应用更加有效果。

2）智能化调拨库存：全国各个省市包括各大运营中心之间有干线的运输调配，以确保库存提前调拨到离客户最近的运营中心。智能化全国调拨运输网络很好地支持了平行仓的概念，全国范围内只要有货就可以下单购买，这是大数据体系支持全国运输调拨网络的充分表现。

（5）精准库存。Amazon 的智能仓储管理技术能够实现连续动态盘点库存信息，库存精确率达到 99.99%。同时在业务高峰期，Amazon 通过大数据分析可以做到对库存需求精准预测，从配货规划、运力调配、末端配送等方面做好准备，平衡了订单运营能力，大大降低了爆仓的风险。

（6）全程可视。Amazon 平台可以让消费者、合作商和 Amazon 的工作人员全程监控货物、包裹位置和订单状态。例如：昆山运营中心的货物品类众多，从前端的预约到收货，内部存储管理、库存调拨、拣货、包装，到配送发货，最后送到客户手中，整个过程环环相扣，每个流程都有数据支持，并通过系统实现全订单的可视化管理。

（7）"超强大脑"的神机妙算。Amazon 智能系统就像一个超强大脑，可以洞察到每小时、每一个品类甚至每一件商品的单量变化，让单量预测的数据细分到全国各个运营中心、每一条运输线路和每一个配送站点，提前进行合理的人力、车辆和产能的安排。

同时，系统预测还可以随时更新，并对备货方案进行实时调整，实现了供应链采购和库存分配高度自动化、智能化。在一定程度上，供应链前端的备货是保证高峰期后端物流高效、平稳的基础。

（资料来源：https://www.sohu.com/a/289909767_800344）

10.2　大数据在电子商务行业中的应用

进入大数据时代，电商企业通过对大数据进行有效分析与综合整理，能够对消费者的实际需求和购物偏好做到充分的了解和掌握，进而采取有针对性的推广并进行产品的促销，提升消费者的满意度。大数据在电子商务行业的应用主要有推荐服务和大数据营销等。

10.2.1 电子商务大数据概述

电子商务大数据主要包括用户交易数据和商品信息数据。在用户交易数据中，从用户下单、仓储分拣到配送的整个链条上的数据是结构化的；而用户网站浏览行为记录、购买评价等数据是非结构化的。用户交易数据具有极大的参考价值，通过对用户交易数据进行分析，可以发现商品的销售规律和顾客的购买规律，了解消费者的偏好，对电商企业改善产品和精准营销具有极大的指导作用。商品信息数据包括商品分类信息数据和商品交易量、库存量及商家的信用信息等。对商品进行分类分析，可以为不同的用户提供个性化的推荐服务。

在大数据的时代背景下，电子商务的经营模式发生了很大的变化，由传统的管理化运营模式变为以信息为主体的数据化运营模式。电子商务的管理与各类经济环节都变得数据化，并且贯穿在整个电子商务环节中，小到基础材料的采购，大到资产运行及订单的完成。

一方面，电子商务通过对大数据专业分析技术的运用能够对消费者的消费习惯及消费心理进行归纳分析与预测，从而对电商产品的市场调度供需程度进行一系列的建议指导，降低电商生产成本，提高效益。另一方面，在电商的经营中，大数据时代的到来可以使整个电商行业的信息资源共享变得方便快捷。电子商务的各环节有效地利用大数据的整合处理技术，在整个产品生产供应环节中实现各种数据信息的及时共享，从而更好地吸引消费者，促进产品销售，实现电子商务企业产业结构转型的优化与完善。

以往被认为毫无利益价值的数据资料将是炙手可热的资源，电子商务模式下产生的数据资源不仅可以为自己所用，还可以为电子商务企业创造相应的商业利益。各电子商务企业都在利用数据信息，开发数据分析业务，提供数据可视化服务，扩展电子商务经营渠道，为企业增加效益。

10.2.2 电子商务大数据的应用

随着市场规模扩大，市场需求的不断增加，利用大数据可以通过对用户的属性和行为进行画像，洞察用户特征，找到用户行为及需求的差异，制定有针对性的策略进行大数据营销，为客户提供推荐特定的产品和服务。下面介绍电子商务大数据在个性化推荐服务和大数据营销这两个方面的应用。

1. 个性化推荐服务

随着网络信息的飞速增加，用户面临着信息过载的问题。虽然用户可以通过搜索引擎查找自己感兴趣的信息，但是在用户没有明确需求的情况下，搜索引擎难以帮助用户有效地筛选信息。为使用户从海量的信息中高效地获取自己所需的信息，推荐系统应运而生。推荐系统是大数据在互联网领域的典型应用——通过分析用户的历史记录了解他们的喜好，从而主动为用户推荐其感兴趣的信息，满足个性化的信息需求。

（1）推荐方法。推荐系统的本质是建立用户与物品之间的联系，根据推荐算法的不同，推荐方法可分为以下五类。

1）专家推荐。专家推荐是传统的推荐方式,本质上是一种人工推荐，由资深的专业人士筛选物品，需要较高的人力成本，现多用于其他推荐算法结果的补充。

2）基于统计信息的推荐。其概念直观易于实现，但是对用户个性化偏好的描述能力较弱。

3）基于内容的推荐。基于内容的推荐是信息过滤技术的延伸与发展，通过机器学习的方法描述内容特征，并基于内容特征发现与之相似的内容。

4）协同过滤推荐。协同过滤推荐是推荐系统中应用较早且较成功的技术之一。该算法的思想是基于邻居用户的信息从而得到目标用户的推荐,推荐的个性化程度较高。协同过滤算法主要分为两类：基于用户的协同过滤算法和基于物品的协同过滤算法。

5）混合推荐。实际应用中，单一的推荐算法无法取得良好的推荐效果，因此多数推荐系统会有机组合多种推荐算法，集合多种算法的优点，设计具有鲁棒性的、满足多场景需求的组合推荐算法。

（2）推荐系统模型。一个完整的推荐系统通常由三个模块组成：用户建模模块、推荐对象建模模块和推荐算法模块，如图 10-6 所示。首先对用户进行建模，根据用户行为数据和用户属性数据分析用户的兴趣和需求，同时对推荐对象进行建模；然后基于用户特征和物品特征，采用推荐算法得到用户可能感兴趣的对象，并根据推荐场景过滤和调整推荐结果；最后将推荐结果展示给用户。

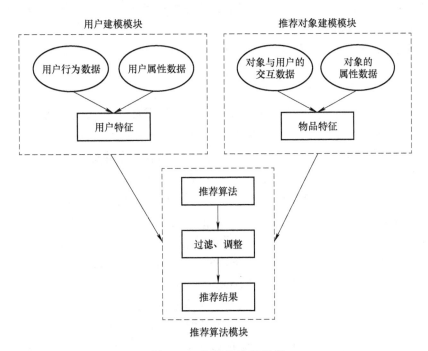

图 10-6　完整的推荐系统

在电子商务行业中，推荐系统扮演着越来越重要的角色。Amazon 作为推荐系统的鼻祖，已将推荐的思想渗透到其网站的各个角落，利用用户的历史浏览记录来为用户推荐商品，实现了多种推荐场景。Amazon 网站利用用户的浏览记录来为用户推荐商品，推荐的主要是用户未浏览过，但可能感兴趣、有潜在购买可能性的商品，如图 10-7 所示。

猜您喜欢

Champion 男士强力混合套头连帽衫
☆☆☆☆☆ 872
¥152.13 - ¥292.19

Champion 男士底部收口轻质平纹针织运动裤
☆☆☆☆☆ 394
¥132.25 - ¥186.44

Champion 男士强力混合复古抓绒慢跑裤
☆☆☆☆☆ 326
¥145.39 - ¥284.10

Champion 男式 经典针织长袖T恤
☆☆☆☆☆ 116
¥98.30 - ¥155.40

图 10-7　Amazon 根据用户的浏览记录来推荐商品

2. 大数据营销

大数据营销是指通过互联网采集大量的行为数据，帮助广告商找出目标受众，并以此对广告投放的内容、时间、形式等进行预判和调配，最终完成广告投放的营销过程。

（1）大数据营销的特点。大数据营销的特点包括多平台数据采集、强调时效性、个性化、性价比高和关联性强。

1）多平台数据采集。大数据的数据来源是多样化的，多平台数据采集能够使网民行为刻画更全面、更准确。采集来源包括互联网、移动互联网、智能电视、户外智能屏等。

2）强调时效性。在网络时代，网民的消费行为和购买方式极易在短时间内发生变化，在网民需求点达到顶峰时进行营销非常重要。全球领先的大数据营销企业 AdTime 据此提出了时间营销策略，可通过技术手段充分了解网民的需求，及时响应每个网民当前的需求，在其决定购买的"黄金时间"内接收到商品广告。

3）个性化。以往的营销活动大多以媒体为导向，选择知名度高的媒体进行投放。如今的广告商完全以受众为导向进行广告营销，选择知名度高、浏览量大的媒体进行投放。因为大数据技术可让他们知晓目标受众身处何方、关注什么位置的什么样的信息呈现方式。大数据技术可以做到当不同用户关注同一媒体的相同界面时，广告内容不同。大数据营销实现了对网民的个性化营销。

4）性价比高。与传统广告相比，大数据营销做到了最大限度地让广告商的广告投放有的放矢，并且可以根据实时效果反馈，及时调整投放策略。

5）关联性强。大数据营销的一个重要特点在于网民关注的广告与广告之间的关联性。由于大数据在采集过程中可快速得知目标受众关注的内容，知晓网民身在何处，这些有价值的信息可以让广告的投放过程产生前所未有的关联性，即网民看到的上一条广告语与下一条广告进行深度互动。

（2）大数据营销的实际操作。对很多企业来说，大数据的概念并不陌生，但如何在营销中应用大数据呢？作为大数据最先落地也最先体现出价值的应用领域，大数据营销有较成熟的经验和操作模式。通过处理原始数据、分析用户特征及偏好、制定渠道和创意策略，最终实现营销效率的提升。大数据营销的一般过程如图 10-8 所示。

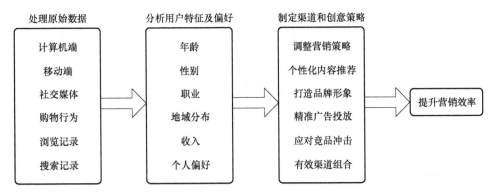

图 10-8　大数据营销的一般过程

1）处理原始数据。需要对采集的原始数据进行集中化、结构化和标准化处理，使其能够被读懂。在该过程中，需要建立和应用各类"库"，如行业知识库（包括产品知识库、关键词库、域名知识库等），由"数据格式化处理库"衍生出的底层库（包括用户行为库、URL 标签库等）、中层库（包括用户标签库、浏览统计、舆情评估）等。

2）分析用户特征及偏好。将第一方标签与第三方标签结合，按不同的评估维度和模型算法，通过聚类方式将具有相同特征的用户划分为不同属性的族群，分别描述用户的静态信息（如性别、年龄、职业等）、动态信息（如商品偏好、娱乐偏好、健康状况等）和实时信息（如地理位置、相关事件、相关服务等），形成网站用户画像。

3）制定渠道和创意策略。根据对目标群体的特征测量和分析结果，选择更合适的用户群体，匹配适当的媒体，制定性价比及效率更高的渠道组合。在营销计划实施前，对营销投放策略进行评估和优化，从而提高目标用户群的转化率。

4）提升营销效率。在投放过程中，仍需不断分析数据，并利用统计系统对不同渠道的类型、时段、地域、位置等有价值的信息进行分析，对用户的转化程度进行评估，在营销过程中调整实施策略。

【相关案例 10-3】

蒙牛电商的大数据营销

近年来，以电商为代表的整体线上交易业务的发展非常迅速，为了保持业内领先地位，布局更长远的未来，蒙牛成立了数字化营销中心。

蒙牛数字化营销中心是一个整合了电商运营、大数据支持、精准投放、营销策划、自有创意延展及线上生态圈建设的团队，其核心理念为"创意变现，内容为王"。蒙牛数字化营销中心以"互联网+"为创新引擎，通过大数据，深入洞察消费者特性，不断完善消费者画像，从而实现精准营销和创新产品定制，并通过丰富多样的互动营销增强消费者黏性。

蒙牛电商利用大数据和新兴的互联网技术，实现消费人群的精准洞察，快速定制产品和内容，响应消费者需求。根据大数据调研的人群画像，蒙牛电商自主开发线上专属产品，通过直播、短视频等多样化的形式与年轻人密切沟通，使之成为线上主力产品。

借助大数据的洞察调研结果，围绕消费者特性进行定制化产品开发是线上产品区隔升级的核心所在。蒙牛电商推出了基于健身场景、健身人群的 M 运动营养系列饮品，从 M-PLUS 到 M-UP，从功能牛奶到运动饮料，在高端健身房、电商以及垂直的运动社区全方位打造健身饮用场景，同时不忘合作共赢，与昆仑决和捷安特进行深入合作。例如产品"甜小嗨"，如图 10-9 所示，就是利用大数据人群包分析，凭借"开心都是自找的"主题，深受众多年轻人和段子手的喜爱，成为打通年轻时尚消费人群的利器。甜小嗨上市第一个月销售额就达到 319 万元，短短三个月就发展成为预计年销售额达到 5000 万的专属品牌。

图 10-9　蒙牛甜小嗨

蒙牛电商围绕消费者和的核心需求嫁接不同行业资源，通过与创新型公司合作进行资源及会员共享，以跨界合作寻找未来乳制品市场的出路，探求新的增长点，实现双赢的战略目标。比如在蒙牛通过与爱奇艺"青春有你"系列 IP 合作，正面营销品牌形象，在年轻消费者心目中形成品牌认知并留下品牌烙印，实现品牌价值增长，同时通过爱奇艺巨大的流量转化带动销量提升。

在未来，蒙牛数字化营销中心仍会秉持"创意变现，内容为王"的宗旨，继续通过大数据开展精准营销研究，将品牌理念准确推广给消费者，利用数字媒体更加灵活多样、反应敏捷的优势，通过直播、IP 订制、事件营销等多种内容形式，提升互动效果，增强品牌意识及顾客黏性。

（资料来源：蒙牛电商：大数据产品定制模式[J]. 新营销，2017（1）：44-44.）

10.3　大数据在医疗行业中的应用

近年来，随着医疗卫生信息化和医学科学技术的高速发展，产生了海量的与医疗相关的数据。这些数据从微观到宏观，构成了多个维度、覆盖人的全生命周期的医疗大数据。通过整合就医行为资料、临床诊疗数据、社区卫生健康档案等在内的各种数据，同时利用大数据技术，可以从中发现海量数据之间潜在的关系、模式，从而帮助公共卫生部门及时发现潜在的流行病，帮助医生提高疾病的诊断精度，帮助医药行业在药物研发时发现潜在的药物不良反应，帮助个体化健康管理等。医疗大数据的应用主要有智慧医疗、流行病预测监控、个体健康管理和药物研发等几个方面。

10.3.1　医疗大数据概述

医疗大数据是指在医疗活动中产生的数据的集合，既包括个人全生命周期过程中因为免疫、体检、门诊、住院等健康活动所产生的大数据，又包括医疗服务、疾病防控、健康保障和食品安全、养生保健等多方面的数据。

医疗大数据有着非常重要的应用价值。一方面，现代社会公民的健康在世界各国的民生中越来越处于举足轻重的地位；另一方面，移动/互联网医疗、自动化分析检测仪、可穿戴设备的普及等，使得患者、医生、企业、政府各方都成了数据的直接创造者，每天产生海量的数据。

医疗大数据的应用并不仅仅是在信息化时代才出现。早在 19 世纪，英国流行病学家、麻醉学家约翰·斯诺就运用近代早期的数据科学，记录每天的死亡人数和伤患人数，并将死亡者的地址标注在地图上，绘制了伦敦霍乱爆发的"群聚"地图。霍乱在过去被普遍认为是由"有害"空气导致的，斯诺通过调查数据的汇总，确定了"霍乱"的元凶是被污染的公共水井，并同时奠定了疾病细菌理论的基础。

1．医疗大数据的来源

医疗数据资源是医疗大数据的基础。目前医疗数据的来源大致可分为三个方面：

（1）患者就医流程所产生的数据，包括患者的基本信息、检测数据、化验数据、影像数据、诊断数据、治疗数据、费用数据等，这类数据一般产生并存储在医疗机构中。

（2）检验中心数据。第三方医学检验中心承接着医疗机构的检验外包功能，产生了大量患者的诊断、检测、影像数据。

（3）制药企业、基因测序数据。制药公司在新药研发及临床过程中会产生大量数据，基因测序同样也会产生大量的个人遗传基因数据。

2．医疗大数据的分类

通常是和医疗行为相关的数据才被称为医疗大数据，但是现在医疗大数据的概念已经扩展到健康人群的健康数据，以及和医疗健康相关的行为、物资数据。总体而言，医疗大数据按类型可以分为两种，即个人医疗健康数据和物资数据，如图 10-10 所示。

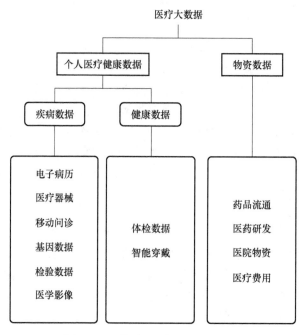

图 10-10　按类型划分医疗大数据

个人医疗健康数据包括疾病数据和健康数据。疾病数据是生病患者因为疾病就诊所产生的病历、影像、检验等数据。健康数据主要是指通过体检、智能设备所收集的体征、基因等数据。生产数据的主体是人。

物资数据是由器械等设备的状态数据、医药流通数据组成，数据的产生主体不是个人，而是和医疗行为相关的各种器械、物品、药品。

3. 医疗大数据的特点

医疗数据首先属于数据的一种，所以其大数据也必定具备一般的数据特性：规模大、结构多样、增长快速、价值巨大，但是其作为医疗领域产生的数据也同样具备医疗性：多态性、不完整性、冗余性、时间性、隐私性，如图 10-11 所示。

（1）多态性：医疗数据包含有如化验等活动产生的纯数据，也会有如体检等活动产生的图像数据，有心电图等信号图谱、医生对患者的症状描述以及根据自己经验或者数据结果做出的判断等文字描述，另外还有像心跳声、哭声、咳嗽声等声音资料，同时现代医院的数据中还有各种动画数据（如胎动的影像等）。

（2）不完整性：在就医过程中会有各种原因导致医疗数据的不完整，如医生的主观判断及文字描述的

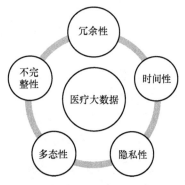

图 10-11　医疗大数据的特点

不完整，患者治疗中断导致的数据不完整，患者描述不清导致的数据不完整等。

（3）冗余性：同一个患者在不同的医院就医，可能会产生重复的数据信息，在同一家医院中也可能存储着大量重复的数据。

（4）时间性：大多医疗数据都是具有时间性、持续性的，如心电图、胎动思维图等都属于时间维度内的数据变化图谱。

（5）隐私性：隐私性也是医疗数据的一个重要特性，同时也是现在大部分医疗数据不愿对外开放的一个原因。很多医院的临床数据系统都是相对独立的局域网络，甚至不会对外联网。

10.3.2　医疗大数据的应用

大数据在医疗行业得到了广泛的应用。在智慧医疗方面，通过建立健康档案区域医疗信息平台，利用最新的物联网技术和大数据技术，可以实现患者、医护人员、医疗服务提供商、保险公司之间的无缝连接，让患者体验一站式医疗、护理和保险服务。在疾控预测监警方面，大数据彻底颠覆了传统的预测方式，使人类在公共卫生管理领域迈上了一个新台阶。在健康管理方面，把被动的疾病治疗转化为主动的自我健康监控，有助于全面了解个人的健康状况；在药物研发方面，大数据大大提升了药品研发的成功率，缩短了研发周期。

1. 大数据与智慧医疗

智慧医疗通过整合各类医疗信息资源，构建药品目录数据库、居民健康档案数据库、影响数据库、检验数据库、医疗人员数据库、医疗设备数据库等卫生领域的六大基础数据库。医生可以随时查阅病人的病历、病史、治疗措施和保险细则，随时随地快速制定诊疗方案；也可以让患者自主选择更换医生或医院，患者的转诊信息及病历可以在任意一家医院通过医疗联网的方式调阅。随着智慧医疗的覆盖面越来越广和云计算的应用，移动医疗将成为智慧医疗中不可或缺的一部分。相较于传统的医疗方式，移动医疗能在不妨碍日常工作和生活的情况下随时随地检测生理状况，实现对疾病早发现、早诊断、早治疗。

智慧医疗的核心就是"以患者为中心"，给予患者以全面、专业、个性化的医疗体验。智慧医疗具有以下三个优点。

（1）促进优质医疗资源的共享。我国医疗体系存在的一个突出问题是优质医疗资源集中分布在大城市、大医院，一些校医院、社区医院和乡镇医院的医疗资源配置明显偏差，导致患者扎堆涌向大城市、大医院就医，使得这些医院人满为患，患者体验很差，而社区、乡镇医院却因为缺少患者而进一步限制了其自身发展。要想有效解决医疗资源分布不均衡的问题，当然不能在小城市建设大医院，这样做只会提高医疗成本。智慧医疗为解决该问题指明了方向：一方面，社区医院和乡镇医院可以无缝衔接到市区中心医院，实时获取专家建议、安排转诊或接受培训；另一方面，一些医疗器械可以实现远程医疗监护，不需要患者亲自跑到医院，如无线体重计、无线血糖仪等传感器可以实时监测患者的血压、心率、体重、血糖等生命体征数据，传输给相关的医疗机构，使患者得到及时有效的远程治疗。

（2）避免患者重复检查。以前，患者每到一家医院，需要在这家医院购买新的信息卡和病历，重复做在其他医院已经做过的各种检查，不仅耗费患者大量的时间和精力、影响患者情绪，还浪费了国家宝贵的医疗资源。智慧医疗系统实现了不同医疗机构间的信息共享，患者在任何医院就医时，只要输入身份证号码，就可以立即获取所有信息，包括既往病史、检查结果、治疗记录等，再也不需要在转诊时做重复检查。

（3）促进医疗智能化。智慧医疗系统可以对患者的生命体征、治疗、化疗等信息进行实时监测，杜绝用错药、打错针等现象，还可以自动提醒医生和患者进行复查，提醒护士发药、巡查。此外，系统利用历史累计的海量患者数据，可以构建疾病诊断模型，根据患者的各种病症，自动诊断其可能患有哪种疾病，从而为医生诊断提供辅助依据。未来，患者的服药方式也将更加智能化，智慧医疗系统会自动检测到患者血液中的药剂是否已经代谢完毕，只有当代谢完毕时才会提醒患者。此外，可穿戴设备的出现，让医生能够实时监控病人的健康、睡眠、压力等信息，及时制定各种有效的医疗措施。

2. 流行疾病监控预警

在公共卫生领域，流行疾病管理是一项关乎民众身体健康甚至生命安全的重要工作。具有传染性的病毒、细菌有发生突变和进化成超级细菌的可能，超级细菌引发大规模流行疾病的可能性并没有完全消除。随着全球经济的繁荣发展，便捷的交通工具也加快了流行性传染疾病的扩散速度、扩大了扩散范围。因此，只有在疫情初期迅速掌握疫区的整体情况、控制病源扩散，并尽快采取实时预警和预防措施，才能尽量避免疫病带来的恐慌情绪和社会损失。只依据从医院采集的相关就诊数据不能及时控制疫情的发展，因为样本局限、统计误差、逐层报告、核实周期延迟，达到预警级别时，疫情通常已经由点至面地发展开来，甚至达到快速爆发的阶段，带来难以挽回的损失。大数据的应用，使人类在公共卫生管理领域迈上了一个新台阶。以搜索数据和地理位置信息数据为基础，分析不同时空尺度的人口流动性、移动模式和参数，进一步结合病原学、人口统计学、地理、气象和人群移动迁徙、地域之间的因素和信息，可以建立流行病时空传播模型，确定流感等流行病在各个区域传播的时空路线和规律，得到更准确的态势评估和预测。

【相关案例 10-4】

谷歌流感预测的是与非

2009 年，甲型 H1N1 流感爆发的前几周，谷歌的工程师们在 *Nature* 上发表了一篇论文，介绍了于 2008 年 11 月上线的谷歌流感预测（Google Flu Trend，GFT）系统的原理，并展示了 GFT 系统的实时性和准确性。GFT 可以仅延迟 1 天就给出每周的流感趋势报告，准确预测流感就诊患者的数量，比美国联邦疾病控制和预防中心提前了 7～14 天，且预测结果与美国联邦疾病控制和预防中心的检测结果高度相符。GFT 系统能够对流感爆发做出准确监测和快速反馈，基于谷歌发现并利用了体量巨大、覆盖广泛的实时搜索行为与流感疫情之间的关联性。

基于所掌握的庞大数据及复杂的数据类型，谷歌的工程师们并不是根据语义机器相关因果关系来直接判定哪些查询词条可以作为预测指标，而是将约 5000 万条常见检索关键词的庞大集合作为基础，对这些关键词逐一拟合，并判断拟合曲线与历史数据之间的相符程度，依据这一程度的真实性为每个检索关键词打分，然后由选择程序自动根据得分的高低对检索关键词进行排序。如图 10-12 所示是谷歌流感预测包含检索词数量的效果评估，可以看出当包含 45 个检索关键词时，模型预测结果的平均相关性曲线达到顶点。谷歌公司将这 45 个检索关键词作为 GFT 模型检测对象，并依据它们的检索总量来估计流行病的趋势。只要用户通过谷歌输入这些关键词进行检索，系统就会自动对用户的地理位置展开跟踪分析，创建出流感图表和流感地图。

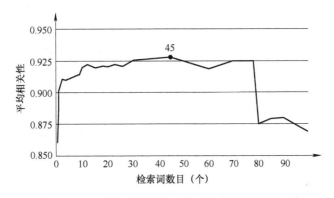

图 10-12　谷歌流感预测包含检索词数目的效果评估

使用类似的方法，谷歌还提供了知名热带疾病——登革热的疫情趋势，如图 10-13 所示，该疫情趋势与巴西官方医疗机构的统计数据相符。

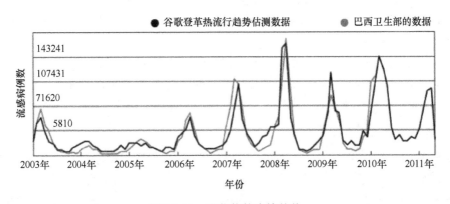

图 10-13　登革热的疫情趋势

2013 年 2 月，GFT 再次登上新闻头条，但这次不是因为谷歌流感跟踪系统又有了什么新的成就。2013 年 1 月，美国流感发生率达到峰值，谷歌对流感趋势的估计数据比实际数据高两倍，这种不精确性再次引起了媒体的关注。事实上，在 2013 年的报道之前，GFT 就在很长一段时间内多次过高地估计了流感的流行情况。从 2011 年 8 月到 2013 年 9 月的 108 周中，谷歌开发工具错估流感流行的时长高达 100 周。2012—2013 年与 2011—2012 年相比，它对流感流行趋势高估了超过 50%。在冬天的流感高峰，谷歌追踪的数据是疾病控制和预防中心实际搜集数据的两倍，这些错误不是随机分布的。例如，前一周的错误会影响下一周的预测结果，错误的方向和严重程度随季节变化而变化，这些模式使得 GFT 高估了相当多的信息，而这些信息原本是可以通过传统统计方法提取而避免的。

2014 年，*Science* 上发表了一篇名为《谷歌流感的寓言：大数据分析的陷阱》的文章。文章以该故事为例，解释了大数据分析为何会背离事实。造成这种结果有两个重要原因，分别是大数据浮夸和算法变化。其中经常隐含的假设是，大数据是传统的数据收集和分析的替代品，而不是补充。人们断言大数据有巨大的科学可能性，但是数据量并不意味着人们可以忽略测量的基本问题，构造效度和信度及数据间的依赖关系，大数据并没有产生对科学分析来说有效和可靠的数据。

谷歌改善服务时，也改变了数据生成过程，这些调整有可能人为推高了一些搜索，并导致谷歌被高估。例如，2011 年，作为常规搜索算法调整的一部分，谷歌开始对许多查询采用推荐相关搜索词（包括列出与许多流感相关术语的寻找流感治疗的清单等）的方式。2012 年，为了响应对症状的搜索，谷歌开始提供诊断术语。研究人员认为，如果是这样，谷歌流感趋势的不准确性就不是必然的，这并不是因为谷歌的方法或大数据分析本身存在缺陷，可以通过改变搜索引擎的策略提高预测的准确性。

当研究人员研究过去几年与各种流感相关的查询时，他们发现两个关键搜索词（流感治疗，以及如何区分流感、受凉或感冒）与谷歌流感趋势结合更密切，而不是实际的流感，这些特殊的搜索似乎是导致不准确问题的主要原因。利用大数据追踪流感是一件特别困难的事情，事实证明，主要原因是疾病控制和预防中心针对流感发生率数据制定的相关搜索词不同，这是由搜索模式和流感传播的第三个因素——季节导致的。事实上，谷歌流感趋势的开发人员发现那些特定的搜索词是随时间发生变化的，但这些搜索显然与病毒无关。

对流感的分析表明，最好的结果来自信息和技术的结合。取代谈论"大数据革命"的应该是"全数据革命"，应该用全新的技术和方法对各种问题进行更多、更好的分析。

（资料来源：陈海滢，郭佳肃.大数据应用启示录[M]. 北京：机械工业出版社，2017.）

3. 健康管理

健康管理是通过客户的基因数据、历史疾病信息、电子健康档案、用药数据等开展系统的管理，为客户提供形式多样、内容丰富的个性化医疗及健康管理服务。通过数据的分析实现人的健康管理，让人不生病、少生病，是医疗大数据应用的终极方向。可以借助物联网、智能医疗器械、智能穿戴设备，实时收集居民的健康大数据，再通过对体征数据的监控，实现健康管理。

健康管理系统的最主要特点是：个人的健康状态得到连续观测，健康分析人员能够有效地对个人健康状况进行分析，以便在身体处于非健康状态时得到及时的干预。

　　智能健康管理是将人工智能技术应用到健康管理的具体场景中，目前主要借助于可穿戴智能设备来实现。可穿戴智能设备可通过实时、连续检测使用者的个人基础生理信息，如心率、脉率、呼吸频率、体温、热消耗量、血压、血糖、血氧、体脂含量等，并且记录使用者的锻炼周期、睡眠习惯等生活习惯，利用大数据分析和人工智能技术处理分析数据，评估使用者的整体状态，建立并且分析个人健康档案数据，提供实时个性化健康管理方案指导与建议，辅助使用者更好地实施日常健康管理与安排等。

4. 药物研发

　　随着医药行业数据和生命科学领域数据的蓬勃发展，医疗大数据在药物研发中起着越来越重要的作用。借助于大数据技术，医药行业可以更经济、更有针对性地开发药物；通过大数据的分析，可以提高制药效率、缩短药物研发周期，降低风险，节约成本。比如，拜耳公司依靠数据分析，推出了既重点突出又多样化的开发战略，将 50 多个项目几乎同期投入临床开发，最大限度地利用了研发潜力。

　　新药研发的相关数据量庞大，每一个成功上市的药物背后都有上百万页的文献资料。大数据技术有助于从海量临床记录和医学期刊中，帮助研究人员"站在巨人的肩膀上"，发现创新的机会，提高成功率。从药物研发前到药物投入市场销售的每一个阶段，大数据都能起到积极的作用。在药物研发的早期阶段，为了对有限的研发资源进行更合理的配置，提高投入产出效率，可以通过医疗大数据的整理分析，了解各区域药品的需求走势。医药公司如果能够对医疗大数据进行充分的运用，不仅能大限度地降低运营成本，还有可能比预计时间提前将新药投入市场销售，这样可以争取更早地获得利润回报。药品成功研发以后，企业还可以整合大数据分析所研发药品的市场需求，寻找投入产出比的最佳方案，确定最优资源组合，来达到节约成本的目的。药品投入市场前，可以分析药物的副作用以及药品可能会产生的不良反应，通过大数据扩大采样分布范围和样本数，使数据分析结果更科学，有效减少企业运营成本，缩短研发成果上市时间。

本章小结

　　本章介绍了大数据在物流、电子商务、医疗行业中的应用，从中可以了解到大数据对人们日常生活的影响和重要价值。当前，大数据已经触及社会的每个角落，并为人们带来各种便利。然而，大数据在数据获取、存储和分析等方面依然面临着诸多挑战。同时，这些挑战刺激了大数据技术的不断进步，也为大数据应用于更多的领域提供了有利条件。所以，未来大数据应用趋势整体会向多样化、高层次、宽领域的方向发展，即应用的场景越来越多。此外，大数据应用中的技术和其他领域技术的交叉融合会越来越普遍，比如人工智能技术可以更快、更准确地从大数据中挖掘知识。随着数据规模的进一步扩大和数据种类的进一步丰富，大数据应用将会更加智能化地处理数据。

习　题

1. **名词解释**

（1）物流大数据；（2）智慧物流；（3）电商大数据；（4）大数据营销；（5）医疗大数据；（6）智慧医疗

2. **单选题**

（1）下列（　　）不是智慧医疗的优点。

A. 转诊时应做重复检查

B. 促进优质医疗资源的共享

C. 对病患的生命体征、治疗、化疗等信息进行实时监测

D. 实现对疾病早发现、早诊断、早治疗

（2）以下（　　）不是大数据在物流行业的应用。

A. 物流中心选址　　　　　　　　B. 库存预测

C. 产品购买响应预测　　　　　　D. 运输路径优化

（3）下列（　　）不是智慧物流的特点。

A. 信息联通　　　　　　　　　　B. 智能高效

C. 数据驱动　　　　　　　　　　D. 资源独享

（4）下列（　　）不属于个人医疗健康数据。

A. 医疗费用数据　　　　　　　　B. 电子病历数据

C. 智能穿戴数据　　　　　　　　D. 移动问诊数据

（5）在网络时代，网民的消费行为和购买方式极易在短时间内发生变化，在网民需求点达到顶峰时进行营销非常重要。这是大数据营销的（　　）特点。

A. 多平台数据采集　　　　　　　B. 强调时效性

C. 个性化　　　　　　　　　　　D. 关联性强

（6）物流大数据从层面上划分可分为三类，其中在微观层面上为（　　）。

A. 物流业务数据　　　　　　　　B. 商物管控数据

C. 供应链物流数据　　　　　　　D. 物流网络数据

3. **填空题**

（1）大数据的应用使得电子商务行业的经营模式发生了很大的变化，由传统的管理化运营模式变为_____。

（2）在物流决策中，大数据技术应用涉及_____、_____、_____等。

（3）物流大数据从层面上划分可分为三类，分别是_____、_____、_____。

（4）健康管理是通过_____、_____、_____、_____等开展系统的管理，为客户提供形式多样、内容丰富的个性化医疗及健康管理服务。

（5）医疗大数据的特点有_____、_____、_____、_____、_____。

（6）大数据在电子商务行业的应用主要有_____、_____等。

4. 简答题

（1）简述大数据在物流行业的应用。

（2）简述医疗大数据的来源。

（3）一个完整的推荐系统一般由三个部分组成，请说明这三个部分及其功能。

（4）简述大数据营销的一般过程。

（5）简述物流大数据的分类。

（6）简述大数据在医药研发中的应用。

参考文献

[1] 陈明. 数据科学与大数据技术导论[M]. 北京：北京师范大学出版社，2018.

[2] 曼德勒维奇，等. 数据科学与大数据技术导论[M]. 唐金川，译. 北京：机械工业出版社，2018.

[3] 杨尊琦. 大数据导论[M]. 北京：机械工业出版社，2018.

[4] 朝乐门. 数据科学[M]. 北京：清华大学出版社，2016.

[5] 王道平，陈华. 大数据导论[M]. 北京：北京大学出版社，2019.

[6] 刘丽敏，廖志芳，周韵. 大数据采集与预处理技术[M]. 长沙：中南大学出版社，2018.

[7] 张大斌. 数据挖掘与商务智能实验教程[M]. 武汉：华中师范大学出版社，2015.

[8] 刘芬. 数据挖掘中的核心技术研究[M]. 北京：地质出版社，2019.

[9] 王振武. 大数据挖掘与应用[M]. 北京：清华大学出版社，2017.

[10] 熊赟，朱扬勇，陈志渊. 大数据挖掘[M]. 上海：上海科学技术出版社，2016.

[11] 杨旭，汤海京，丁刚毅. 数据科学导论[M]. 北京：北京理工大学出版社，2017.

[12] 杨正洪. 大数据技术入门[M]. 北京：清华大学出版社，2016.

[13] 姚海鹏，王露瑶，刘韵洁. 大数据与人工智能导论[M]. 北京：人民邮电出版社，2017.

[14] 袁汉宁，王树良，程永，等. 数据仓库与数据挖掘[M]. 北京：人民邮电出版社，2015.

[15] 张尼，张云勇，胡坤，等. 大数据安全技术与应用[M]. 北京：人民邮电出版社，2014.

[16] 张绍华，潘蓉，宗宇伟. 大数据技术与应用：大数据治理与服务[M]. 上海：上海科学技术出版社，2016.

[17] 卢誉声. 分布式实时处理系统：原理、架构与实现[M]. 北京：机械工业出版社，2016.

[18] 孟小峰. 大数据管理概论[M]. 北京：机械工业出版社，2017.

[19] 苏利文. NoSQL 实践指南：基本原则、设计准则及实用技巧[M]. 爱飞翔，译. 北京：机械工业出版社，2016.

[20] 陈明. 大数据概论[M]. 北京：科学出版社，2015.

[21] INMON W H. Building the Data Warehouse[M]. New Jersey：John Wiley & Sons，1992.

[22] 谷斌. 数据仓库与数据挖掘实务[M]. 北京：北京邮电大学出版社，2014.

[23] 黄德才. 数据库原理及其应用教程[M]. 北京：科学出版社，2018.

[24] 张良均. Hadoop 与大数据挖掘[M]. 北京：机械工业出版社，2017.

[25] 黄申. 大数据架构和算法实现之路：电商系统的技术实战[M]. 北京：机械工业出版社，2017.

[26] TalkingData. 智能数据时代：企业大数据战略与实战[M]. 北京：机械工业出版社，2017.

[27] 高彦杰. Spark 大数据处理：技术、应用与性能优化[M]. 北京：机械工业出版社，2014.

[28] 王家林，徐香玉. Spark 大数据实例开发教程[M]. 北京：机械工业出版社，2016.

[29] 肖冠宇. 企业大数据处理：Spark、Druid、Flume 与 Kafka 应用实践[M]. 北京：机械工业出版社，2017.

[30] 黎连业，王安，李龙. 云计算基础与实用技术[M]. 北京：清华大学出版社，2013.

[31] 青岛英谷教育科技股份有限公司. 云计算与大数据概论[M]. 西安：西安电子科技大学出版社，2017.

[32] 刘鹏，张燕．大数据导论[M]．北京：清华大学出版社，2018．

[33] 宁兆龙，孔祥杰．大数据导论[M]．北京：科学出版社，2017．

[34] 程学旗．大数据分析[M]．北京：高等教育出版社，2019．

[35] 宋万清，杨寿渊．数据挖掘[M]．北京：中国铁道出版社，2019．

[36] 朱明．数据挖掘导论[M]．合肥：中国科学技术大学出版社，2012．

[37] 张尧学．大数据导论[M]．北京：机械工业出版社，2019．

[38] 何光威，张燕，刘鹏．大数据可视化[M]．北京：电子工业出版社，2018．

[39] 姜枫，许桂秋．大数据可视化技术[M]．北京：人民邮电出版社，2019．

[40] 王喜富．大数据与智慧物流[M]．北京：北京交通大学出版社，2016．

[41] 林子雨．大数据技术原理与应用[M]．2 版．北京：人民邮电出版社，2016．

[42] 动脉网蛋壳研究院．大数据+医疗：科学时代的思维与决策[M]．北京：机械工业出版社，2019．

[43] 娄岩．大数据技术应用导论[M]．沈阳：辽宁科学技术出版社，2017．

[44] 阮敬．Python 数据分析基础[M]．北京：中国统计出版社，2017．

[45] 黄红梅，张良均．Python 数据分析与应用[M]．北京：人民邮电出版社，2018．

[46] 王国平．Tableau 数据可视化从入门到精通[M]．北京：清华大学出版社，2017．